Basis Chemistry of Printing

制印化学基础

黎厚斌　编著

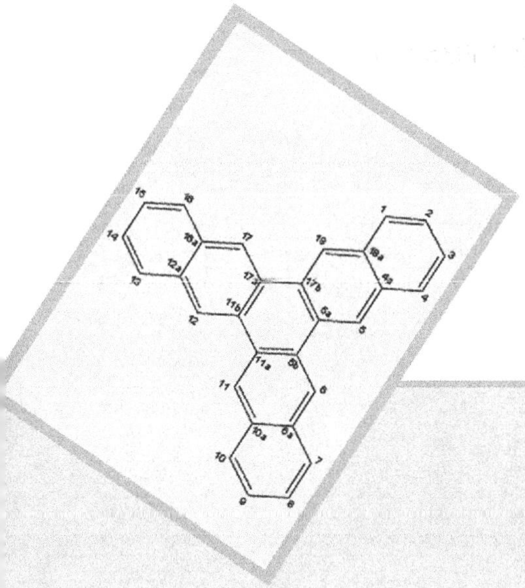

U0250028

WUHAN UNIVERSITY PRESS
武汉大学出版社

图书在版编目(CIP)数据

制印化学基础/黎厚斌编著 .—武汉:武汉大学出版社,2008. 12(2020.10 重印)

ISBN 978-7-307-06595-6

Ⅰ.制… Ⅱ.黎… Ⅲ. 印刷工业—应用化学 Ⅳ.TS801.1

中国版本图书馆 CIP 数据核字(2008)第 160380 号

责任编辑:黄汉平 责任校对:刘 欣 版式设计:马 佳

出版发行:武汉大学出版社 (430072 武昌 珞珈山)
(电子邮箱:cbs22@ whu.edu.cn 网址:www.wdp.com.cn)
印刷:广东虎彩云印刷有限公司
开本:787×1092 1/16 印张:14 字数:327 千字
版次:2008 年 12 月第 1 版 2020 年 10 月第 3 次印刷
ISBN 978-7-307-06595-6/TS · 19 定价:35. 00 元

内 容 简 介

本书是为适应普通高等学校本科教学和新时期新型印刷人才培养的要求而编写的。本书将高分子化学与物理、表面化学基础知识与专业知识有机结合，注重联系实际，并适当地介绍了一些国内外印刷包装行业的新技术、新方向，有利于拓宽学生的知识面，提高学生分析问题、解决问题的能力。

全书共分三大部分，系统地介绍了印刷学科中涉及的有关化学基础知识。其中，第一部分主要包含聚合物的合成原理、方法，高分子化合物的结构、衍生化、力学性能、电学性能、胶粘性能等；第二部分主要涉及液体、固体的表面现象，变化规律，表面改性方法，表面活性物质的结构、作用原理及应用方法等；第三部分主要包括染料（有机颜料）的分类、染料的发色理论、物质的颜色和其结构的关系等内容。

本书可作为高等学校印刷工程专业及相关专业本科生的教材，也适合于从事印刷材料、印刷工艺研究的相关科研、工作人员参考。

前　言

印刷技术作为一门古老而又年轻的学科，给人类带来了绚丽多彩的世界，我国劳动人民在很早之前就发明了印刷技术，创造了光辉灿烂的文化，称为举世闻名的大发明。如今，它作为现代文明的一个不可缺少的部分，必将给人类绘出更多更美的图画。

然而，印刷技术的革新与提高，特别是新型印刷材料的研制，离不开化学，可以说没有化学知识的应用，就没有印刷技术的今天，更没有印刷技术的未来。尽管我国涉足印刷工程与包装工程专业的高等院校均将化学课程作为学生的必修课，但均采用化学专业或其他专业的教材，存在着许多弊端。编者在二十年来从事该专业化学课程教学的基础上，认真阅读、分析印刷专业课程内容，提炼出印刷材料、印刷工艺必需的化学知识，并对多年试用的讲义进行修改、充实，编写了本套适合印刷工程专业的化学教材。

本教材包括高分子化学与物理、界面化学、染料化学三部分，这些内容多是基础化学（无机化学、有机化学等）没有包含，而在印刷工艺中又频繁出现的研究课题。例如：高聚物的合成、改性方法及理化性质对研制新型印刷材料（版材、油墨、合成纸张等）是必不可少的基础知识，而非牛顿流体（高聚物熔体及溶液）的流变学理论则能指导我们选择印刷最适宜的条件（印刷适性），例如纸张、油墨在操作过程中都有特定的流变性能，并遵循非牛顿流体的流变学规律。此外，高分子材料的力学性能、电学性能、溶解过程对于指导印刷实践也是不可忽略的课题。

界面化学主要是描述各种界面行为及理论。印刷都是在某一物体（纸张、版材）的表面（固-气、液-气界面）上作文章，即研究其表面的润湿性能、吸收性能等。而表面结构及表面张力决定其表面行为（表面吸附-物理吸附、化学吸附、润湿性能），例如了解金属表面结构是认识在金属（锌、铝）版材上建立图像及吸附层的基础。金属版面（高能面）的润湿性能较高聚物（低能面）的好。同一金属表面通过不同的处理（表面活性剂），就能建立亲水亲油这一对矛盾体来满足空白与画线部分的需要。此外，表面活性剂还具有乳化、渗透、分散、增溶等作用，这些作用在照相、制版、印刷工序上都具有相当重要的地位，可见离开了界面科学的知识，印刷是无法进行的。

印刷油墨的主要成分是染料（颜料），如何制备出色调鲜明、着色率高、耐候性好的油墨也是人们研究的热点之一。此外，某些成像材料也是由于有机化合物发生反应变成具有颜色的染料而达到成像的目的。这样就需要人们对颜色与物质结构之间的关系有所了解，从中得到启示，进而达到开发新产品的目的。

总之，印刷离不开化学，只有掌握了有关化学知识，才能提高印刷质量，推陈出新，找出最佳的条件，特别是在印刷技术飞速发展、印刷材料快速更新的时代，更应该如此。

由于印刷涉及的化学知识较多，而且分布在不同的化学学科领域，使得该教材的系统性受到了极大的挑战，加之本人水平有限，错误和不当之处，恳请广大读者批评指正。

编者

2008 年 7 月

目　　录

第一篇　高分子化学及物理

第二篇　界面化学

第三篇　染料及颜料化学

第三篇 染料及颜料化学

第一篇　高分子化学及物理

高分子化学与高分子物理(统称为高分子科学)是研究高分子化合物(又称高聚物或大分子)的合成、高分子化学反应、高分子结构、性能以及结构与性能相联系的内在因素的一门科学。

高分子化学与高分子物理是一门古老而又年轻的学科,其发展主要经历了以下三个阶段:第一阶段为创立、形成阶段。20 世纪 20 ~ 50 年代,H. Staudingr(德国)提出了链型高分子概念,次价力形成小分子缔合体——聚合物。他本人也于 1953 年获诺贝尔奖;第二阶段为与其它学科渗透、扩展成较完善的科学体系阶段。20 世纪 50 年代 K. Zlegler (德国)、G. Natca (意大利)利用金属有机催化剂发明了定向聚合,合成了立构规整的高分子化合物,如低压聚乙烯、顺式聚异戊二烯。他们于 1953 年获诺贝尔奖;第三阶段为高分子材料学阶段。在此期间,高分子的设计、合成得到了很大的发展,P. J. Flory(美国)于 1974 年获诺贝尔奖。

如今,我们已进入聚合物时代,身穿的是聚酯衬衫,手提的是聚氯乙烯提箱,脚踩的是聚丙烯地毯,使用的是聚苯乙烯家具,驾驶的是聚异丁烯汽车甚至全塑汽车,天上飞的是聚(对-亚苯基对苯二甲酰胺)-卡伏那(Kevlar) 班机。众所周知的三大合成材料(橡胶、纤维、塑料)无不显示它的辉煌,而且人类在当今的年代,可以说能得心应手地设计制造出具有各种性能的聚合物,如塑性、硬度、抗张强度、柔韧性、弹性、热软化性能、热稳定性、化学惰性、溶解性、亲溶剂性、憎溶剂性(润湿性)、水渗透性、光反应性(光降解性)、生物体反应性(生物降解性)、触变性、光各向异性等聚合物性质,均能按需要进行裁剪组合。在印刷工艺上,高聚物同样充当了重要角色:塑料是除纸张之外使用最多的承印物,如聚乙烯塑料在凹版印刷、丝网印刷、胶印上作为承印物;印刷机上的橡皮布、胶辊均为橡胶制品;纤维被普遍使用作承印物,如纤维素、合成纸、玻璃纸、纺织品等。此外高分子溶体(非牛顿流体)及固体的流变学理论对研究印刷过程中的纸张、油墨的流变性具有指导性作用,从而帮助人们寻找印刷的最佳条件。总之高分子化学与物理对新型印刷材料(版材、承印物、油墨、光敏树脂等)

的合成与改性,以及材料的使用及其最佳条件——印刷适性具有重大的指导意义,可以说没有这方面的知识,就不可能有高质量的印刷产品。

我国在高分子科学上最突出的成就是1965年首次人工合成了结晶牛胰岛素,对揭开生命的奥秘具有重大意义。近年来,我国科学工作者在特殊构筑高分子合成、光电活性高分子、高分子结构表征、自组装与超分子聚合物、高分子纳米、微米结构与复合体系、生物医用高分子等领域均取得了可喜的成绩。

近年来,高分子科学发展更快,且发展方向有所改变,主要有两个方面:其一是向生命现象靠拢;另一则是更精密化。聚合物的空间结构、超结构和高分子电解质的研究与发展,使生物高分子与合成高分子的距离缩小。此外高分子已不仅用作力学特性为主的结构材料,而且已用作各种功能材料,如对光、电、热、化学变化等各种刺激的响应,当然开拓能合成具有这些特性而结构奇妙的高分子的特殊反应也是研究的热点之一。

本世纪高分子科学将会取得一些突破性成果,主要体现在以下领域:

催化过程和聚合反应方法领域:提高单体聚合的产率,减少污染;寻找能形成单一活性中心的新催化剂,进行活性聚合以达到高聚物立构控制、分子量控制、分子量分布控制等目的;生物方法制备单体,通过酶催化合成常规方法难得到的高聚物。

非线型高聚物分子领域:采用分子设计和新聚合方法合成具有树枝状和高度支化的三维结构高分子(链密度高,链构象接近球状,粘度低,加工方便)。

超分子组装和高度有序大分子领域:通过物理化学的、机械的、物理的方法制备出具有超分子结构的新材料。非化学键的作用和分子链间相互作用,实现高性能化和功能化。

高聚物结构和形态学工程领域:高聚物的同质多晶现象及每种晶型有不同的熔融行为和稳定性,选择适当成核剂甚至手性成核剂创建特种高分子形态学工程,达到固态行为的精细调节。

高聚物材料纳米化领域:利用温度外场、溶剂场、电场、磁场、力场和微重力场作用,在一定的空间和环境中像搬运积木块一样移动大分子,通过自组装、自组合或自合成构建具有纳米结构以及特殊形态的高分子聚集体。

刺激-响应特性高分子领域:人工器官、分子泵、智能表面与涂层、新传感技术。软物质包括高聚物、生物大分子、液晶、凝胶、乳胶及微胶乳等。受剪切、热、电、pH值作用而变化的智能材料。

绿色高聚物领域:植物合成、微观合成和生物催化合成的生物可降解的环境友好、循环利用和处理中低污染的高分子。

第1章　基 本 概 念

高分子不同于低分子,从分子量到组成,从结构到性质,从合成到应用,都有自身的规律。为了掌握这些规律,需要首先建立一些必要的基本概念。

1.1　高分子的涵义和基本特性

1.1.1　高分子的涵义

高分子首先是分子量很大的一类分子,所以又称为大分子。由这种分子组成的物质称为高分子化合物, 又称高聚物(简称为高分子)。所以分子量很大是高分子化合物最突出的特征,是高分子同低分子最根本的区别。那么究竟分子量要大到多少才算是高分子化合物呢? 这里没有明确的界限,不同的高分子要求的分子量不同,通常把分子量小于1000的称为低分子,分子量大于5000称为高分子,而分子量介于1000到5000之间的物质是属于低分子还是高分子则要由其物理机械性能来决定。一般来说,高分子化合物具有较好的强度与弹性,而低分子没有。也就是分子量必须达到使它的物理机械性能方面与低分了化合物具有明显差异时,才能称为高分子化合物。如聚异丁烯呈现其特性的最低分子量约为1000,而聚碳酸酯则约为11000 ,聚氯乙烯为5000左右。

高分子的分子量虽然很大,但化学组成一般都比较简单,常有许多相同的组成部分重复结合而成高分子链。例如聚氯乙烯是由许多氯乙烯分子聚合而成的。

$$n\ \mathrm{CH_2{=}CHCl} \xrightarrow{\text{聚合}} \left[\ \mathrm{CH_2{-}CHCl}\ \right]_n$$

像氯乙烯这样能聚合成高分子化合物的低分子化合物称为单体;单体在结构中存在的方式(如 $\mathrm{-CH_2-CHCl-}$)称为单体结构单元;组成高分子链的重复结构单元(如 $\mathrm{-CH_2-CHCl-}$)称为链节;重复结构单元的数目 n 称为链节数。含有单体单元的数目称为聚合度 X。在聚氯乙烯中,单体结构单元和链节的形式是一致的,且链节数和聚合度是相同的,即 $X=n$。因此,高分子化合物的分子量 = 链节数 × 链节量。例如氯乙烯分子量量为62.5,当 $n=2400$ 时,聚氯乙烯的分子量则为 $2400\times62.5\ =15\times10^4$。

然而,由单体已二胺($\mathrm{H_2N\ (CH_2)\ _6NH_2}$)和已二酸($\mathrm{HOOC\ (CH_2)_4COOH}$)共聚而形成的聚合物尼龙-66,其单体结构单元为 $\mathrm{-NH\ (CH_2)_6NH-}$ 和 $\mathrm{-CO(CH_2)_4CO-}$,而链节则是 $\mathrm{-NH(CH_2)_6NHCO(CH_2)_4CO-}$,它们之间是有区别的。另外在尼龙-66分子中,聚合度 X 和链节数 n 之间的关系为 $X = 2n$。还有一些聚合物,其单体单元与单体有较大差异,如丙烯在使用某种催化剂时会生成聚乙烯,丙烯酰胺在强碱作用下生成聚 β-氨基丙酸,这种高聚物称为“变幻聚合物或奇异聚合物”。

1.1.2 高分子的基本特性

分子量大是高分子化合物最突出的特征之一。高分子的分子量不仅大,而且还具有多分散性。结构一定的低分子化合物,其中每个分子的分子量是相同的,例如,一瓶甲烷气体,其中每个分子的分子量都为16,然而在一块聚氯乙烯塑料片中,每个分子的分子量都可能不尽相同,有些分子的分子量只有几万,而另一些可能达到十万、二十万。

高分子化合物的第二个基本特征是结构复杂且具有多分散性。高分子链的几何形状即链的结构形态有线型、支链型、体型三种,如图1-1所示。

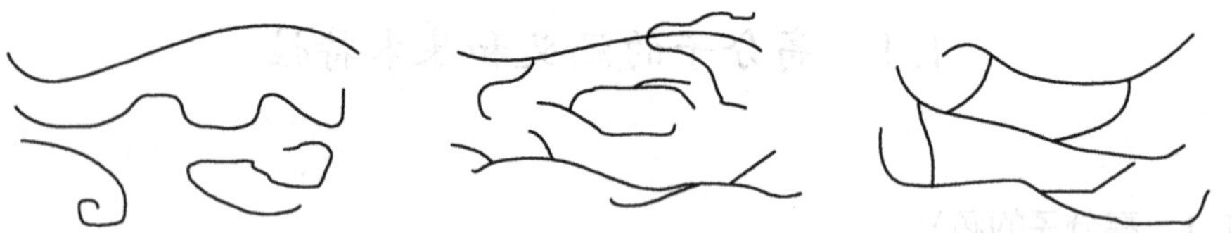

(a) 线型　(b) 支链型　(c) 体型

图1-1　高分子化合物分子链的几何形状

线型高分子链是线状长链分子,通常它的形状是弯曲的,如未硫化的天然橡胶和一些树脂(如聚丙烯、涤纶树脂等)基本上都属于线型高分子。

支链型高分子链是线状长链上带有侧支,根据侧支的不同,又分为星型支化、梳型支化、无规支化、树枝状支化及球形聚电解质支化,如图1-2所示,高压聚乙烯和接枝型ABS树脂即为支链型分子。

体型高分子是线型高分子间经化学键交联形成的,它具有空间网状结构,如酚醛塑料、硫化橡胶、离子交换树脂等。

高分子结构除复杂之外,还具有多分散性,即使相同条件下同一反应器中得到的高聚物,其各个分子的单体单元的键合顺序、空间构型的规整性、支化度、交联度以及共聚物的组成、序列结构等都存在着差异。正是由于这一特点,一般高聚物无明显的熔点和具有范围较宽的软化温度的特点。因此高分子化合物是由化学组成相同、分子量不等、结构不同的同系聚合物的混合物组成的。

高分子化合物的第三个特点是:由于高分子链包括许多结构单元,因此结构单元之间的相互作用对其聚集态结构和物理性能有重要的影响。线型和支链型高分子由于分子形状不同,其分子间排列和相互作用不同,所以即使两者具有相同的化学组成和分子量,物质的性质也会不相同。支链型高分子间排列较松,分子间作用力较弱,它们的溶解度较线型分子大,而密度、熔点、机械强度则较小。通常线型高聚物可以熔融或被某些溶剂溶解,体型高分子一般不能熔融,也不能溶解。目前市场上出售的高压聚乙烯和低压聚乙烯就是由于大分子链的分子量不同和含有支链数目不同,故使性能差异很大(见表1-1)。

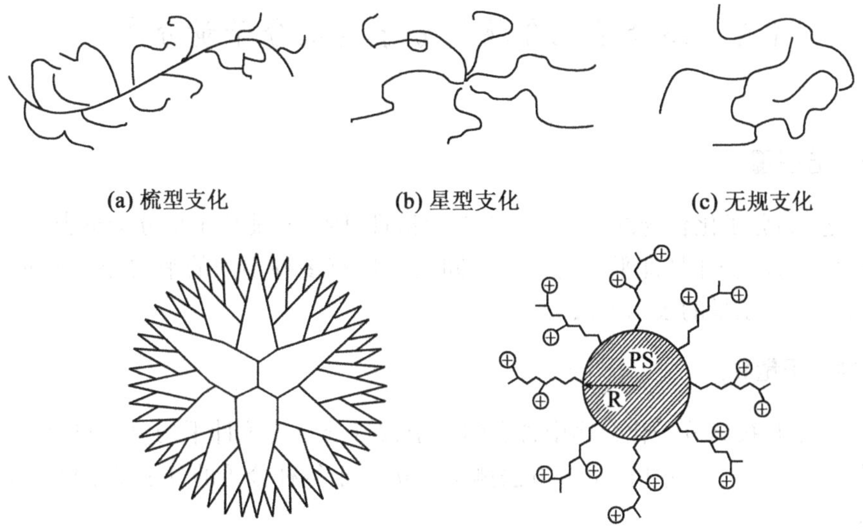

(a) 梳型支化　(b) 星型支化　(c) 无规支化

(d) 树枝状支化　(e) 球形聚电解质支化

图 1-2　高分子链的支化

表 1-1　**高压聚乙烯和低压聚乙烯的比较**

品种 / 性能	高压聚乙烯	低压聚乙烯
分子量	几万	几十万
熔点(℃)	105	135
分子链的几何形状	稍带支链	线型
结晶度(%)	40 ~ 50	60 ~ 80
密度(g/cm^3)	0.91 ~ 0.93	0.94 ~ 0.97
抗张强度(MPa)	70 ~ 160	200 ~ 390
断裂伸长率(%)	90 ~ 800	50 ~ 100
硬度(邵氏)	41 ~ 46	60 ~ 70
直接工作温度(℃)	80 ~ 100	120
耐有机溶剂性	60℃以下能耐	80℃以下能耐
吸水性(24 小时)(%)	<0.015	<0.01
用途	薄膜(软性)	瓶、管、棒等(硬性)

总之,高聚物所表现的化学、物理及机械性能,都与高聚物分子量的大小、分子量及结构多分散性的程度和高分子链的几何形状有密切的关系。

1.2 高分子化合物的分子量及分子量分布

1.2.1 分子量

如前所述,高分子化合物的分子量具有多分散性,所以只能用平均分子量表示。由于测定时采用的实验方法不同(即平均的方法不同),可以有多种不同的平均分子量的定义,下面介绍几种平均分子量的表示方法。

1. 数均分子量$\overline{M_n}$

数均分子量是按高分子化合物中含有的分子数目分布的统计平均分子量,可用冰点降低、沸点升高、渗透压、蒸气压降低等方法侧定。$\overline{M_n}$等于每种分子的分子量乘以数量分数的总和。即:

$$\overline{M_n} = \sum N_1 M_1 = \frac{\sum n_1 M_1}{\sum n_1} = \frac{W}{\sum n_1} = \frac{W}{n}$$

其中,1 = 1 - ∞,而 n_1 是分子量为 M_1 的分子数;N_1 是分子量为 M_1 的分子占有的分子数:$N_1 = \frac{n_1}{\sum n_1}$;$W$ 为全部分子的总重量。

2. 重均分子量$\overline{M_w}$

重均分子量是按重量分布的统计平均分子量,可用光散射法测定。$\overline{M_n}$等于每种分子的分子量乘以重量分数的总和,即:

$$\overline{M_w} = \sum W_1 M_1 = \frac{\sum n_1 M_1^2}{\sum n_1 M_1}$$

其中,W_1 是分子量为 M_1 的分子占的重量分数。

$$W_1 = \frac{W_1}{\sum W_1} = \frac{n_1 M_1}{\sum n_1 M_1}$$

3. 粘均分子量$\overline{M_n}$

粘均分子量是用粘度法测定的。在一定的温度和一定的溶剂中,高聚物的特性粘度与其分子量的关系如下:

$$[\eta] = K\overline{M_n^a}$$

K、a 是与高聚物和溶剂有关的特性常数,可由渗透压法和光散射法测定。实际上不可能得到非常均一的试样来测定 K 和 a 的值,所以粘均分子量的实际意义并不完全符合上式的关系。当 $a = 1$ 时,$\overline{M_\eta} = \overline{M_w}$;当 $0 < a < 1$ 时,可以证明$\overline{M_n} < \overline{M_\eta} < \overline{M_w}$,这是因为粘均分子量也可近似表示为:

$$\overline{M_\eta} = \left[\sum W_1 M_1^a \right]^{\frac{1}{a}} = \left[\frac{\sum n_1 M_1^{a+1}}{\sum n_1 M_1} \right]^{\frac{1}{a}}$$

4. Z 均分子量$\overline{M_z}$

Z 均分子量可用超速离心法测定，表示为：

$$\overline{M_z} = \frac{\sum n_1 M_1^3}{\sum n_1 M_1^2}$$

就同一聚合物而言，其$\overline{M_n}$、$\overline{M_\eta}$、$\overline{M_z}$数值是不同的，从计算公式可以看出，一般的高分子化合物，其几种平均分子量的关系为$\overline{M_n} < \overline{M_\eta} < \overline{M_w} < \overline{M_z}$，只有当分子量完全均一(即分子量为单分散)时它们才能相等。

1.2.2　分子量分布

聚合物的平均分子量相同，但是具体的聚合物分子量分布情况可以相差很大。例如平均分子量为 100 000 的聚苯乙烯，它可以由分子量为 950 000 和 105 000 间的各种大小相差不大的聚合物分子组成，也可以由分子量从 1000 到 1 000 000 间的大小相差悬殊的聚合物分子组成。我们将前者称为窄分子量分布，后者称为宽分子量分布。这种情况在聚合物分子量分布曲线(图 1-3)上可以看得更为清楚。图中三条曲线表示的是：a 分子量分布小，b 分子量分布中，c 分子量分布大。

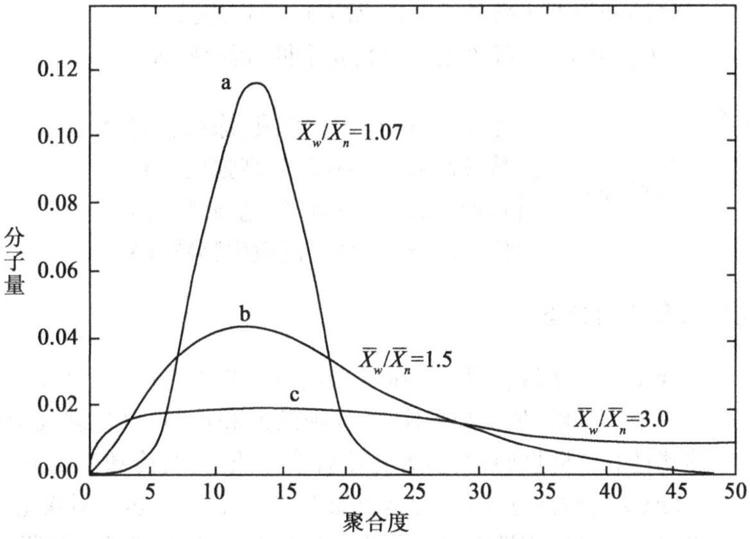

图 1-3　分子量分布曲线示意图

高分子化合物的“分子量分布”还常用分子量分布系数($\overline{M_w}/\overline{M_n} = \overline{X_w}/\overline{X_n}$)来表示。分布系数越大，分散性越大。当聚合物的分子量分布为单分散时，即聚合物是由同一分子量的聚合物分子组成时，$\overline{M_w}/\overline{M_n} = 1$。$\overline{M_w}/\overline{M_n}$值愈大，分子量分布愈宽；其值愈小，分子量分布愈窄。另一方面,分子量不同的分子对各种平均分子量的贡献所占的比重是不同的。$\overline{M_n}$对分子量小的分子较敏感,分子量大的分子对$\overline{M_w}$的贡献比对$\overline{M_n}$的大。

一般来讲,聚合物的分子量及分布系数对聚合物的性能有明显影响。纤维用的聚合物要求分子量分布窄,以便强度高;泡沫塑料等要求分子量分布较宽,以便具有合适的加工性能;印刷中的PS版材则要求分散度较小,才能提高图文的分辨率;从前使用的撕膜版要求既不能太脆,也不能太韧,因此其分子量分布要适中。又如,聚甲基丙烯酸甲酯为主体的丙烯酸热塑性涂料为了提高固含量,常希望分子量低(粘度低),但其保光性差。实验发现:分子量在9万左右为宜,超过9万,保光性变化不大。分子量分布对性能的影响非常大,分布太宽,往往不能用于涂布,如希望高固含量的涂料,分布更是一项决定性指标,发展窄分子量分布的聚合物制备方法是非常重要的。

1.3 高分子化合物的分类及命名

1.3.1 高聚物的分类

高分子化合物的种类繁多,而且新的品种不断出现,其分类方法很多,主要的分类方法有如下三种:

1. 按来源分类

可将高分子化合物分为天然高分子和合成高分子两大类。

高分子化合物
- 天然高分子:纤维素、淀粉、壳聚糖、蛋白质等
- 合成高分子
  - 通用高分子(三大合成、涂料、粘合剂)
  - 特殊高分子(耐高温、高强度等)
  - 功能高分子(具有光、电、磁性等)
  - 仿生高分子(具有模拟生物特性)

2. 按工艺性质和应用分类

可将高分子化合物分为塑料、橡胶、纤维、涂料、粘合剂和感光高分子等。

塑料是以合成树脂为基础,加入(或不加)各种助剂和填料,可塑制成型的材料。塑料按其热性能分为热塑性和热固性两种,前者受热后软化或熔化,冷却后定型,这一过程可以反复,它们都是线型或支链塑高分子;后者是经加工成型后,再受热也不软化,这是因为形成了体塑高分子的缘故。按其作用性能又可分为通用塑料和工程塑料。所谓工程塑料,即具有较高强度和其它特殊性能的塑料,在工业上可作机械结构和零件材料使用。

橡胶是具有可逆形变的高弹性材料。生胶(线型高分子)经硫化(使线型高分子轻度交联)可获得所需要的弹性和其它性能。包括天然橡胶(聚异戊二烯)和合成橡胶(如顺丁橡胶、丁苯橡胶等)。

纤维是纤细而柔韧的丝状物,根据原料来源可分为天然纤维和化学纤维,化学纤维又可

分为人造纤维和合成纤维。人造纤维是将天然纤维经过化学加工重新抽成的纤维(如粘胶纤维、醋酸纤维等)。合成纤维就是由人工合成的线型聚合物抽成的纤维(如腈纶、涤纶等)。合成纤维的强度高、弹性大,优于天然纤维,但吸湿性小、染色性差。

3. 按高分子主链结构分类

根据主链结构可将聚合物分为碳链高分子化合物、杂链高分子化合物、元素有机高分子化合物三类:

碳链高分子的主链完全由碳原子组成,绝大部分烯类和二烯类聚合物属于这一类。如聚乙烯、聚苯乙烯等。

杂链高分子的主链中除碳原子外还有氧、氮、硫等杂原子,如聚酯、聚砜、聚酰胺等。这类高分子中都有特征基团。

元素有机高分子的主链中没有碳原子,主要是由硅、硼、铅和氧、氮、硫、磷等原子组成。但侧基却由有机基团组成,如甲基、乙基、乙烯基、芳基等。有机硅橡胶就是典型的例子。如主链和侧基均无碳原子,则成为无机高分子。

这种分类方法对于阐明已知高聚物结构与性能的相互关系和预测新的尚未制得的聚合物很有价值。

1.3.2 高聚物的命名

长期以来,聚合物没有统一的命名法,往往根据单体或聚合物结构来命名,有时也用商品名或俗名。1972 年国际纯化学和应用化学联合会(IUPAC)提出了线型有机聚合物的系统命名法。我国化学名词审定委员会高分子化学专业组,根据国内高分子界专家的广泛讨论和审定,提出了"高分子化学命名原则",旨在支持 IUPAC 提倡的科学性很强的以结构为基础的命名法,同时也承认以单体来源为基础的命名法。

1. 根据聚合物的结构特征命名

很多缩聚物是由两种单体通过官能团间缩合制得的,在结构上与单体有一定的差异。因此可根据结构单元的结构来命名,前面冠以"聚"字。例如由对苯二甲酸和乙二醇制备的聚合物叫聚对苯二甲酸乙二酯,由己二胺和己二酸反应制备的聚合物叫聚己二酰己二胺等。有些聚合物是由缩聚多步反应制备的,大体的结构保留较少,更需要由聚合物结构的特征命名,例如 20 世纪 80 年代出现的一种高强度、高模量、耐高温的聚亚苯基苯并二噁唑聚合物,制备方程式如下,聚合物结构中已看不出单体来源了。

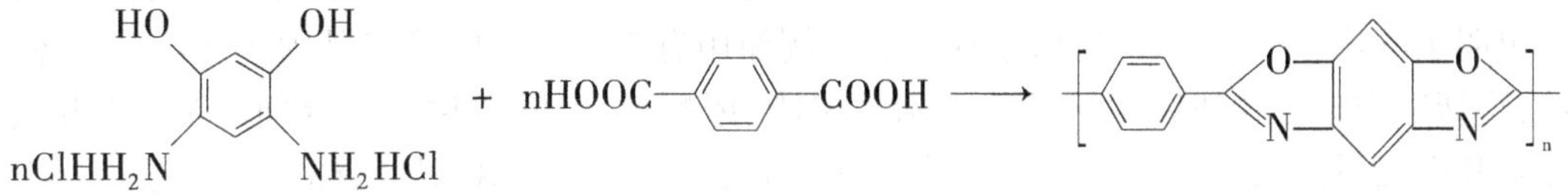

2. 根据单体来源或制法命名

很多聚合物的名称是由单体或假想单体名称前加一个"聚"字而来,例如聚乙烯、聚丙烯、聚甲基丙烯酸甲酯等是由单体聚合而来,而聚乙烯醇的名称则是由假想的乙烯醇单体而来的。由于乙烯醇是不稳定的，乙烯醇以乙醛的形式存在，所以实际上聚乙烯醇是由聚乙酸乙酯经醇解而得到的。这种命名法使用方便，又能将单体来源标明，因此广泛应用。然而，有时也会产生混淆和无法命名，如聚 ω-己内酰胺和聚 6-氨基己酸是同一种聚合物，因有两种原料单体，故出现两个名称。

3. 系统(IUPAC)命名

为了避免聚合物命名中的多名或不确切带来的混乱，国际纯化学和应用化学联合会(International Union of Pure and Applied Chemistry)提出了以结构为基础的所谓系统命名法，其主要原则为：

1)确定聚合物的最小重复单元；

2)排好重复单元中次级单元的次序；

3)按小分子有机化合物的 IUPAC 命名法则来命名这个重复单元；

4)在此重复单元名称前加一个“聚”字。

如聚环氧乙烷、聚乙二醇、聚氯乙醇，其重复单元都一样，分别为 $—CH_2—CH_2—O—$、$—CH_2—O—CH_2—$、或 $—O—CH_2—CH_2—$。按原则 2 所排的次级单元顺序为 $—O—CH_2—CH_2—$，按原则 3 命名为氧化乙烯，因此按 IUPAC 系统命名法的规定，这种聚合物应叫聚氧化乙烯。聚丁二烯的正确顺序重复单元应为 $—CH{=}CH—CH_2—CH_2—$，故应称为聚(1-次丁烯基)。聚氯乙烯的重复单元应为 $—CHCl—CH_2—$，称聚(1-氯代乙烯)。而聚对苯二甲酸乙二酯的重复单元为：

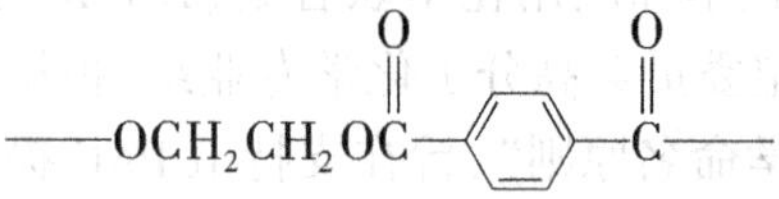

其名称为聚氧化乙烯氧化对苯二甲酰。又如尼龙-66 的结构和名称如下：

$$—NH(CH_2)_6NH\overset{\overset{\displaystyle O}{\|}}{C}(CH_2)_4\overset{\overset{\displaystyle O}{\|}}{C}—$$

其名称为聚亚胺六甲撑亚胺己二酰。

可见，按 IUPAC 命名比较严谨，虽比较一致，但过于复杂、繁琐，除学术界正式命名外尚不普及，当然 IUPAC 不反对继续使用习惯命名。

4. 根据商品名命名

上述聚合物命名总的来说比较复杂，在商业生产及流通领域中使用不便，人们仍习惯用简单明了的称呼，并能与应用联系在一起。例如用有机玻璃称呼聚甲基丙烯酸甲酯类聚合物，将塑料类聚合物加后缀“树脂”。酚醛树脂、尿醛树脂、醇酸树脂是分别由苯酚和甲醛、尿素和甲醛、甘油和邻苯二甲酸酐制备的聚合物，有时也将聚氯乙烯俗称氯乙烯树脂。将应用为橡胶类的聚合物加上后缀“橡胶”。如丁二烯和苯乙烯共聚物称为丁苯橡胶，丁二烯和丙烯腈共聚物称丁腈橡胶，乙烯和丙烯共聚物称乙丙橡胶等。用作纤维类的物质，用“纶”作后缀。如己内酰胺纤维称为棉纶；聚对苯二甲酸二乙酯纤维称为的确良或涤纶；聚丙烯腈纤维称为腈纶等。还有直接引用国外商品名称音译，如聚酰胺又称尼龙，聚己二酰己二胺称尼龙-66,其中第一个数字表示二元胺的碳原子数目,第二个数字表示二元酸的碳原子数目。

5. 俗名

习惯上对天然高分子也常用所谓的俗名,例如纤维素,淀粉,蛋白质,甲壳素,虫胶等。

第2章　高分子的合成反应

合成高分子化合物往往是由简单的小分子化合物（单体）经过聚合反应（小分子联成大分子的反应）或缩聚反应（通过缩合反应使小分子联成大分子的反应）形成高分子化合物。

高分子合成反应很多，按反应机理主要有两大类：一类为连锁聚合反应，另一类为逐步聚合反应。

2.1　连锁聚合反应

烯类单体的聚合大多属于连锁聚合反应，根据反应过程中形成的活泼中间体是自由基、正碳离子或负碳离子，连锁聚合反应又分为自由基聚合反应、正离子聚合反应与负离子聚合反应。连锁反应一般包括三个阶段，即链引发阶段、链增长阶段与链终止阶段。下面就自由基聚合、正离子聚合、负离子聚合、配位络合聚合反应分别进行简要的讨论。

2.1.1　自由基连锁均聚合反应

自由基连锁均聚合反应就是由同一种单体在引发剂或在光、热、辐射等物理能量激发下，转化成自由基而引起的聚合反应。

在苯乙烯中加入0.1%～0.2%重量的过氧化苯甲酰，放在小试管内，用氮气除氧后盖严，放在60℃烘箱中，10多个小时后就可得到透明坚硬的聚苯乙烯，这就是实验室内最简单的以自由基连锁聚合反应制备聚苯乙烯的方法。

这个反应的引发阶段是过氧化苯甲酰受热分解产生自由基，此自由基加到苯乙烯单体上得到苯乙烯的自由基（a）。链增长阶段是自由基（a）继续加到苯乙烯双键上得到新的自由基（b），自由基（b）再和苯乙烯反应，这样自由基不断传递下去，分子量也不断地增大。终止阶段为两个自由基相撞。一种情况是互相结合，称为双基结合；另一种情况是发生两个自由基间的氢转移，产生一分子烯和一分子烷（指高分子化合物的末端），称为双基歧化，这两种情况均使自由基消失，连锁反应也就终止。

引发阶段

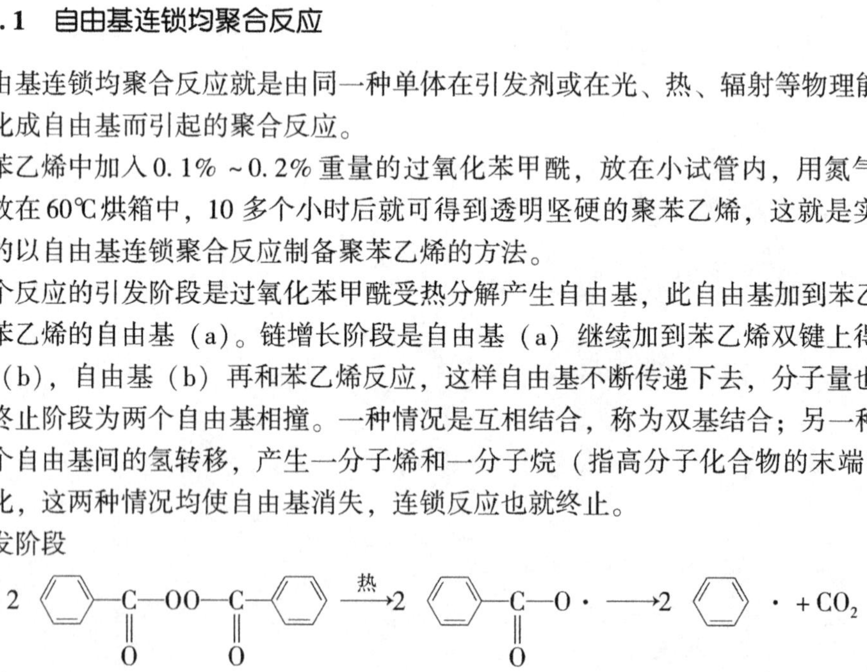

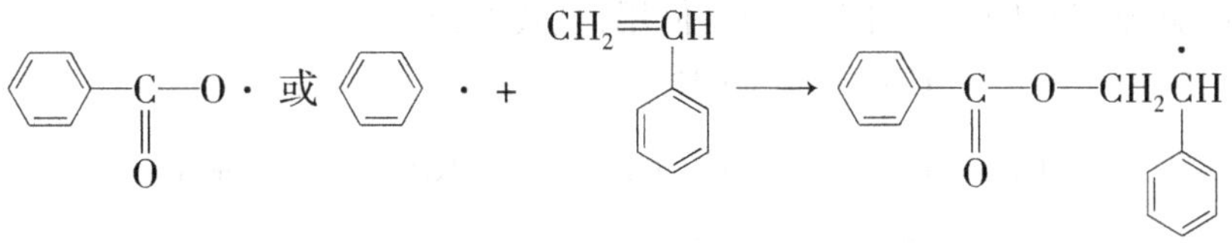

(a)

链增长阶段

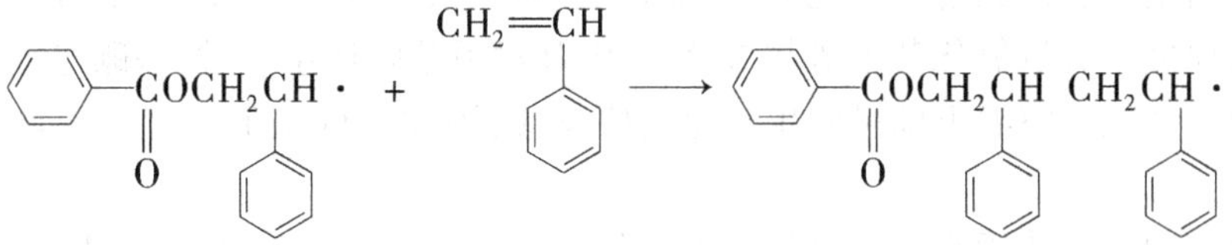

(b)

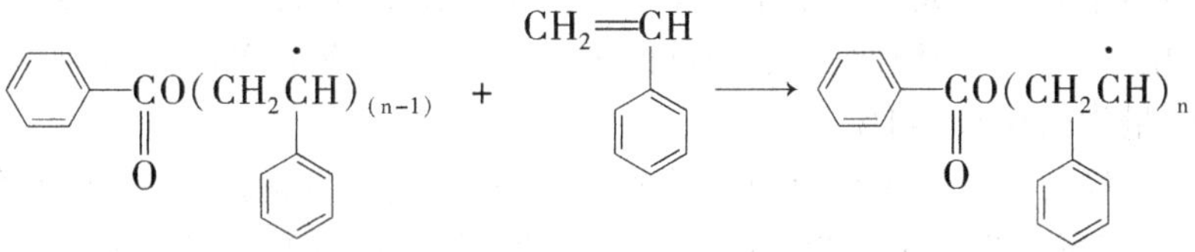

终止阶段

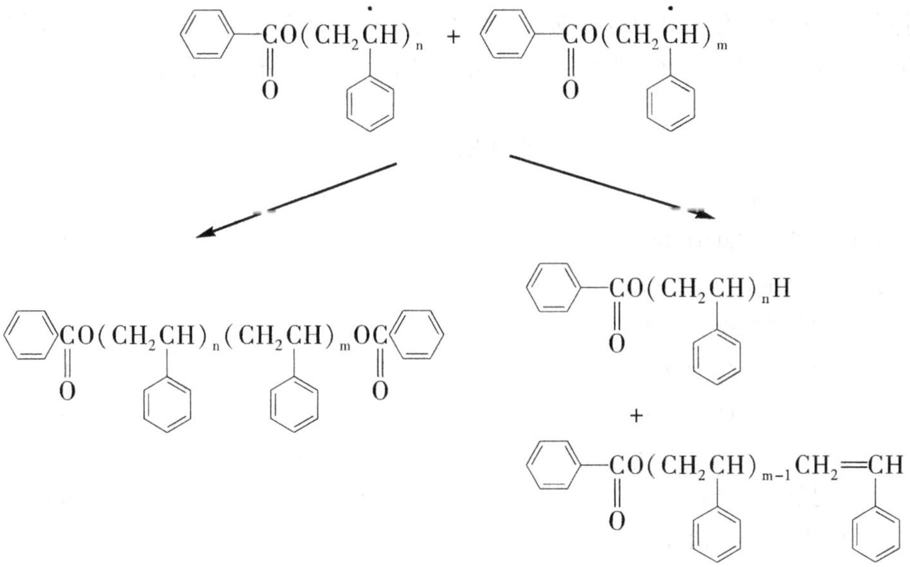

双基结合　　　　　　　　　　　　　　双基歧化

1. 引发方法

(1)引发剂引发

引发剂是一些受激发(热、光、辐射能等)或化学作用产生自由基的化合物,常见的有下列类型:

过氧化合物:由于过氧键是一种很容易发生均裂的键,所以许多过氧化合物都可以作为引发剂。如过氧化苯甲酰、过硫酸铵、过硫酸钾等。

偶氮化合物:偶氮基旁的两个单键很容易发生均裂,如偶氮异丁腈在 40 ~ 60℃ 即可均裂成自由基;偶氮二异庚腈也可在低温下使用,且效率较高。

$$CH_3-\underset{CN}{\overset{CH_3}{\underset{|}{\overset{|}{C}}}}-N=N-\underset{CN}{\overset{CH_3}{\underset{|}{\overset{|}{C}}}}-CH_3 \longrightarrow 2CH_3-\underset{CN}{\overset{CH_3}{\underset{|}{\overset{|}{C}}}}\cdot \ + N_2$$

氧化还原体系:由于许多氧化还原反应是单纯电子的转移过程,可产生自由基中间体,利用这些自由基可引发聚合。常见的无机氧化还原体系有 $H_2O_2 + Fe^{2+}$、$S_2O_8^{2-} + Fe^{2+}$ 等;有机氧化还原体系有过氧化苯甲酰与 N,N-二甲基对甲苯胺体系、三烷基硼与氧体系等。这些氧化还原对往往在室温下即可发生氧化还原反应,因此在低温下即可产生自由基引发聚合。

乳液聚合中经常使用水溶液过氧化物(过硫酸铵、过硫酸钾),为了降低聚合温度,常加入 $NaHCO_3$、$FeSO_4$ 等使之成为氧化还原体系。但是氧化剂、还原剂的用量必须适当,否则引发效率低,转化率不高。一般而言,还原剂的浓度不宜太高,氧化剂的用量为单体的0.1% ~1%,还原剂的量为 0.05% ~1%。

引发剂的选择与用量对聚合反应很重要。一般来讲,引发剂用量多,则聚合快,聚合物分子量低,转化率高。此外还应考虑特定温度下的分解速度及其室温稳定性,在实际应用中常用引发剂的半衰期来表示它们的分解速度。半衰期是指在指定温度下引发剂分解一半所需的时间。在选择引发剂时要选择那些半衰期与期望的聚合反应时间在同一数量级的引发剂,一般选用半衰期为 5 ~10h 为宜,表 2-1 是一些常用引发剂的半衰期。

表 2-1　**常用引发剂的半衰期**

名称	温度/℃	半衰期/h
过氧化二碳酸二环酯(DCPD)	50	4.1
过氧化二碳酸二异丙酯(IPP)	50	4.0
叔丁基过氧化特戊酸酯(BPP)	50	20
过氧化苯甲酰(BOP)	70	1.6
叔丁基过氧化乙酸酯	90	6.1
叔丁基过氧化苯甲酸酯	110	6
过氧化二叔丁基	130	6.4
偶氮异丁腈(AIBN)	70	7
偶氮二异庚腈	50	28

此外,还应考虑引发剂的引发效率,如偶氮引发剂的效率较过氧化物的引发效率高。工业中最常用的两种典型引发剂偶氮异丁腈(AIBN)和过氧化苯甲酰(BOP)有一个突出的区别:用 BOP 引发时,所得自由基很容易进攻聚合物,并提取氢原子,而由 AIBN 所得的自由基不易夺取氢原子,因此用 BOP 引发制备的聚合物分支较多,在制备高固含量的丙烯酸酯聚合物涂料时,应避免使用 BOP。但当需要进行接枝共聚时,则 BOP 比 AIBN 效果好。

(2)热引发

许多烯类单体在较高温度下可以发生聚合,如苯乙烯在 100℃左右就有相当快的聚合速度。所以在蒸馏纯化烯类单体时要特别注意防止聚合，不能使用过高温度。若单体沸点较高，需用减压蒸馏提纯。

(3)光引发

烯类单体往往在一定波长的光照下发生聚合，这种光一般是紫外光或能量更高的光。所以单体试剂应保存于深棕色的瓶子内，否则易受光激发而发生聚合。

在烯类单体中加少量光敏剂，这样有些不能用光照聚合的单体或需要能量很高的光照才能聚合的单体也可以聚合。光敏剂是一些易受光分解产生自由基的化合物，如安息香类的化合物、偶氮化合物等。偶氮异丁腈既可作为引发剂，也可作为光敏剂。作为引发剂需要在 40 ~ 60℃ 才能引发聚合，作为光敏剂时，在紫外光照射下 -10 ~ -30℃ 可引发聚合。

(4)辐射引发

γ 射线、电子射线也可以引发烯类单体聚合，γ 射线比紫外线穿透能力强，如木制品、水泥制品中浸入烯类单体，用 γ 射线照射可使制品内部的单体聚合，从而大大加强制品的强度。

2. 链增长

链增长的反应活化能(20 ~ 34 千焦/摩尔)比引发剂分解的活化能(105 ~ 150 千焦/摩尔)低得多，所以链增长反应快，约比引发速度快 10^6 倍。在 0.01 秒至几秒内就可使聚合度达数千甚至更高。所以聚合体系内往往只有单体和聚合物，不存在聚合度递增的一系列中间产物。

链增长的另一个特点是放热反应，所以在聚合过程中散热是一个很重要的问题。否则有可能使聚合体系局部温度达到很高的程度，造成聚合物变色、分解，甚至发生爆炸。

链增长反应是严格按烯类单体的头尾相连进行的，如苯乙烯聚合就是有规律地按如下方式相连接：

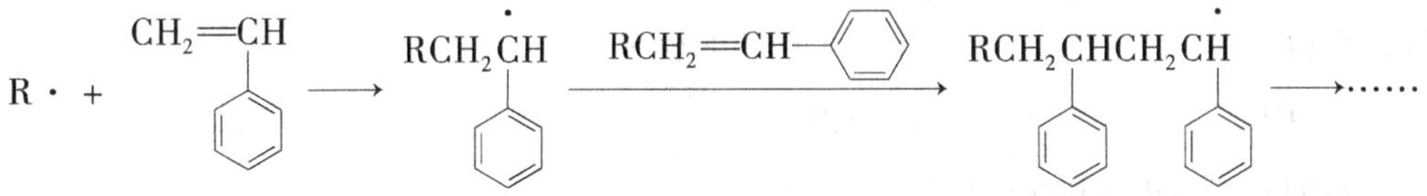

这是因为自由基进攻苯乙烯尾部，空间阻碍较小，同时形成的新自由基可与苯环共轭，因而比较稳定。

3. 链终止

链终止所需的活化能比链增长所需的活化能更小，约 8 ~ 21 千焦/摩尔，所以链终止的速度比链增长的速度更快，似乎不可能得到高分子化合物。但是，从阿累尼乌斯的速率方程 $k = Ae^{-E/RT}$ 可知，反应速率不仅与活化能 E 有关，还与反应质点的空间因素 A 即有效碰撞有关。在反应体系中，单体分子的数目大大超过自由基的数目，因此自由基与单体反应的几率比自由基相互间反应的几率大得多，所以能生成大分子链。只有当单体几乎被作用完时，自由基间的互相作用才能被突出起来，发生链终止反应。

4. 链转移

一个正在增长的自由基可以从单体、溶剂、添加剂等低分子或大分子上夺取活泼的氢或卤素等，从而将自由基转移到其它分子上，由于自由基还存在，所以连锁反应并没有停止，只不过转移到其它分子链上，这种现象叫链转移，它是自由基连锁反应中主要的副反应。

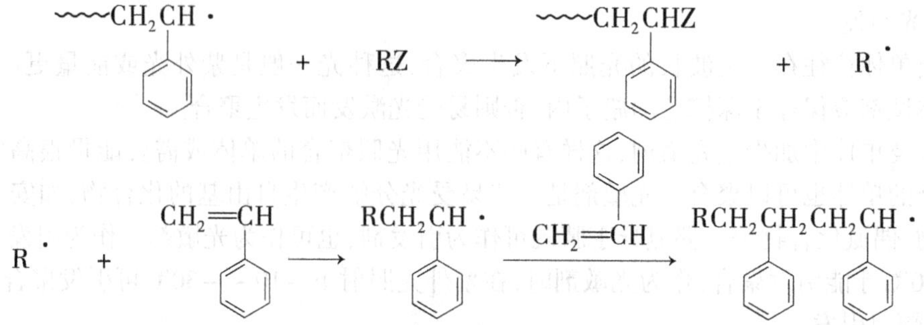

向低分子发生链转移的结果将使聚合度降低，至于对聚合的影响则要取决于新生自由基的活性。若新生自由基活性没有降低，仍能引发单体聚合，而且不影响聚合反应速度，则这种添加剂称为分子量调节剂，如十二烷基硫醇($C_{12}H_{25}SH$)。在实际应用中往往是固定引发剂的用量加入少量($<1\%$)分子量调节剂来调节产物的分子量，因为改变引发剂用量不仅影响产物的分子量，还影响聚合反应速度、产率等。若新生自由基活性降低，甚至失去了引发聚合能力，则会发生缓聚(聚合速度减慢)或阻聚(停止聚合)。能阻止聚合的试剂，称为阻聚剂，如对苯醌、次甲基蓝等。这些化合物往往只要用0.1%～0.0001%就有明显的阻聚效果。其它如氧化亚铜、硫磺、胺、酚、醛类化合物也有相当强的阻聚效果。对苯二酚是常用的一个阻聚剂，但实际上阻聚剂是它的氧化产物对苯醌，所以加对苯二酚在无氧情况下往往起不了阻聚作用。氧在低温时是一个阻聚剂(与自由基反应成POO.)，但在高温时氧又能促进聚合，所以聚合过程发生之前，往往需要通过氮除氧。在蒸馏纯化单体时常通氮除氧以防聚合。阻聚剂在实践中很有用，因为存储单体及终止聚合反应时常需要用阻聚剂，而在聚合反应前，必须将单体进行蒸馏精制。

聚合过程中常加入溶剂，因此易发生向溶剂分子的链转移，其转移的程度常用所谓的链转移常数(Cs)表示，如芳香类溶剂的Cs有如下顺序：

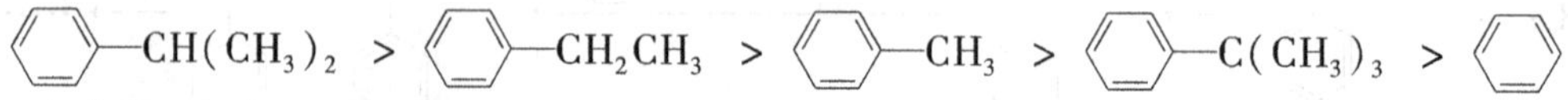

卤素的Cs为：RI > RBr > RCl；

醇类的Cs为：$R_2CHOH > RCH_2OH > CH_3OH$

向大分子发生转移主要是夺取大分子链中的叔氢、仲氢或氯原子，结果是使叔(仲)碳原子带单电子，形成大自由基。这样，大自由基便可和其它单体分子进行反应而发生链的支化，或者和别的大自由基互相结合而使链交联，生成网状或体型的结构。

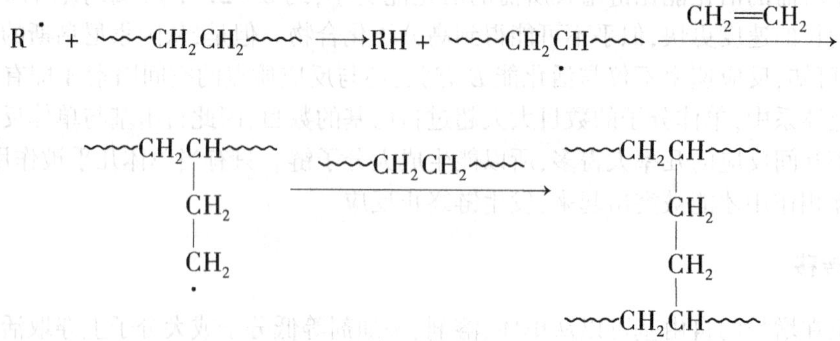

总之,由于链终止和链转移的情况十分复杂,因此生成的高聚物总是大小不一、结构不同的同系混合物。

实际的聚合过程比较复杂,一般有以下四个阶段:

① 诱导期:当聚合物体系中含有阻聚剂及其它杂质时,生成的自由基首先被消耗。

② 等速阶段:转化率在 10% ~20% 以下,此时粘度低,体系中的自由基数目大致不变,处于所谓的稳定阶段。

③ 加速阶段:此时反应体系粘度加大,单体可自由扩散到长链自由基处进行链增长,但链自由基不易自由扩散而使链终止难以发生,因此聚合速度上升,平均聚合度增大,发生所谓自动加速效应。此时反应放热严重,很易引起爆聚,需要特别注意。

④ 减速阶段:此时粘度更大,扩散困难,单体浓度也下降,聚合速度减慢。

5. 聚合物分子量控制

聚合物的性能与其分子量密切相关,合成过程中分子量的控制显得非常重要。一般而言,聚合物分子量的大小会受到多种因素的影响,下面谈谈几个主要的因素:

① 温度的影响:一般说来,温度升高,平均聚合度减少。这是因为温度可以改变各种速度常数,但因引发剂分解的活化能大于链增长的活化能,所以温度升高,引发剂的分解速度增加比链增长的速度要快得多,即温度升高时有更多的自由基生成,因此分子量下降。另外,温度升高,也有利于双基歧化的反应,因为双基歧化的活化能要比双基终止的高,其结果也是平均聚合度下降。此外,链转移速度上升是聚合度下降的另一原因。

② 引发剂浓度的影响:引发剂浓度愈高,生成的自由基愈多。也就是大分子数目愈多,在同样的单位浓度下,平均分子量明显下降。

③ 单体浓度:单体浓度愈高,分子量愈高,溶液聚合和本体聚合(包括悬浮聚合)相比,后者单体浓度高,又没有可作为链转移的溶剂,因此分子量比较高。

④ 溶剂的影响:若溶剂的链转移常数较大,则所得的聚合物平均聚合度下降。

6. 单体结构

实践证明并不是所有烯类都可以进行自由基聚合,通常是具有 1,1-二取代烯类化合物($CH_2{=}CXY$)结构的小分子,特别是 X、Y 为吸电子基团(如 —X 、—CN 、—COOR 等)、乙烯基、芳基或氢等烯类化合物可以聚合。因为吸电子基团可使碳双键电子密度下降,有利于均裂生成自由基。若吸电子能力过强,则容易发生后述的阴离子聚合,而乙烯基、芳基的存在可与自由基发生共轭,有利于反应的进行,同时由于 π 电子的流动性较大,易诱导极化,所以也容易发生阴、阳离子型的聚合。而 X、Y 为给电子基团的 1,1-二取代烯类化合物及 1,2-二取代烯类化合物(氟除外),一般不能聚合。这是因为给电子基团可使碳碳双键电子密度增加,不利于均裂生成自由基,而容易发生后述的阳离子聚合反应。

单烯 $CH_2{=}CHX$ 中取代基 X 电负性次序核聚合倾向的关系如下:

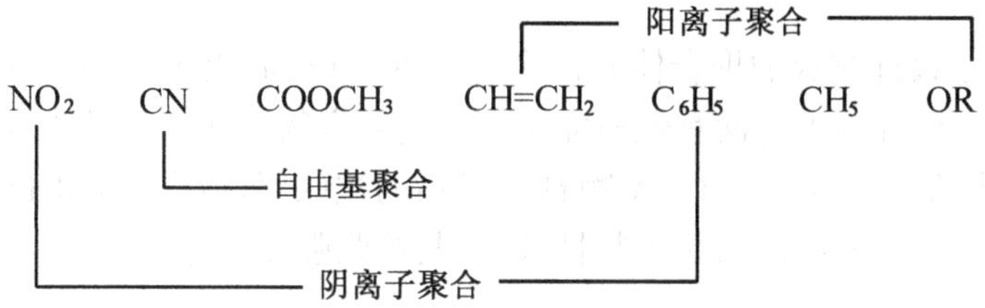

2.1.2 自由基连锁共聚合反应

自由基连锁共聚反应是由两种以上单体在引发剂或光、热、辐射等物理能量激发下转化成自由基而引起的聚合反应，所形成的聚合物含有两种或多种单体单元，这类聚合物称为共聚物，例如：

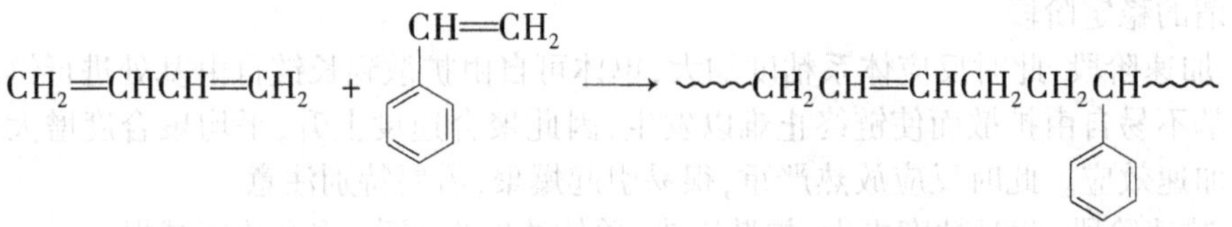

1,3—丁二烯　　苯乙烯　　丁苯橡胶

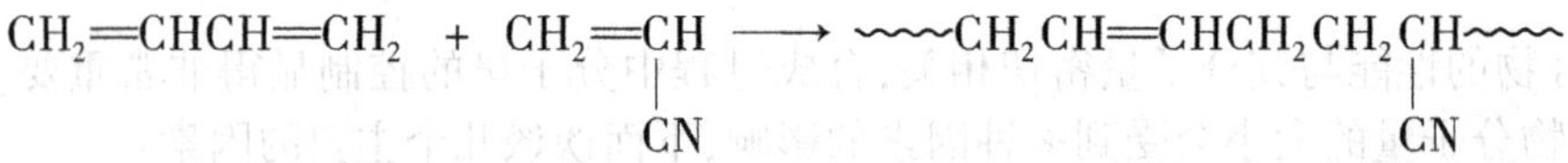

1,3—丁二烯　　丙烯氰　　丁氰橡胶

由两种单体制成的共聚物，其单体在高分子链中可以有下列几种排列方式：

~ ~ (A)a—(B)b—(A)a'—(B)b' ~ ~

a≠b≠a'≠b'　　且数值很小(几十)，为无规共聚物

a = b = a' = b' = 1　　为交替共聚物

a≠b≠a'≠b'，　　数值很大(几百几千)，为嵌段共聚物。

值得一提的是嵌段共聚物具有一些特殊的性能，该聚合物是一个能领导新型材料而令人向往的领域。例如我们可以将化学性互不相容的物体 A 和 B 设计聚合在一起，那么占优势的聚物将排斥对方。如此制成有化学偏执性的聚合体 A-B-A，它两端的 A 部分就会卷曲成球形(斥力最小)，这样形成的聚合体实际上就是球形的 A 分子有规则地分散在连续的 B 分子母体中(如图 2-1)。

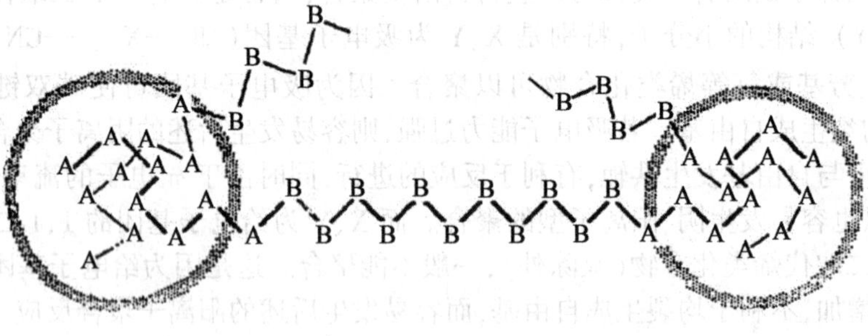

图 2-1　化学偏执性的聚合物 A – B – A

按照这种分子设计制成的聚合体有许多有趣的性质，如用丁二烯(B)与苯乙烯(A)制得的 B – A – B 及 A – B – A 是两种性质完全不同的聚合物。如 B 链中含 1400 个 B，A 链中含 250 个 A，形成的三嵌段 A – B – A 物具有很强的抗张强度(约 30MPa)，且具有热塑性。但如将聚合物制成 B – A – B 型，则为粘性液体，其抗张强度为零。

若一种单体单元 A 构成主链,另一种单体单元 B 作为支链则称为接枝共聚物。如目前常用来做电视机、收银机外壳的 ABS 树脂就是在聚丁二烯的主链上接有苯乙烯-丙烯腈共聚物的枝。

1. 共聚反应的作用

(1)改善聚合物性能

利用共聚的方法可以大大改善高聚物的性能,例如聚丁二烯是橡胶中的古老产品,它的耐油性差,而由 1,3-丁二烯与丙烯腈共聚可得到耐油的丁腈橡胶。又如聚丙烯腈是制造人造羊毛的原料,但单纯由它制造的羊毛柔软性与手感都较差,丙烯腈与少量的丙烯酸甲酯共聚后则柔软性与手感均有很大的改进,如再与衣康酸($HOOCCH_2CHCHCOOH$)共聚,由于聚合链中引入羧基,使染色性能也有很大改进。

(2)使一些自身不易聚合的单体聚合

某些 1,2-取代烯烃难聚合,但相互间可共聚,甚至无机物如 CO、SO_2 都可与烯烃共聚,如烯烃与 SO_2 共聚可得高熔点的聚砜,CO 与烯烃共聚可得光降解塑料。

(3)可调节聚合物的玻璃化温度

在均聚物中引入其它单元,即共聚,可以降低该均聚物的玻璃化温度,因此有时将共聚称为内增塑。

(4)引入反应基团

选择含有特定官能团的单体进行共聚,可以在聚合物链上引入期望的官能基团。

(5)实现功能化

对于一些具有特殊用途的涂料来说,将成膜物功能化是一个重要的方法。如将含有有机锡的单体和其它单体共聚,可以得到具有防污能力的成膜物。

2. 聚合方程及竞聚率

共聚体系中由于存在几种单体,它们在形成单体自由基后会有多种增长方式,如与自身相同的单体连接,或与其它单体连接,显然不同的连接方式必然产生不同的聚合物。因此,聚合反应的增长方式是共聚反应必须认真考虑的内容。就二元共聚而言,链增长的方式主要存在有下列四种情形:

$$\text{A}\qquad \sim\sim M_1\cdot + M_1 \xrightarrow{k_{11}} \sim\sim M_1M_1\cdot \qquad R_p = k_{11}[M_1\cdot][M_1]$$

$$B\qquad \sim\sim M_1\cdot + M_2 \xrightarrow{k_{12}} \sim\sim M_1M_2\cdot \qquad R_p = k_{12}[M_1\cdot][M_2]$$

$$C\qquad \sim\sim M_2\cdot + M_1 \xrightarrow{k_{21}} \sim\sim M_2M_1\cdot \qquad R_p = k_{21}[M_2\cdot][M_1]$$

$$D\qquad \sim\sim M_2\cdot + M_2 \xrightarrow{k_{22}} \sim\sim M_2M_2\cdot \qquad R_p = k_{22}[M_2\cdot][M_2]$$

上式中 R_p 为共聚速率,如令均聚增长速率常数与交叉增长速率常数之比为所谓的竞聚率(r),即:

$$r_1 = k_{11}/k_{12} \qquad\qquad r_2 = k_{22}/k_{21}$$

则 r_1 和 r_2 的大小反映聚合物增长链是优先加上与末端单元同种单体,还是优先加上另一种单体。

当 r 值为零时，说明不能均聚，只能共聚，其共聚倾向最大。$0 < r_1 < 1$ 时，单体 M_1 能均聚，但交叉增长倾向较大，r_1 值越小其交叉增长倾向越大，也可以说共聚倾向越大。当 $r_1 = 1$ 时，其单体 M_1 均聚和共聚倾向相同。若 $1 < r_1 < \infty$，则单体 M_1 倾向于均聚，r_1 值越大，其共聚倾向越小。上述分析也适合于 r_2 值。

可见，r_1 和 r_2 是表示单体共聚倾向大小的值，通过控制共聚物的合成，得到相应的共聚物结构和性能，具有重要的理论和实际意义。表 2-2 列出了一些常见共聚单体对的竞聚率。

表 2-2　　乳液聚合中常见自由基反应单体的竞聚率

单体 M_1	单体 M_2	r_1	r_2	$r_1 r_2$	温度(℃)
苯乙烯	乙基乙烯基醚	80	0	0	80
	异戊二烯	1.38	2.05	2.83	50
	乙酸乙烯酯	55	0.01	0.55	60
	氯乙烯	17	0.02	0.34	60
	偏二氯乙烯	1.85	0.085	0.157	60
	对甲基苯乙烯	1.0	1.0	1.0	70
丁二烯	丙烯腈	0.3	0.02	0.006	40
	丙烯腈	0.35	0.05	0.018	50
	苯乙烯	1.35	0.58	0.78	50
	苯乙烯	1.39	0.78	1.08	60
	氯乙烯	8.8	0.035	0.31	50
丙烯腈	丙烯酸	0.35	1.15	0.40	50
	苯乙烯	0.04	0.40	0.016	60
	异丁烯	0.02	1.8	0.036	50
甲基丙烯酸甲酯	苯乙烯	0.46	0.52	0.24	60
	丙烯腈	1.224	0.15	0.184	80
	氯乙烯	10	0.10	1.0	68
	偏二氯乙烯	1.0	1.0	1.0	60
苯乙烯	偏二氯乙烯	0.3	3.2	0.96	60
	乙酸乙烯酯	1.68	0.23	0.39	60
四氟乙烯	三氟氯乙烯	1.0	1.0	1.0	60
顺丁烯二酸酐	苯乙烯	0.015	0.04	0.006	50

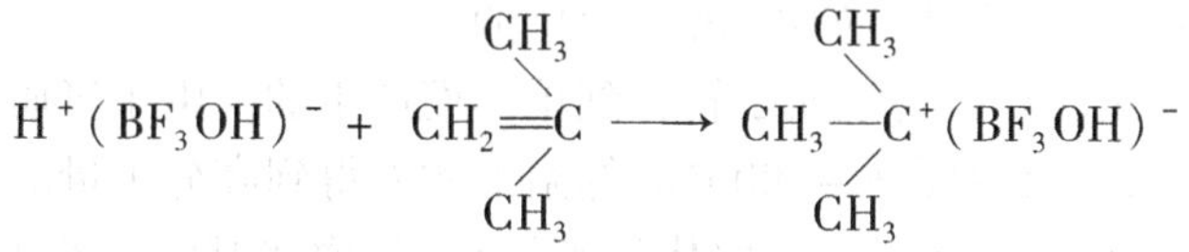

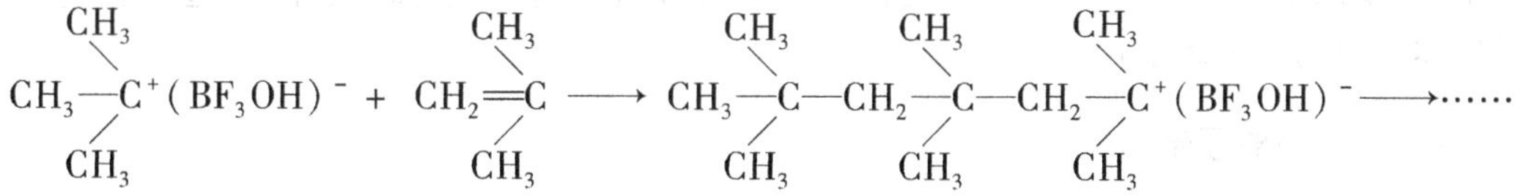

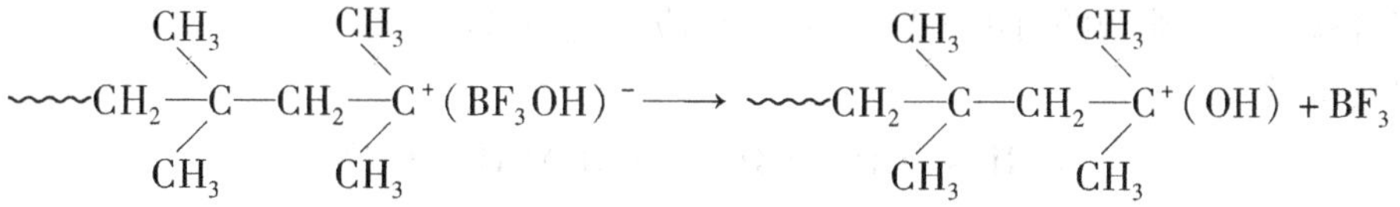

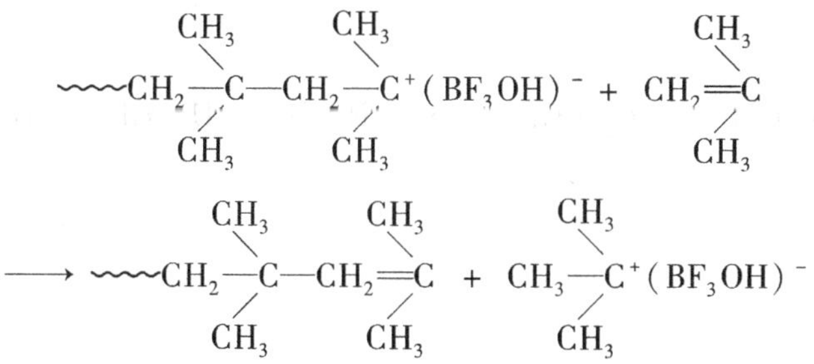

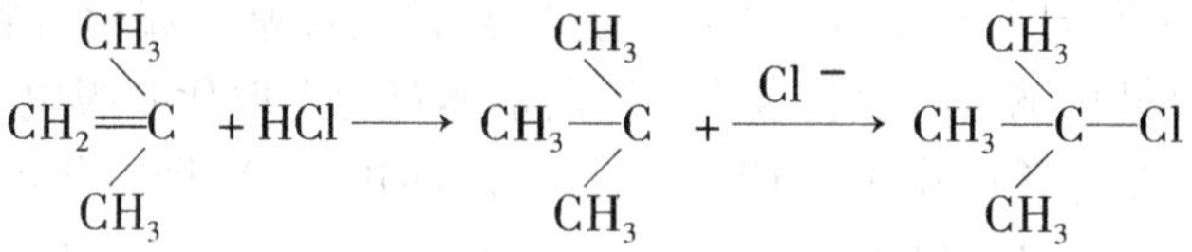

2.1.3　正离子聚合

正离子聚合是以正离子为活泼中间体的连锁聚合反应,如异丁烯以三氟化硼为催化剂在液态乙烯(溶剂)中于 $-100℃$ 聚合,得聚异丁烯就是典型的正离子聚合。其机理如下:

引发阶段

$$BF_3 + H_2O \Longrightarrow H^+(BF_3OH)^-$$

$$H^+(BF_3OH)^- + CH_2{=}\underset{CH_3}{\overset{CH_3}{\underset{|}{\overset{|}{C}}}} \longrightarrow CH_3{-}\underset{CH_3}{\overset{CH_3}{\underset{|}{\overset{|}{C}}}}^+(BF_3OH)^-$$

链增长阶段

$$CH_3{-}\underset{CH_3}{\overset{CH_3}{\underset{|}{\overset{|}{C}}}}^+(BF_3OH)^- + CH_2{=}\underset{CH_3}{\overset{CH_3}{\underset{|}{\overset{|}{C}}}} \longrightarrow CH_3{-}\underset{CH_3}{\overset{CH_3}{\underset{|}{\overset{|}{C}}}}{-}CH_2{-}\underset{CH_3}{\overset{CH_3}{\underset{|}{\overset{|}{C}}}}{-}CH_2{-}\underset{CH_3}{\overset{CH_3}{\underset{|}{\overset{|}{C}}}}^+(BF_3OH)^- \longrightarrow \cdots\cdots$$

终止阶段

$$\sim\sim\sim CH_2{-}\underset{CH_3}{\overset{CH_3}{\underset{|}{\overset{|}{C}}}}{-}CH_2{-}\underset{CH_3}{\overset{CH_3}{\underset{|}{\overset{|}{C}}}}^+(BF_3OH)^- \longrightarrow \sim\sim\sim CH_2{-}\underset{CH_3}{\overset{CH_3}{\underset{|}{\overset{|}{C}}}}{-}CH_2{-}\underset{CH_3}{\overset{CH_3}{\underset{|}{\overset{|}{C}}}}^+(OH) + BF_3$$

链转移

$$\sim\sim\sim CH_2{-}\underset{CH_3}{\overset{CH_3}{\underset{|}{\overset{|}{C}}}}{-}CH_2{-}\underset{CH_3}{\overset{CH_3}{\underset{|}{\overset{|}{C}}}}^+(BF_3OH)^- + CH_2{=}\underset{CH_3}{\overset{CH_3}{\underset{|}{\overset{|}{C}}}}$$

$$\longrightarrow \sim\sim\sim CH_2{-}\underset{CH_3}{\overset{CH_3}{\underset{|}{\overset{|}{C}}}}{-}CH_2{=}\underset{CH_3}{\overset{CH_3}{\underset{|}{\overset{|}{C}}}} + CH_3{-}\underset{CH_3}{\overset{CH_3}{\underset{|}{\overset{|}{C}}}}^+(BF_3OH)^-$$

正离子聚合的引发剂主要分为两类:一为强质子酸,如过氯酸,它要求质子酸的负离子部分是低亲核性的,否则正碳离子将会和负离子形成共价键而使聚合反应终止,所以盐酸不能用来作催化剂。而硫酸、磷酸也不是很好的催化剂。

$$CH_2{=}\underset{CH_3}{\overset{CH_3}{\underset{|}{\overset{|}{C}}}} + HCl \longrightarrow CH_3{-}\underset{CH_3}{\overset{CH_3}{\underset{|}{\overset{|}{C}}}} + \underset{}{\overset{Cl^-}{\longrightarrow}} CH_3{-}\underset{CH_3}{\overset{CH_3}{\underset{|}{\overset{|}{C}}}}{-}Cl$$

另一类催化剂为路易斯酸(如无水三氯化铝、四氯化钛、四氯化锡、二氯化锡、三氯化硼等)与助催化剂如水、醇、卤代烷等组成的引发体系。单纯的路易斯酸不能引发聚合,必须有少量的助催化剂才行,因为引发剂实际上是路易斯酸与助催化剂反应得到的质子或正碳离子。

$$BF_3 + H_2O \Longrightarrow H^+ + (BF_3OH)^-$$

$$AlCl_3 + CH_3I \Longrightarrow \overset{+}{C}H_3 + (AlCl_3I)^-$$

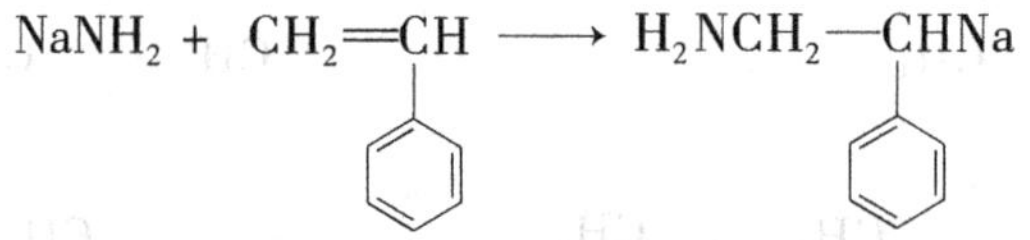

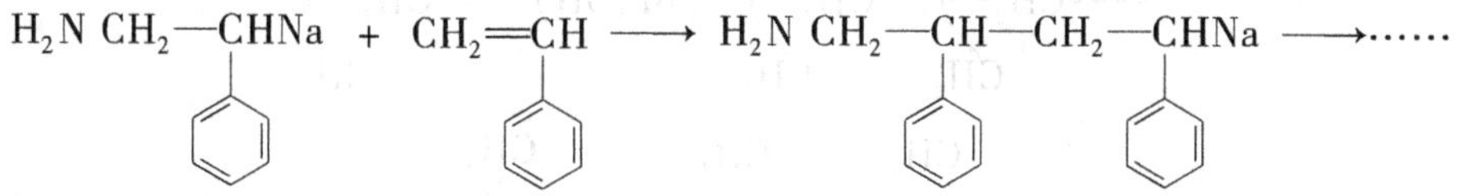

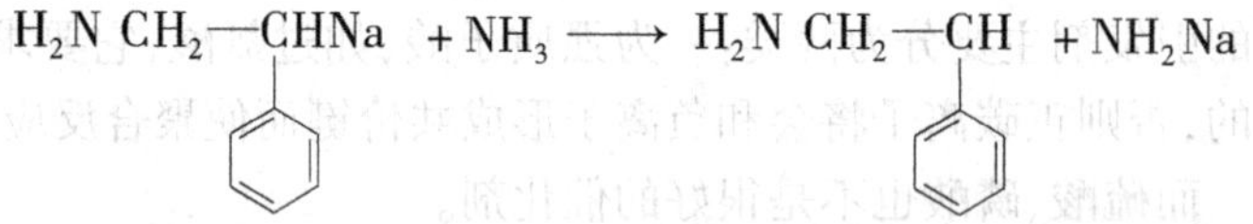

但水并不是加进去的,因为吸附于空气中的水分就足够了,相反整个反应体系要十分干燥,过多的水将使聚合反应不能进行。

正离子聚合的链增长一般比自由基聚合的链增长快,因其活化能为 $8.4 \sim 21 kJ/mol$,低于自由基聚合的情形,所以需在低温下进行。并用低沸点的溶剂如乙烯作溶剂,让溶剂在低温下挥发带走热量。

链终止是由于增长的正碳离子与负离子以共价键结合而使链终止,这些负离子可以是引发剂带来的,也可能是由于杂质如水、醇等提供的。

链转移是增长的正碳离子的氢质子转移到单体而产生的。由于氢质子转移易发生在较高温度下,所以上述聚合反应要在 $-100℃$ 的低温下才能得到高分子量的产物。

单体的结构同样也是具有 1,1-二取代烯类结构,但取代基需要给电子基团如烷基、烷氧基、胺基以及乙烯基、芳基。这也是由于共轭效应与空间效应的缘故,因为这样取代的烯类单体生成的正碳离子较稳定。

2.1.4 负离子聚合

负离子聚合是以负离子为活泼中间体的链锁聚合反应,苯乙烯以氨基钠为催化剂在液氨中聚合就是一个典型的负离子聚合,这个反应的机理是:

引发阶段:

$$NaNH_2 + CH_2{=}CH \longrightarrow H_2NCH_2{-}CHNa$$

链增长阶段:

$$H_2N CH_2{-}CHNa + CH_2{=}CH \longrightarrow H_2N CH_2{-}CH{-}CH_2{-}CHNa \longrightarrow \cdots\cdots$$

终止阶段:没有

链转移:

$$H_2N CH_2{-}CHNa + NH_3 \longrightarrow H_2N CH_2{-}CH + NH_2Na$$

负离子聚合的引发剂主要分为二类:一为碱类:包括烃基金属化合物(如烃基锂、格氏试剂等)、氨基钠、氢氧化钠、氰化钠、水等。根据单体双键上取代基吸电子强弱可以采用不同的引发剂,如亚甲基氰乙酸甲酯($CH_2{=}C(CN)COOCH_3$),即市售的 502 胶,其由于两个强的吸电子基团,可以用很弱的碱如水引发,所以遇水汽即可聚合。丙烯腈、甲基丙烯酸甲酯只有一个吸电子基团,可以用氢氧化钠或氰化钠引发聚合。而苯乙烯、丁二烯没有强吸电子基团,则需用强碱如氨基钠或烃基锂引发聚合。

另一类是电子转移引发:碱金属与液氮之间可发生单电子转移,进而引发乙烯聚合。

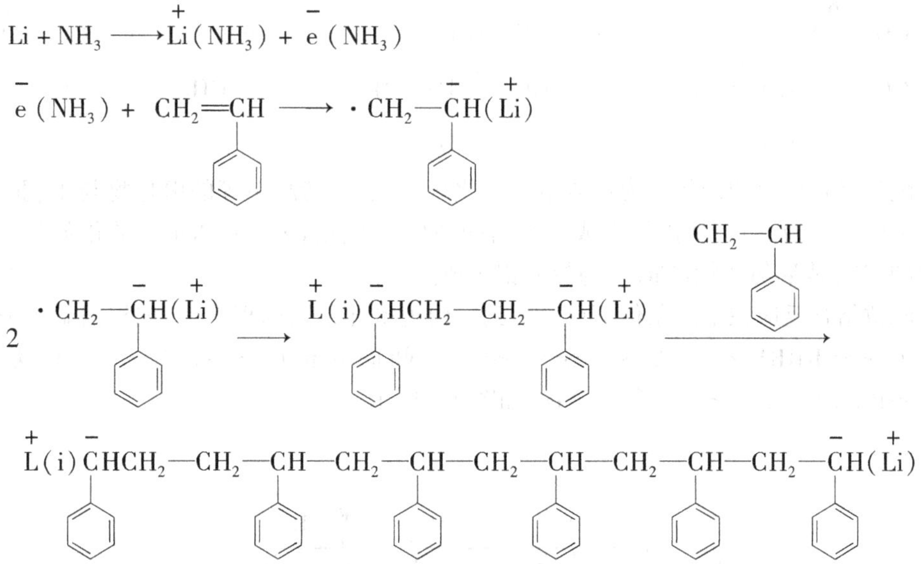

负离子聚合的链增长的活化能也比自由基聚合的低，故链增长较快。

负离子聚合没有链终止，其原因是负离子与负碳离子不可能结合，而负离子与单体间很难发生负氢转移，所以在没有其它杂质的影响下，聚合完成后可以得到带负碳离子的聚合物。当在这个体系中再加入单体时仍然可以聚合，所以这种高聚物具有活性，称为活性高分子。活性高分子在合成嵌段共聚物上是很有用的，例如以苯基锂引发苯乙烯，当苯乙烯聚合完后，再加丁二烯，丁二烯聚合完后再加苯乙烯，这样便可制得嵌段的丁苯共聚物，简称 SBS。SBS 是热塑性弹性体，常温时具有橡胶的弹性，高温时又可熔化流动，像塑料一样方便、快速进行加工（熔融注射或挤出成型）。目前这种橡胶在制造工业上大量使用，又如在聚丁二烯活性高分子中通入二氧化碳可以得到羧基橡胶，由于引进羧基，使这种橡胶可以和许多基团反应，用于高聚物的改性。

$$\sim\sim CH_2—CH═CH\ \overset{-}{C}H_2\ \overset{+}{Li} + CO_2 \longrightarrow \sim\sim CH_2—CH\ \overset{-}{C}O_2\ \overset{+}{Li}$$

$$\xrightarrow{H^+} \sim\sim CH_2—CH═CHCH_2COOH$$

可见负离子聚合需在无水、无空气（无氧、无二氧化碳）、无活泼氢化合物（如醇、酸等）的情况下聚合。否则得不到高分子量的聚合物，甚至不能聚合。

显然可以进行负离子聚合的单体也是具有 1,1-二取代的烯类结构的单体，且取代基为吸电子基团以及乙烯、芳基等。

2.1.5　配位络合聚合

对于离子型聚合，增长链的离子对如果结合得愈紧则活性愈低，若完全以共价键结合则将失去活性。

$\sim\sim C^-\ H_2M^+$	$\sim\sim CH_2—M$
离子键合，链活性强	共价键键合，链活性差

如果 M 是过渡金属，由于该金属上有可接受单体双键 π 电子的空 d 轨道，即可发生络合，因而使双键活化并进行聚合，这种聚合称为配位络合聚合。

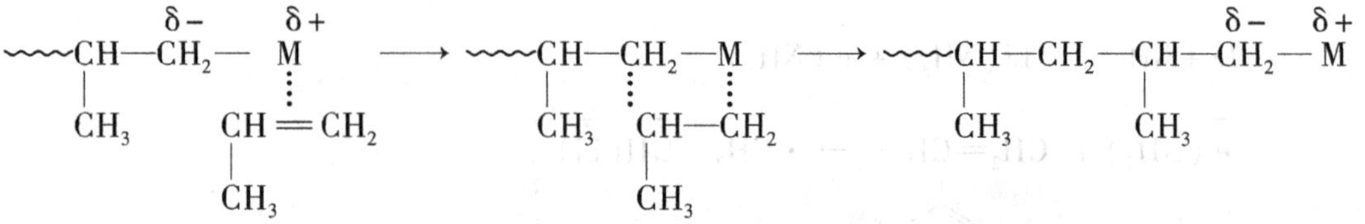

配位络合聚合的催化剂为过渡金属卤化物如钛、钒、镍、钴等的卤化物与Ⅰ、Ⅱ、Ⅲ族的烷基金属化合物,如烷基铝等组成。著名的齐格勒-纳塔(Ziegler-Natta)催化剂就是由三氯化钛($TiCl_3$)或四氯化钛($TiCl_4$)与烷基铝组成。

配位络合反应在不同条件下可以得到立构规整性不同的聚合物,如聚丙烯可分为全同立构(~~~~RRRR~~~~ 或 ~~~~SSSS~~~~)、间同立构(~~~~RSRS~~~~)、无规立构(~~~~RSSRRSRS~~~~)三种聚合物,如图 2-2 所示。

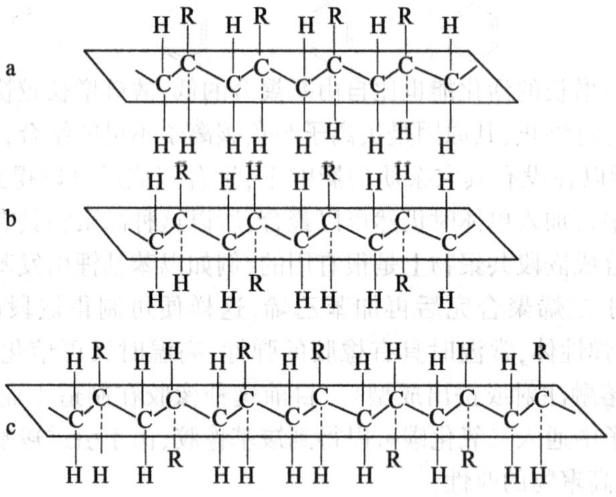

图 2-2 聚丙烯的三种立体构型(R:CH_3)(a:全同立构;b:间同立构;c:无规立构)

凡是聚合物链上的手性碳原子的构型为有规则排列的,这类聚合物称为定向聚合物,例如全同立构与间同立构的聚丙烯,这类聚合反应称为定向聚合。此外,聚合物链上双键的几何构型有规则排列时也属于定向聚合物,如天然橡胶链上的双键全部为顺式时称为顺-1,4-聚异戊二烯,而古塔波胶链上的双键全部为反式,则称为反-1,4-聚异戊二烯。

定向聚合物与非定向聚合物虽然具有相同的结构,但在性能上却有很大的差别。一般定向聚合物都较易结晶,所以结晶度高,熔点高。如全同立构的聚丙烯熔点为170℃,而无规立构聚丙烯的软化点为75℃。再者,顺式的1,4-聚异戊二烯弹性好,可作橡胶用,而反式的1,4-聚异戊二烯弹性差,常作为塑料使用。所以控制聚合物链的构型,运用定向聚合是改进聚合物性能的一个重要方面。

配位络合聚合的第二个特点是不发生链转移反应,可以得到完全线型的高聚物。如乙烯通过自由基聚合得到的聚乙烯带有许多支链,不易结晶、密度低、较柔软,称为低密度聚乙烯(或称高压聚乙烯),常用来制薄膜。而用 $TiCl_4/Al(C_2H_5)_3$ 催化聚合得到的聚乙烯完全是线型的,易结晶、密度高、硬度较高,又称为高密度聚乙烯(或称低压聚乙烯),常用来作塑料或纤维使用。

配位络合聚合的第三个特点是可使许多不能用自由基、正离子或负离子聚合的 α-烯烃与共轭烯烃在适当的配位络合催化剂下聚合,如:

$CH_3CH{=}CH_2$　　

2.1.6　连锁聚合反应的特点

由上述连锁聚合反应机理可知,连锁聚合反应具有如下特点:

①一般为不可逆反应。

②只有活性分子才能与单体发生反应,未活化的单体间不能反应,故单体的转化率随时间的增长而增大。

③由于链增长速度极快,在极短的时间里分子量就达到了高聚物的范围,反应体系自始至终只有单体与高聚物存在,而无中等聚合度的中间产物,即分子量的增加几乎与时间无关。

2.1.7　聚合方法

自由基聚合的实施方法主要有本体聚合、溶液聚合、悬浮聚合、乳液聚合,其中有些方法也可用于缩聚和离子聚合。

1. 本体聚合

本体聚合又称块状聚合或整体聚合。一般是把液态单体和引发剂同置于反应器中使其进行聚合反应的方法,用这种方法可以直接制得成品。根据单体和聚合物能否互溶的情况,分为均相和复相两种。如果在聚合过程中聚合物溶于单体,则在反应过程中聚合液体逐步变稠,始终不分成两相,最后成块者称为均相本体聚合,如甲基丙烯酸甲脂、苯乙烯等的本体聚合就属于这类。如果在聚合过程中聚合物不溶于单体而沉淀下来,在反应体系中形成异相的聚合过程称为异相本体聚合或沉淀聚合,工业上采用均相聚合较多。

本体聚合的优点在于简便,可以省去溶剂和加工手续,产品纯度高,性能好。其缺点是由于没有溶剂和稀释剂,随着聚合体系的逐步变稠而聚合热不易扩散,容易造成局部过热,甚至导致局部单体沸腾而产生气泡或高聚物分子量的降低,直接影响产品质量,目前常用此法制备有机玻璃。

2. 悬浮聚合

悬浮聚合又称珠状聚合或颗粒状聚合,是指在机械搅拌下,使单体形成细珠悬浮于分散介质中进行的聚合反应。由于引发剂溶于单体中,聚合反应又是在颗粒中进行,所以聚合反应的本质与本体聚合相同。一般来说,介质应既不能溶解单体,又不能溶解聚合物,常用的介质是水。颗粒随反应进行,粘度升高,为了防止相互粘结和凝聚,在分散介质中常加入一定量的稳定剂,最常用的稳定剂是明胶、淀粉、聚乙烯醇和羧甲基纤维素等水溶性高分子以及碳酸钙、碳酸钡、粘土等无机粉末。

悬浮聚合法的主要优点在于能使反应体系的聚合热及时散发,聚合温度容易控制,产品分子量较本体聚合产物高且均一,产品也比较容易分离,缺点是纯度比本体聚合差,目前常用此法制备聚苯乙烯。

3. 溶液聚合

溶液聚合是在单体中加入溶剂或稀释剂,然后加入引发剂或催化剂进行的聚合反应。按所生成的高聚物是否溶解于溶剂中也可分为两类:一类是均相溶液聚合,即单体和高聚物都溶于溶剂中;另一类是非均相溶液聚合(单体溶于溶剂而生成的高聚物不溶于溶剂),这种溶液聚合又称沉淀聚合。工业上常用来制备需要加溶剂后再使用的聚合物,如油漆、涂料等,它可以省去从溶液中分离聚合物和使用时加入溶剂的麻烦。

溶液聚合法的优点在于容易散热、反应容易控制、反应体系粘度低、易于调节聚合物的分子量。但由于反应中使用了溶剂,相应地降低了单体的浓度,所以聚合反应速度慢,同时还增加了溶剂的回收提纯,所以耗费较大,同时产品中易残留溶剂和杂质等。

4. 乳液聚合

(1)乳液聚合的特征

乳液聚合是在乳化剂的作用下并借助于机械搅拌,使单体在水中分散成乳状液,由水溶性引发剂引发而进行的聚合反应。主要有以下优点:

其一,聚合反应可在较低的温度下进行,并能同时获得高聚合速率和高分子量。

其二,以水为介质,易传热,温度较易控制,价廉安全。体系的粘度低,且与聚合物的分子量及聚合物的含量无关,这有利于搅拌、传热及输送,便于连续生产;也特别适宜于制备粘性较大的聚合物,如合成橡胶等。

其三,直接使用乳液的场合如水乳漆、粘合剂、纸张、皮革及织物处理剂等更适用本法生产。

其四,聚合物粒子的粒径小(0.05 ~0.2μm),胶乳产品可以作为涂料、粘合剂和表面处理剂直接应用,没有易燃及环境污染等问题。

但是,乳液聚合也存在一些不足之处:如聚合物以固体使用时,需要加破乳剂,如食盐、盐酸或硫酸等,会产生大量废水。而且要洗涤、脱水、干燥,工序多,成本高。此外产品中留有乳化剂,杂质含量较高。

乳液聚合在工业上得到了广泛的应用。例如,合成橡胶中产量最大的丁苯橡胶就是采用连续乳液聚合法生产的。还有聚丙烯酸酯类涂料和水性粘合剂,聚醋酸乙烯酯胶乳等都是用乳液聚合方法生产的。

(2)乳液聚合的主要组成及其作用

乳液聚合体系的主要组分有单体、分散介质、引发剂、乳化剂。单体是乳液的油相,一般不溶于水或微溶于水,占体系总量的30% ~40%。分散介质通常为水,一般占总重的60% ~ 70%。

引发剂通常是 H_2O_2、过硫酸盐类等水溶性引发剂,约占总重的0.1% ~1%,有效温度为40 ~80℃。合成橡胶中常使用氧化-还原引发体系,包括不溶于水的氢过氧化物和溶于水的还原剂两个组分。氢过氧化物从单体相中扩散出来,与水溶性还原剂在水相中进行氧化还原反应而产生自由基,反应速率取决于过氧化物的扩散速率。

乳化剂是乳液聚合体系的重要组分,它可以使互不相溶的油(单体)-水转变为相当稳定的乳液,即能使油水混合物变成乳状液。乳化剂通常是一些兼有亲水的极性基团和疏水(亲油)的非极性基团的表面活性剂,根据亲水基团的性质,常见的乳化剂可分为阴离子型、阳离子型、非离子型、两性型四类。乳液聚合最常使用的是阴离子型乳化剂,而非离子型乳化剂一般用做辅助乳化剂,与阴离子型乳化剂配合使用以提高乳液的稳定性。其在乳液聚合中的作用主要有以下几个方面:

①降低表面张力,便于单体分散成细小的液滴,即分散单体;

②在单体液滴表面形成保护层,防止凝聚,使乳液稳定;

③增溶作用:当乳化剂浓度超过一定值时,就会形成胶束(micelles),胶束呈球状或棒状,胶束中乳化剂分子的极性基团朝向水相,亲油基指向油相,能使单体微溶于胶束内。

缓冲剂也是乳液聚合中常加入的组分。如磷酸盐,调节体系的 pH 值,以利于引发剂的分解并增加乳液的稳定性。

螯合剂是可以帮助引发体系的某组分溶解或使存在于水中的痕量钙和镁离子失活的一种助剂,实际操作中经常使用。

(3)乳液聚合机理

①聚合场所。乳液聚合使用水溶性引发剂,在水中分散产生自由基,其在何处引发单体聚合,这是乳液聚合机理首先要解决的问题。

聚合前,大部分乳化剂形成胶束,直径约为 4 ~ 5nm,胶束内增溶有一定量的单体,胶束数约为 10^{18} 个/ml,胶束的总比表面积约为 $10^5 cm^2/cm^3$;大部分单体分散成直径约 1000nm 的液滴,表面吸附有乳化剂,形成稳定的乳液,液滴数约 10^{10} ~ 10^{12} 个/ml,总表面积约 $10^4 cm^2/cm^3$;极少的单体及极少的乳化剂则以分子状态溶于水相中。

溶于水中的引发剂分解产生的自由基无疑可引发溶于水中的单体聚合,但由于溶于水中的单体量极少,且增长链在分子量较小时即会从水中析出,停止增长。因此,在水相中溶解的单体对聚合贡献很小,不是聚合的主要场所。聚合物的聚合场所也不会在单体液滴中,因为其中无引发剂存在,这与悬浮聚合有很大的区别。同时由于单体液滴的总比表面积较胶束的总比表面积小得多,引发剂在水相中分解产生的自由基扩散进入单体液滴的几率比进入胶束的几率要小得多。实验证实,单体液滴中形成的聚合物极少(0.1%),由此说明单体液滴中也不是主要聚合场所。胶束是油溶性有机单体和水溶性引发剂相遇的场所,加上胶束内单体浓度较高(相当于本体单体浓度),以及它比单体液滴具有高得多的比表面积而有利于捕捉来自于水相的自由基,引发胶束内的单体聚合,因此,聚合几乎总是发生在胶束内。

随着聚合的进行,胶束中的单体浓度减小,因此在浓差的作用下,水相中的单体会进入胶束中,补充聚合消耗掉的单体,单体液滴中的单体渐渐补充溶解到水相中。此时体系中含有三种粒子:单体液滴、发生聚合的胶束、未发生聚合的胶束。胶束随着聚合的进行,逐渐长大,形成聚合乳胶粒子。

②成核机理。生成聚合物乳胶粒子的过程称为成核,其成核过程有以下两种可能的途径:其一是初级自由基或水相中形成的短链自由基由水相扩散进入胶束引发增长,常称为胶束成核;其二是水相中形成的短链自由基从水相中沉淀出来后,又从水相和单体液滴上吸附乳化剂而稳定,单体向其扩散进行增长,此过程称为均相成核。上述两种成核过程的相对重

要性取决于单体在水相中的溶解度和乳化剂的浓度。单体水溶性大、乳化剂浓度低，则有利于均相成核，反之则有利于胶束成核。前者的例子是乙酸乙烯酯的乳液聚合，后者的例子为苯乙烯的乳液聚合。

③聚合过程。乳液聚合可分为三个阶段，如图 2-3 所示。

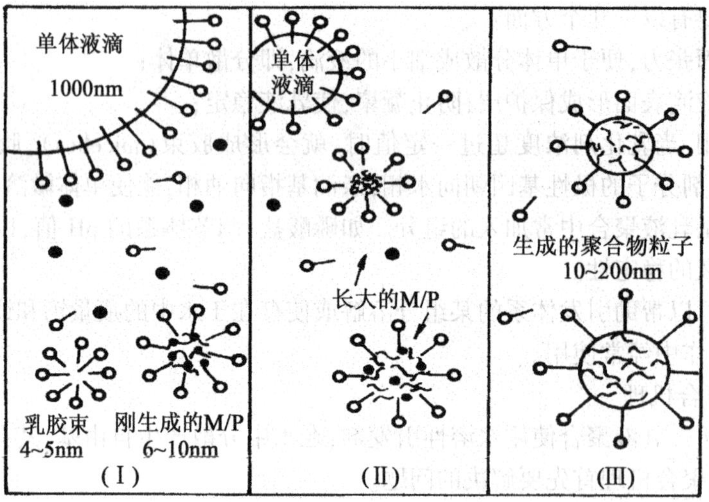

○—:乳化剂分子；●:单体分子；~:聚合物

图 2-3　乳液聚合过程示意图

第一阶段为乳胶粒生成期即成核期。该阶段聚合速率逐渐增大，体系中经由胶束成核或均相成核不断形成乳胶粒。随着聚合反应的进行，乳胶内的单体不断消耗，液滴内单体溶入水相，不断向乳胶粒扩散补充，以保持乳胶粒内的单体浓度的恒定，所以单体液滴起着供应单体的仓库作用。随反应的进行，乳胶粒体积不断加大，因此为保持其稳定性，乳胶粒会不断地从水相中吸附更多的乳化剂分子，当水相中乳化剂浓度低于 CMC 值时，未成核的胶束呈不稳定状态，将重新溶解并分散到水中，导致未成核胶束逐渐减少直至消失。典型的乳液聚合配方中，聚合开始时的胶束浓度约为 10^{17} ~ 10^{18} 个/ml，反应结束时聚合物乳胶粒约为 10^{14} ~ 10^{15} 个/ml。可见只有千分之一的胶束扩散进了自由基而形成乳胶粒。

第二阶段即恒速期。该过程是自胶束消失起到单体液滴消失为止，胶束消失后，乳胶粒数恒定，单体液滴仍起仓库作用，不断向乳胶粒提供单体，引发、增长、终止不断地在乳胶粒内进行，乳胶粒体积继续增加，最后达到 50 ~ 100nm。由于乳胶粒数恒定，乳胶粒内单体浓度恒定，因此聚合速率也恒定，直到单体液滴消失为止。该阶段结束时的转化率与单体的种类有关，单体水溶性大或单体溶胀聚合物程度大的，则其转化率低，如乙酸乙烯酯仅为 15%，丁二烯可为 40% ~ 50%，氯乙烯则可达 70% ~ 80%。

第三阶段即降速期。单体液滴消失后，胶体内聚合仍可继续进行，直至单体耗尽为止。由于单体不再有补充，因此聚合速率逐渐减少。在此阶段中，体系中只有乳胶粒一种粒子，且数目不变，最后粒径可达 50 ~ 200nm（处于胶束和单体液滴尺寸之间）。这样形成的粒子较细，可用“种子聚合”方法来增大粒子。所谓种子聚合，即在乳液聚合配方中加入上次聚合所得的乳液，聚合时单体和自由基扩散到原有的乳胶粒内并在其内部增长，而使粒子增大

(1～2μm)。

可见,乳液聚合过程中聚合速率会有所不同,图 2-4 为乳液聚合中观察到的不同聚合速率行为。如Ⅰ为乳胶粒生成期,Ⅱ为恒速聚合期,Ⅲ为降速聚合期。

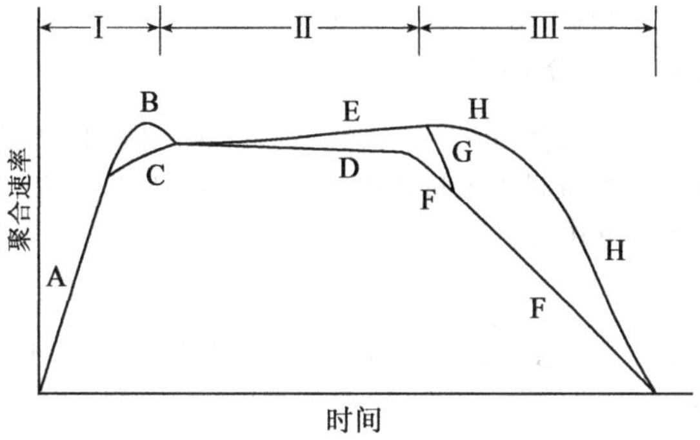

图 2-4　乳液聚合中观察到的不同聚合速率

乳液聚合采用了水作为聚合介质,因此使用过程中没有有机溶剂的挥发,从而降低了材料的 VOC,属于绿色环保产品,因此绝大多数水性油墨、水性涂料均选择该方法制备其中的高分子联结剂。

5. 各种聚合方法的比较

上面简单讨论的四种聚合方法,无论是在配方的主要组分、所用的引发剂、反应场所、反应机理,还是在产物的特性、生产特征等方面均有所不同,现归纳于表 2-3 中。

表 2-3　**各种聚合方法的比较**

	本体聚合	溶液聚合	悬浮聚合	乳液聚合
主要组分	单体、引发剂	单体、引发剂、溶剂	单体、引发剂、水、分散剂	单体、引发剂、水、乳化剂
引发剂	油溶性引发剂	油溶性引发剂	油溶性引发剂	水性引发剂
聚合场所	本体内	溶液内	单体液滴内	胶束或乳胶粒内
温度控制	难	较易,溶剂为传热体	易,水为传热体	易,水为传热体

续表

	本体聚合	溶液聚合	悬浮聚合	乳液聚合
聚合机理	自由基聚合机理,提高速度的因素往往使分子量降低,分子量控制较困难,分子量分布宽	可伴有向溶剂的链转移。速度较小,分子量较低,分子量较易控制,分子量分布窄	与本体聚合相同	能同时提高聚合速率和聚合物分子量,分子量较易控制,具有特殊机理
生产特征	体系温度高,需搅拌散热,间歇生成(少量连续生成),设备简单,宜制板材、型材	易散热,可连续生产。不易制成干粉状或粒状树脂	易散热,间歇生产,常有分离、洗涤、干燥等工序	易散热,可连续生产。制取固体树脂时需经凝聚、洗涤、干燥等工序
产品特征	产品纯净,可直接成型,宜生产透明、浅色制品	聚合液一般直接使用	直接得粒(或粉)状产物,利于成型,产品较纯,可能留有少量的分散剂	产品含有少量乳化剂及其它助剂,用于要求电性能不高的场合
主要工业生成品种	合成树脂: LDPE(颗粒状) HDPE(粉或颗粒) PS(颗粒状) PVC(粉状) PP(颗粒状)	合成树脂: PVAc(溶液) HDPE(粉或颗粒) PP(颗粒状) 合成橡胶: 顺丁橡胶 丁基橡胶	合成树脂: PVC(粉状) PS(珠状) PMMA(珠状)	合成树脂: PVC(粉状) PVAc 及其共聚物(乳液) 聚丙烯酸酯及其共聚物(乳液) 合成橡胶: 丁苯橡胶 氯丁橡胶

2.2 逐步聚合反应

逐步聚合反应是指在形成高聚物过程中每步都得到稳定产物的聚合反应。包括缩聚型的逐步聚合反应和非缩聚型的逐步聚合反应(表2-4)。本节主要讨论缩聚型的逐步聚合反应。

表2-4　　**逐步聚合反应示例**

聚合物	逐步聚合反应
聚氨酯	$\overset{O}{\overset{\Vert}{C}}{=}N{-}R{-}N{=}\overset{O}{\overset{\Vert}{C}} + HO{-}R'{-}OH \longrightarrow \left[\overset{O}{\overset{\Vert}{C}}{-}\overset{H}{\overset{\vert}{N}}{-}R{-}\overset{H}{\overset{\vert}{N}}{-}\overset{O}{\overset{\Vert}{C}}{-}OR'O\right]_n$

续表

聚合物	逐步聚合反应
聚苯醚	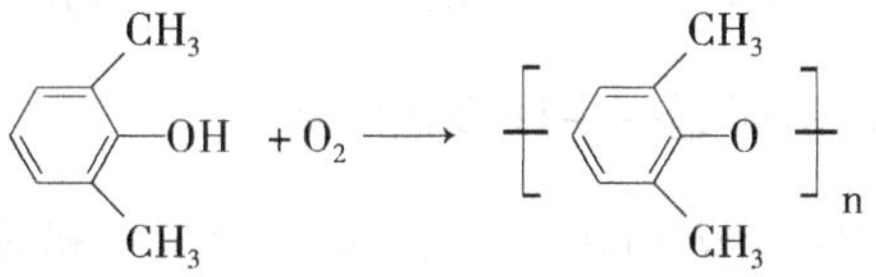
聚酰胺-6	$\overline{NH(CH_2)_5CO} \xrightarrow{H^+} \text{-[}NH(CH_2)_5CO\text{]-}_n$
聚苯	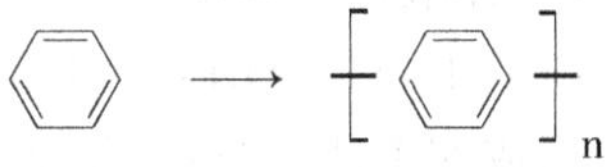
聚砜	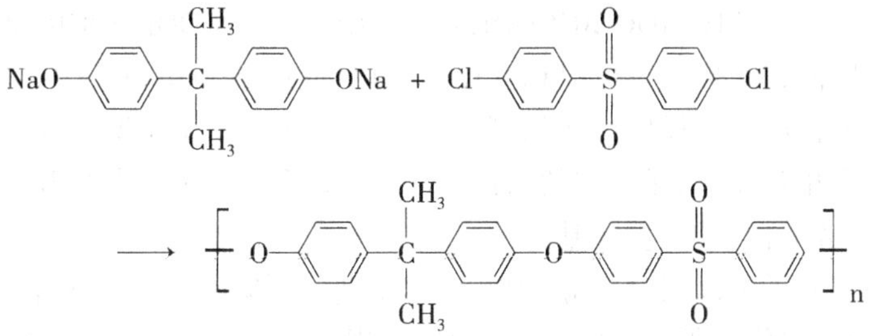

2.2.1　单体结构

参加缩聚反应的化合物，至少应该有两个能够相互作用的官能团，表 2-5 列出了常见的可缩合的官能团及得到的高聚物。

表 2-5　　**可用于形成缩聚物的官能团**

官能团		结合链	高聚物名称
X	Y	Z	
—COOH	—OH	—COO—	聚酯
—COOR	—OH	—COO—	聚酯
—COCl	—OH	—COO—	聚酯
—COOH	$—NH_2$	—CONH—	聚酰胺
—COCl	$—NH_2$	—CONH—	聚酰胺
—COOR	$—NH_2$	—CONH—	聚酰胺
—NCO	—OH	—NHCOO—	聚氨基甲酸酯
—NCO	$—NH_2$	—NHCONH—	聚脲
$—CH—CH_2$ \ / O	—OH	$—CH(OH)CH_2O—$	环氧树脂
$—CH—CH_2$ \ / O	$—NH_2$	$—CH(OH)CH_2NH—$	环氧树脂
ClCOCl	—OH	—OCOO—	聚碳酸酯

若由带有两个官能团的单体进行缩聚反应，只能得到线型聚合物；若在这种缩聚反应中加进一些带有三个或三个以上官能团的单体，则可得到网状或体型聚合物。

2.2.2 缩聚反应的机理——逐步和平衡

以二元醇和二元酸合成聚酯为例说明缩聚反应的机理。

二元醇和二元酸第一步反应形成二聚体，并在此条件下达到化学平衡。

$$\mathrm{HOROH + HOOCR'COOH \rightleftharpoons HOROOCR'COOH + H_2O}$$

二聚体可以同二元醇或二元酸进一步反应，形成三聚体，并在此条件下达到化学平衡。

$$\mathrm{HOROOCR'COOH + HOROH \rightleftharpoons HOROOCR'COOROH + H_2O}$$

三聚体也可相互反应，形成四聚体，并达到化学平衡。

$$\mathrm{2HOROOCR'COOH \rightleftharpoons HOROOCR'COOROOCR'COOH + H_2O}$$

三聚体和四聚体还可以相互反应、自身反应或与单体、二聚体反应。总之，含羟基的任何聚体和含羧基的任何聚体都可以进行缩聚反应。在缩聚反应中，带不同官能团的任何两个分子都相互反应，无特定的活性中心，各步反应的速率常数和活化能基本相同，并不存在链引发、链增长、链终止等基元反应。

许多分子可以同时反应，因此缩聚早期，单体很快消失，转化成二聚体、三聚体、四聚体等低聚物，转化率很高。之后的缩聚反应则在低聚物之间进行，由于生成的大分子链末端总是带有反应基团，故从理论上推断，反应要进行到反应基团完全消耗完时才会结束，得到的将是一条无限长的大分子链。但事实并非如此，因为当分子链长达一定程度时，官能团的浓度减小，反应体系的粘度增大，使得剩下来的官能团互相碰撞而起反应的机会减小，促使反应逐渐终止。同时，由于产物小分子的存在，会导致平衡反应向反应物方向移动，阻止了聚合物产物分子量的无限增大。另外，单体组分的非当量比，原料中混有单官能团杂质或分子链内部、分子间发生环化反应等都会发生"链端封闭"作用而使反应终止下来。在实际工作中，常常利用单体组分的非当量比或加入适量单官能团的方法来控制聚合物的分子量。

$$\mathrm{HOOCR'{\sim\sim\sim}ROH} + \underset{\text{过量的二元酸}}{\mathrm{HOOCR'COOH}} \rightleftharpoons \mathrm{HOOCR'{\sim\sim\sim}ROOCR'COOH + H_2O}$$

$$\mathrm{HOOCR'{\sim\sim\sim}ROH} + \underset{\text{一元酸杂质}}{\mathrm{R''COOH}} \rightleftharpoons \mathrm{HOOCR'{\sim\sim\sim}ROOCR'' + H_2O}$$

2.2.3 缩聚反应的特点

由上面讨论可知，缩聚反应具有如下特点：

①反应一般为可逆反应，其平衡不仅与温度有关，也与小分子产物的浓度有关。

②所有的单体分子基本上是同时开始反应，首先生成二聚体、三聚体等低聚物，因此反应初期单体的转化率很高，即单体转化率几乎与时间无关。

③所有的反应由于活化能较高，热效应又低，因此形成大分子的速率较慢，即分子量的增长随时间的增长而增加。

④反应中间产物是相当稳定的低聚物，如降低温度，可使反应停止在低聚物的阶段，且能分离出这些中间物。

⑤由于有小分子生成，聚合物的结构单元与单体的组成不一致。

2.2.4　缩聚过程中的副反应

1. 官能团的消去

二元羧酸受热会发生脱羧反应，引起原官能团配比的变化，从而影响缩聚产物的分子量。

$$HOOC(CH_2)_nCOOH \longrightarrow HOOC(CH_2)_nH + CO_2$$

羧酸酯的热稳定性比羧酸好，对于易脱羧的二元酸，则可用其酯来制备缩聚物。

二元胺有可能进行分子内或分子间的脱氨反应：

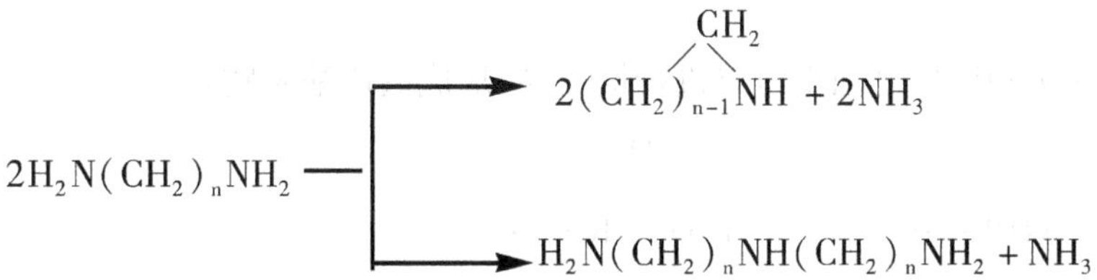

如进一步反应，还可能导致支链或交联的出现。

2. 化学降解

聚酯可以发生水解、醇解、酸解；聚酰胺除能水解、酸解外，还能进行胺解。

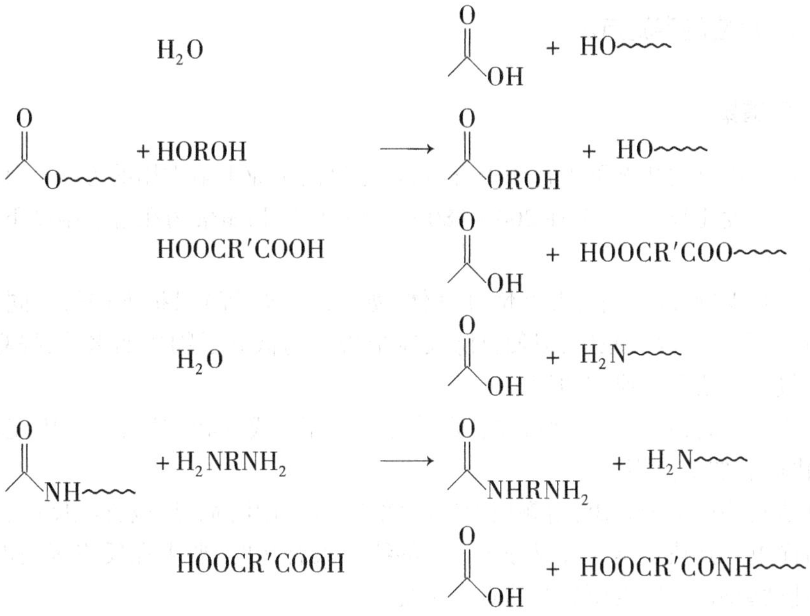

由于链分子中所含的化学降解键多，所以降解几率大，而短链分子降解几率小，结果逐步趋于一致。

另外，在合成酚醛树脂的过程中，一旦交联固化，也可以加入过量的酚，使之酚解成低聚物，实现回收再利用的目的。

3. 链交换反应

两条分子链相互交换部分组成。如：

$$\sim\!\!\!\sim\!\!R\overset{\overset{\displaystyle O}{\|}}{C}NHR'\!\!\sim\!\!\!\sim \quad + \quad \sim\!\!\!\sim\!\!R''NH\overset{\overset{\displaystyle O}{\|}}{C}R'''\!\!\sim\!\!\!\sim \quad \longrightarrow \quad \sim\!\!\!\sim\!\!R\overset{\overset{\displaystyle O}{\|}}{C}NHR''\!\!\sim\!\!\!\sim \quad + \quad \sim\!\!\!\sim\!\!R'''\overset{\overset{\displaystyle O}{\|}}{C}NHR'\!\!\sim\!\!\!\sim$$

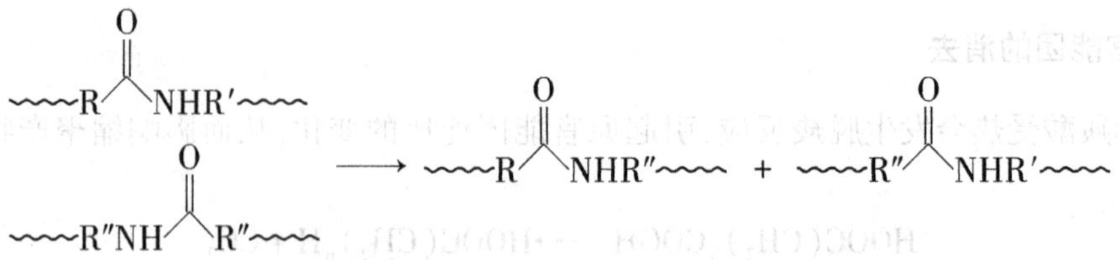

聚合物的分子量愈大，交换反应能力愈强。链的化学降解和链的交换可以使高聚物分子量的分散性减小，这就是缩聚物分子量的分散性一般比连锁聚合的分子量的分散性小的原因。

另外，聚酰胺和聚酯之间也可以进行链交换，形成嵌段缩聚物：

$$\sim\!\!\!\sim\!\!R\overset{\overset{\displaystyle O}{\|}}{C}NHR'\!\!\sim\!\!\!\sim \quad + \quad \sim\!\!\!\sim\!\!R''O\overset{\overset{\displaystyle O}{\|}}{C}R'''\!\!\sim\!\!\!\sim$$

$$\longrightarrow \quad \sim\!\!\!\sim\!\!R\overset{\overset{\displaystyle O}{\|}}{C}OR''\!\!\sim\!\!\!\sim \quad + \quad \sim\!\!\!\sim\!\!R'''\overset{\overset{\displaystyle O}{\|}}{C}NHR'\!\!\sim\!\!\!\sim$$

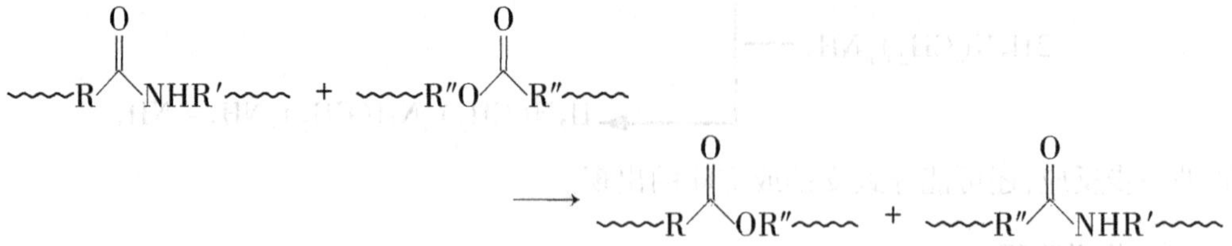

由于缩聚反应是可逆平衡反应，副反应多，影响因素又复杂，所以缩聚物的分子量一般比连锁聚合的分子量小。通常只有几千至一万左右，很少有超过四、五万的。

2.2.5 反应的实施方法

1. 熔融缩聚

将单体在熔融的状态下进行缩聚反应，这是目前工业上最常用的方法。其特点是：

①反应温度比较高，一般在 $200 \sim 280\,℃$，只有单体和缩聚物在熔融温度下比较稳定时，才能使用这种方法。

②为了减少副反应，通常要在惰性气体（如 CO_2，N_2 等）保护下进行。同时，在反应接近终点时，更需要增温和减压，以便排除反应中析出的低分子物质如水等，提高分子量。聚乳酸的直接合成法即是典型的例子。

③反应完成后，必须使产物在粘流状态下呈条状（或片状）从反应釜中流出，并切成一定形状，供以后加工使用。

根据这些特点不难看出，熔融缩聚法的优点是：不用溶剂，反应物纯度高，产品质量好，反应设备简单。其缺点是在合成分子量大的线型聚合物时，要求在反应区内严格控制当量比，原料纯度要求高，还需要复杂的真空系统。

聚酯、聚酰胺、聚碳酸酯等重要缩聚物，都是用熔融缩聚法进行生产的。

2. 界面缩聚

参加反应的单体在两种互不相溶的液相界面上进行的缩聚反应称为界面缩聚。如聚酰胺的合成，可先将二酰氯和二胺分别溶于有机溶剂（如四氯化碳、二甲苯等）和水中，然后将这两种溶液混合,立即就在界面处生成聚酰胺,将在界面处生成的薄膜拉出,聚合物在界面上继续生成,直到单体耗尽为止。

界面缩聚的特点是反应中析出的低分子物不溶于有机相而溶于水相。从而可以很快地离开界面,所以它是一个不可逆的反应,产物的分子量比较高。用界面缩聚法可省去加热设备,也不易发生热裂解反应。此外,对单体的纯度和原料的配比也不像熔融缩聚那样严格,而这正是熔融聚合不易解决的问题,但由于需要高反应活性的单体,消耗大量的溶剂以及设备庞大、利用率低下等特点,直到目前由工业规模的界面缩聚方法得到的缩聚产物的数量还是很有限的。

另外,和连锁聚合反应一样,也可使用溶液法、乳液法、固相法进行缩聚反应。

第3章 高分子化合物的结构

虽然高聚物与低分子化合物有很大的不同,但化学性质并没有本质的区别。一个官能团,不管它在大分子中还是在小分子中,都会正常地起反应,如酯与酰胺会水解、烯丙基的氢易被自由基攫取等。大分子与小分子的不同,主要体现在其物理性质方面,高聚物的特殊用途也正是取决于这些物理性质,而物理性质是其内部结构的反映。因此弄清高聚物的结构对于我们正确选择与使用高聚物材料,掌握成型工艺条件,并通过可能的途径改变高聚物的结构,有效地改善高聚物的性质等有指导性意义。

3.1 概 论

3.1.1 高聚物的结构特点

相对于低分子而言,高聚物的结构要复杂得多,它具有如下的特点:

①高分子是由很大数目的类似小分子的所谓结构单元以共价键连接而成的线型、支链型或网状形分子,这些结构单元可以相同(均聚物),也可以不同(共聚物)。

②绝大多数高聚物主链上的 σ 键可以自由旋转(即具有一定的内旋转自由度),分子链具有一定的柔顺性,因而链的形状可以不断改变。如内旋转受阻,则链为刚性。

③具有不均一性,即多分散性。即使在相同条件下得到的产物,各个分子的单体单元的键合顺序、空间构型、支化度、交联度等均不完全一样。

④存在着复杂的高级结构,且这种聚集结构对材料的性能影响在某种程度上更大、更直接。

3.1.2 高聚物结构内容

高聚物的结构是比较复杂的,通过各种观测方法对高分子结构进行研究,得知它们是由许多不同层次、不同形式的结构单元组成的,它们具有各自的运动性能。正是由于这种结构、运动的多重性,才给高分子化合物的性质带来了特殊的色彩。

高聚物结构可分为链结构与聚集态结构两个组成部分,链结构又分为近程结构与远程结构,其具体内容如下:

一级结构又称近程结构,包括高分子链的化学组成、链节的序列(支化、交联)、链节的构型(全同、间同、无规)、分子量及分子量分布等。

二级结构又称远程结构,指单个大分子的排列形态,如无规线团、折叠链及螺旋状链等,如图3-1所示。

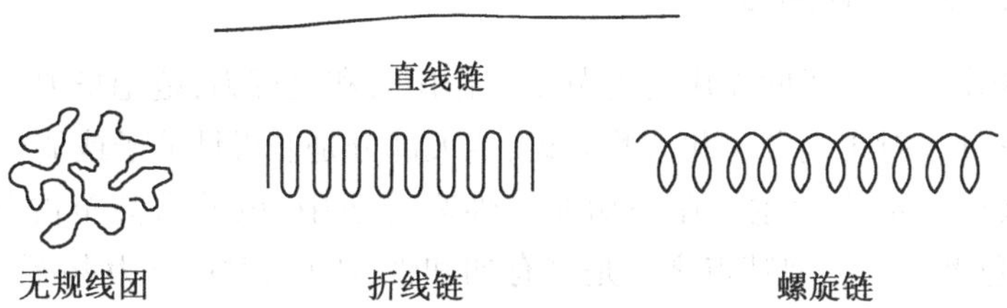

图 3-1　高分子链的二级结构示意图

三级结构是指许多大分子在一起的聚集结构,如互相交缠的线团状结构、织态结构(樱状微束)、线团微胞结构、折叠链晶体、双螺旋结构等,如图 3-2 所示。

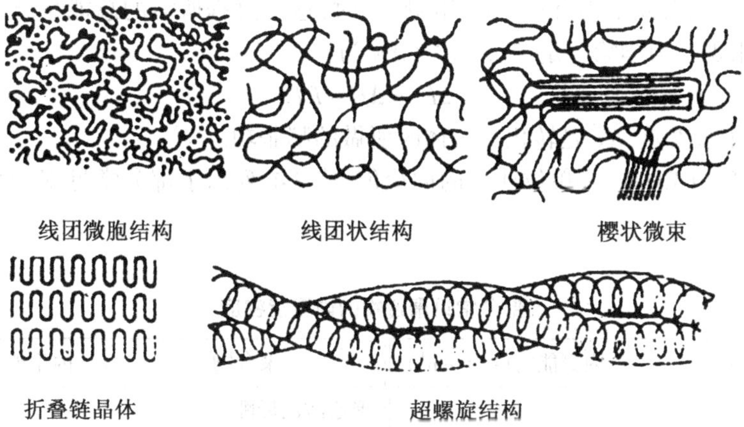

图 3-2　高分子三级结构示意图

高级结构则是由三级结构及其它掺和物构成的更为复杂的结构,如球晶、复合材料等。

总之,一级、二级结构为一个分子的内部结构,而三级、高级结构则为材料整体的内部结构。这就是说高分子的结构层次多而复杂,因此给聚合物的性能带来了调节和改善的机会。例如在合成时可以设法改变大分子的组成、结构;对于已经得到的聚合物,则可在加工时通过改变配料比例、加工条件等来调节其组织结构。一个聚合物最初常常只有一个品种应用在某一方面,后来则品种越来越多,用途也越来越广。例如,线型聚酯树脂用于纤维(即涤纶)、薄膜方面已众所周知,但如通过热膜保温,加入玻璃纤维解决了结晶收缩、发脆、不耐热等问题而成为很好的工程塑料。

3.2　大分子链的结构

大分子链的结构包括上述的一级和二级结构,如高分子链的组成、构型和构象。它们对制品性能起着决定性的作用,如熔点、密度、溶解性、粘度、粘附性等。结构对这些性能的影响主要是通过分子间作用力和链的柔顺性大小反映。

3.2.1 大分子间的作用力

一般低分子化合物分子间作用力为范德华作用力和氢键力,范德华力又包括取向力、诱导力和色散力三种。对于高分子化合物来说,绝大部分是非极性分子或弱极性分子,因此分子间作用力主要以色散力为主。在一切非极性高分子中,色散力甚至占分子间力总值的80%~100%。色散力的主要特点之一是具有加和性,因此,对由几万甚至几十万个原子组成的高分子化合物来说,分子间引力就很大,甚至会超过主链价键的离解能,这时若承受外力,往往会出现主链先行断裂然后才是分子链间滑脱的现象。

由于高聚物分子量的多分散性,各个分子链间的作用力不尽相同,分子间作用力的大小通常采用内聚能密度来表示。内聚能是指一摩尔分子聚集在一起的总能量,即等于使同样数量分子分离的总能量。当将一摩尔液体或能升华的固体进行蒸发或升华,使原来聚集在一起的分子分离到彼此不再有相互作用的距离时,这一过程所需的总能量就是此液体或固体的内聚能,根据热力学第一定律,内聚能 ΔE 为:

$$\Delta E = \Delta H - RT$$

式中 ΔH 是摩尔蒸发热,RT 是转化为气体时所做的膨胀功。

内聚能密度(CED)就是单位体积的内聚能,表 3-1 列出了部分常见聚合物的内聚能密度。

表 3-1　**部分常见聚合物的内聚能密度**

聚合物	内聚能密度(J/cm^3)	聚合物	内聚能密度(J/cm^3)
聚乙烯	259	聚乙酸乙烯酯	368
聚异丁烯	272	聚氯乙烯	380
聚异戊二烯	280	聚对苯二甲酸乙二醇酯	477
聚苯乙烯	309	聚酰胺-66	773
聚甲基丙烯酸甲酯	347	聚丙烯腈	991

由表 3-1 可见聚合物内聚能密度在 $290J/cm^3$ 以下的,说明分子间作用力比较小,容易变形,具有较好的弹性,通常可作为橡胶使用;内聚能密度较高的聚合物,属于典型的塑料;如内聚能密度达到 $400\ J/cm^3$ 以上,则具有较高的强度,一般可作为纤维使用。

由以上的讨论可以看出,分子间作用力是使高分子聚集而成聚集态的主要原因之一,作用力的大小也决定聚合物的类型和使用性能。但是聚集态还与高分子的各个层次结构有密切关系,因此也不能简单地依内聚能密度的数值作为聚合物分类的唯一判据。例如,聚乙烯的内聚能密度比较小,似应归属橡胶类,但由于它的分子结构比较简单和规整,易于结晶,弹性反而不好,所以它不是橡胶而是典型的热塑性塑料。

3.2.2 大分子链的柔顺性

大分子链的柔顺性就是分子链卷曲成各种形状的可能性,其相对的性质就是刚性。

1. 大分子链具有柔顺性的原因

在任何碳链化合物中，C—C 单键都是 σ 键，其电子云分布是轴向对称的，C—C 单键能够绕着轴线相对自由旋转。如碳原子上不带任何其它原子或基团时，则 C—C 键的内旋阻力较小，几乎能够完全自由旋转（如图 3-3 所示），C—C 键的键角为 109.5°，C_1—C_2 键内旋转，则使 C_2—C_3 在固定的键角下绕 C_1—C_2 单键旋转，旋转一周后的轨迹是一个圆锥面，C_3—C_4 绕每一个 C_2—C_3 位置的旋转又是一个圆锥面，这样由三个键组成的短链就会产生许多“形象”，即所谓的“构象”。构象的变化速度很快，据对乙烷分子的计算可知，27℃时每秒的变化可达 10^{11} ~ 10^{12} 次，因此对这些旋转异构体是难以一一分离的。但实际上碳原子上总连有其它原子或基团，这些非键合原子基团之间存在着吸引或排斥作用，使内旋转受到阻碍，就需要消耗一定的能量来克服内旋转所受到的阻力，因此内旋转总是不完全自由的。如乙烷分子从势能最低的交叉式构象旋转到势能最高的重叠式构象时，需要 11kJ/mol 的能量才能完成这一过程。这一能量值并不高，在 20°C 下，大多数分子都足以产生这种旋转。

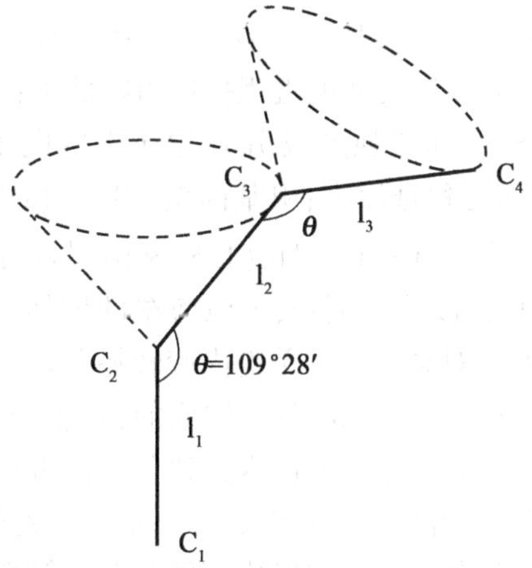

图 3-3　单键内旋转示意图

分子从最小势能变换到最大势能所需要克服的势垒也可称为内旋转活化能，部分有机化合物的内旋转势垒与分子结构的关系见表 3-2。

表 3-2　**部分有机化合物的内旋转势垒**

名称	分子式	内旋势垒 kJ/mol
乙烷	CH_3—CH_3	11.34
丙烷	CH_3—CH_2—CH_3	14.22
异丁烷	CH_3—$CH(CH_3)_2$	16.31
异戊烷	CH_3—$C(CH_3)_3$	18.41

续表

名称	分子式	内旋势垒 kJ/mol
丙烯	$CH_3—CH═CH_2$	8.15
1,2-二氯甲烷	$CH_2Cl—CH_2Cl$	20.92
1,1,1-三氟乙烷	$CH_3—CF_3$	15.48
六氟乙烷	$CF_3—CF_3$	>15.48
甲醇	$CH_3—OH$	4.48
甲硫醇	$CH_3—SH$	4.44
甲基硅烷	$CH_3—SiH_3$	7.11

从表中可以看出:随着乙烷分子中 H 原子陆续被甲基取代,内旋转势垒相应增加,这是因为甲基的空间位阻比 H 原子大的原因;邻近双键或三键的单键势垒变小,主要原因是双键或三键碳原子上的 H 原子减少了或甚至没有了,甲基上的 H 原子所受的影响变小。其次,甲基的 H 原子距离变大,H 与 H 之间的近程排斥力降低了;碳-杂原子(O、S、N、Si)单键势垒都比较小,这是因为 O、S、N 都能强烈吸引 H 原子上的电子,减少了 H 原子的电子密度,所以减弱了 H 原子之间的近程排斥力;甲基硅烷 $CH_3—SiH_3$ 的势能也很小,这是因为 C—Si 键长(1.91×10^{-10}m)大于 C—C 键长(1.54×10^{-10}m);分子中引入 F 原子,由于 F 原子的体积比 H 原子的体积大,极性也更强,导致势垒的增加。表中所列数据虽然是一些低分子的单键内旋转势垒,但它对高分子的单键内旋转势垒有参考价值。

线型高分子碳键是由千百个 C—C σ 单键构成的,就整个分子而言,它的内旋转要比小分子复杂得多。高分子链单键的内旋转必然受到分子内近程作用力和远程作用力的影响,同时又由于任何分子链总处于高分子的聚集态中,所以单键的内旋转又要受到分子间作用力的影响。由于情况复杂,高分子链上单键内旋转势垒一般都比较高,往往比在常温下具有的热运动能量高得多,因此在室温下不是所有的 C—C 单键都能同时自由旋转的。

在高分子的主链上任何一个单键旋转时,必定牵连着前前后后的链节,而受到牵连的若干个链节组成的部分,可以看做是主链上能独立运动的一个小单元,这个小单元称为链段。因此从运动的角度来看,不但高分子链本身是一个独立的运动单元,而且在每一根高分子链还存在着许多能独立运动的小单元。它们热运动(又称为微布朗运动)的结果使高分子链有着强烈卷曲的倾向,即分子的各部分呈现热振动,在单键周围进行自由旋转,致使链的形态不断变化而扭曲,形成球状结构(统计力学结果),犹如运动场上两根桩子中间手拉着小孩骚动后人群呈圆形一样。这就是大分子链具有柔顺性的最根本的原因。

2. 大分子链柔顺性的影响因素

(1)结构因素

①主链结构的影响。主链结构对分子链的刚柔性影响起决定性作用,如果主链全部是

由单键组成,则链上的每个键都能够内旋转,柔性就很大, Si—O 键比 C—O 键内旋转容易, C—O 又比 C—C 键容易。这是因为 Si—O 键比 C—O 的键长、键角大,所以内旋转容易。 C—O 键的非键合原子之间的原子数目比 C—C 键间非键合原子数目少,前者非键合原子间的距离也比后者大,所以 C—O 键的内旋转比 C—C 键容易。例如聚二甲基硅氧烷主链就是 Si—O 键构成的,所以分子链的柔顺性较好。

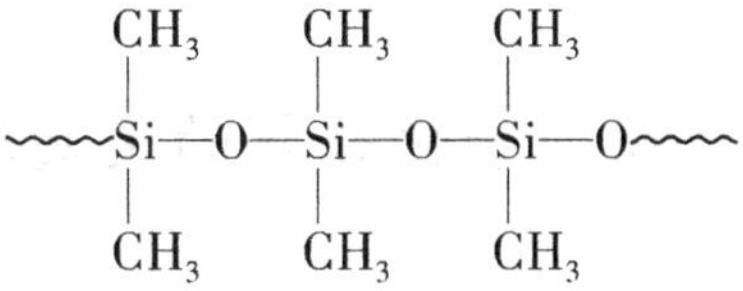

含有孤立双键的大分子,虽然双键本身不能旋转,但它使邻近单键的内旋转势垒减小。这是由于非键合原子间的距离增大,因而使它们间的排斥减弱,例如聚丁二烯中与双键相邻的 σ 键,其内旋转势垒只有 2. 1kJ/mol,这比聚乙烯中的 σ 键旋转势垒要小得多,在室温下即可内旋转,所以聚丁二烯比聚乙烯分子的柔顺性还要好。对于含有共轭双键的高分子来说,其电子云相互交盖,形成大 π 键,没有轴对称性,分子不能内旋,刚性很大。芳环、杂环也不能内旋转,因此主链中如含有这些环状结构,其分子的刚性较好。

根据上述讨论和共价键的特性,可将高分子主链的柔性排列成下列次序:

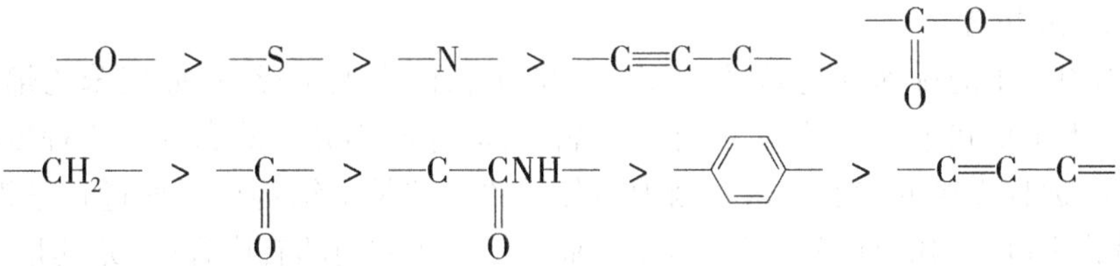

②取代基的影响。取代基极性越小,作用力越小,势垒也越小,分子容易内旋转,因此分子链柔顺性好。如就聚丙烯、聚氯乙烯、聚丙烯腈而言,由于聚丙烯中的甲基是极性很弱的基团,聚氯乙烯中氯原子属极性基,但其极性又不如聚丙烯腈中的—CN ,它们三者基团的极性递增,因而它们的分子链的柔性依次递减。一般来说极性基团的数量少,在链上间隔的距离较远,它们之间的作用力以及空间位阻的影响亦随之降低,内旋转比较容易,柔性较好。例如聚氯丁二烯中每四个碳原子含有一个氯原子,而聚氯乙烯每两个碳原子就会有一个氯原子,因此前者较后者的柔性好。

取代基团的体积大小决定着位阻的大小,如聚苯乙烯分子中苯基的极性虽小,但因其体积大,所以内旋势垒大,不容易内旋,所以聚苯乙烯分子链的刚性较大。

③交联的影响。当交联度较低时,交联点之间的分子链长远大于链段长,这时作为运动单元的链段还可能运动。例如:硫化程度低的橡胶,仍保持有很好的柔性;而交联度达 30% 以上的橡胶,就因为交联点之间不能有内旋转而变成硬质橡胶。

④分子链的规整性。分子结构越规整,结晶能力越强,高分子一旦结晶,链的柔性就表现不出来,聚合物呈现刚性,如聚乙烯的分子链较柔顺,但由于结构规整,很容易结晶,所以聚合物只有塑料的性质。

⑤分子链的长短。一般来说,分子链越长,构象数目越多,链的柔性越好。

需要说明的是高分子链的柔顺性和实际材料的刚柔性不能混为一谈,两者有时一致,有时却不一致。材料的刚柔性除了考虑链的柔性外,必须同时考虑分子内的相互作用、分子间的相互作用及其聚集状态。

(2)外因的影响

①温度。温度越高,分子的热运动能量增加,内旋转变易,构象数越多,柔顺性越好。

②外力。外力作用速度缓慢,柔性易表现出来;外力作用速度快,高分子链来不及通过内旋转而改变构象,柔性无法体现,分子链显得僵硬。

3.3 高分子化合物的聚集状态

高分子化合物的聚集结构是指高分子链间的排列与堆砌形态,又称超分子结构。高聚物的性能,不单取决于分子链的结构,更重要的则是取决于链的聚集状态。从某种意义上说,链结构只是间接影响高分子材料的性能,而聚集结构则是直接影响性能。例如同一种链结构的高聚物,由于加工成型的条件不同,所得的高聚物的性能有很大的不同,天然橡胶室温下弹性很好,但在低温下却变得非常坚硬。这是因为天然橡胶分子链在不同的温度下所取的聚集状态不同所致,因此了解高聚物分子的聚集状态,是必不可少的环节。

高聚物的聚集状态有以下几种:

(1)无定形状态

高聚物中分子的排列都是无序(无定形)的状态称为无定形态,如聚苯乙烯、聚氯乙烯等都是处在无定形状态下,习惯上又称为非晶态,但却比小分子液态的有序程度高,即存在着近程有序、远程无序的状态。这是因为高分子的长链是由结构单元通过化学键连接而成的,所有沿着主链方向的有序程度必然高于垂直于主链方向的有序程度,尤其是经过受力变形后的高分子材料更是如此。

(2)取向状态

线型高分子充分伸展时,其长度为其宽度的千倍、甚至万倍,这种结构使得它在外力的作用下在某一特定方向上占优势地平行排列,这就是取向,如图3-4所示。例如:聚丙烯腈的硫氰化钠水溶液通过喷丝头挤出成丝,在水中凝固后,这种纤维的机械强度往往非常低。如果这种纤维在加热时拉伸,可以再拉伸几倍的长度,这时纤维不仅未因变细而使强度降低,相反却变得更强了。这是因为在拉伸时分子链顺着作用力的方向被拉直排列起来,这样使分子间作用力比原来大大增加,因此拉伸是高聚物加工成纤维的一个必要步骤。这一原理不仅用在纤维的加工,还应用到薄膜的加工中,如印刷品覆膜用到的双向拉伸的聚丙烯(BOPP)膜,作为印版使用的聚酯胶片等。这种拉伸后的聚集状态称为取向状态,即分子链在一个、两个方向(双向拉伸薄膜)排列有序的状态,这种状态的产生,必然带来薄膜机械强度的提高。高聚物的取向包括分子链、链段、结晶高聚物的晶片、晶带沿特定方向的择优排列,这种排列的结晶必然导致材料的各向异性。一般而言,材料在取向方向上会有较高的力学强度,而在垂直取向方向上力学性能较差。

(3)结晶状态

结晶状态即分子链的三维空间有序排列的状态,高聚物的结晶和低分子化合物的结晶有些不同,它存在许多缺陷,往往看不到有很好的、有规则的、明显边界的结晶颗粒,而常以很小的结晶区域与无定形区域同时存在,这些结晶区往往有分子链渗入到周围无定形区

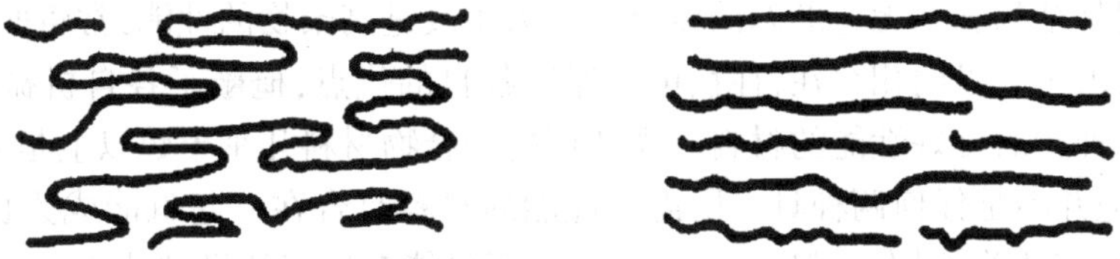

(a) 链段取向　　　　(b) 分子链取向

图 3-4　高分子链取向示意图

域内。

事实上，并不是任何高聚物都可以结晶，它要求高聚物具有规整的链结构，或具有较大的分子间作用力。例如聚乙烯分子结构比较简单，分子链上的氢原子体积小，空间位阻小，有利于分子链的整齐排列，所以结晶性能很好，结晶度（结晶区所占的重量百分数）可达 95% 以上，表 3-3 为常见聚合物的结晶度。如果链上氢原子被强极性基（如—OH、—COOH、—Cl、—F 等）取代，由于偶极作用或形成氢键，分子间作用力增大，也有利于高分子化合物的结晶。例如聚酰胺由于分子间 > NH 基与 > C = O 基形成氢键，很容易结晶。若在重复链节中具有手性原子则要求这些手性原子的构型在链中是有规则地排列，如聚丙烯、聚苯乙烯等由于链节中有手性原子，因此只有全同构型或间同构型的聚丙烯、聚苯乙烯才能结晶，而无规的就不能结晶。在共聚物中无规共聚物链不规则，所以不能结晶，只有交替、嵌段与接枝共聚物中有规则排列的聚合物才有可能结晶。

表 3-3　**某些聚合物的最大结晶度**

聚合物	聚乙烯		聚四氟乙烯	聚丙烯	聚苯乙烯	尼龙 66	顺式聚异戊二烯	聚异丁烯
	高压	低压						
结晶度/%	65	95	88	80	50	50	30	20

一般而言，结晶度越高，晶区范围越大，分子间作用力越强，则聚合物的熔点、密度、强度、刚性、硬度越高，耐热性、化学稳定性也越好；但与链运动有关的性能如弹性、伸长率、耐冲击性则降低。

分子的结晶性能与其分子的结构有关，如：

① 链的对称性：链的对称性越好，结晶能力越强，例如聚乙烯、聚四氟乙烯均有高的结晶度；

② 链的柔性：柔性好，结晶能力强；

③ 链的支化：链的支化度越高，结晶能力越低；

④ 交联：交联程度高，结晶能力低；

⑤ 分子间作用力：作用力越大，结晶能力下降，但若存在氢键，则有利于结晶；

⑥ 共聚结构：一般共聚结构的聚合物其结晶能力比均聚物要差。

(4) 多相状态

高聚物中存在两种以上相态称为多相状态。一般的结晶高聚物,如聚乙烯、聚丙烯就是多相状态,它们是结晶态和无定形态的混合物。为了改进高聚物的性能,常将两种以上的高聚物混合起来,由于它以两相存在,往往可以保留各自的优点,掩蔽了各自机械性能上的弱点,综合得到一种新的良好性能的材料。现使用的聚合物材料几乎半数以上是复合的材料,呈多相状态。但并不是任何两种具有所需要性能的材料复合在一起就能成为良好的材料,若两种聚合物相容性差,混在一起犹如一盘散沙,不可能有良好的机械性能。为了改进两相聚合物的相容性,常加少量分别与两相聚合物相溶的两种聚合物的嵌段共聚或接枝共聚物。如聚丁二烯与聚苯乙烯互不相溶,但加进少量聚丁二烯链上接有聚苯烯乙枝的接枝共聚物,在混合后这种接枝共聚物往往处于两者界面之间,它的聚丁二烯链伸入聚丁二烯中,它的聚苯乙烯枝伸入聚苯乙烯中,使得聚丁二烯与聚苯乙烯两相间能很好地“粘合”起来,这样所得的聚丁二烯与聚苯乙烯的混合物就可以分散得很均匀,机械性能与外观都大大改善,作为这种用途的接枝共聚物称为相溶剂。

(5)液晶态

有些物质既具有晶体有序性及各向异性,又具有液体的流动性,处在晶体与液体的过渡状态,我们将这种中间状态称为液相态,处在该状态的物质称为液晶态。例如:聚对苯二甲酰对苯二胺(PPTA)溶解在发烟硫酸中得到各向异性溶液。其流变学特性也与一般高聚物溶液不同,它具有高浓度、低粘度、低切变速率下的高取向度。

高分子液晶被广泛应用,如液晶显示技术在电光的灵敏响应方面,又如液晶纺丝技术在纤维加工过程方面,在不到十年之内使纤维的力学性能提高了两倍以上,可获得高强度、高模量、综合性能好的纤维,克服了通常情况下难以解决的高浓度必然伴随着高粘度、高牵引力下的纤维损伤等问题。例如根据液晶态溶液的浓度-温度-粘度关系,当纺丝的温度为90℃时,聚对苯二甲酰对苯二胺浓硫酸溶液的浓度可以提高到20%左右,而且纺出的纤维强度高。

3.4 高聚物的力学状态

3.4.1 高聚物的三种力学状态

高聚物存在三种力学状态,即玻璃态、高弹态、粘流态。

玻璃态:在相当强的外力作用下,高聚物只有很小的形状改变,而这种改变是由于键角张开或压缩引起的。在外力除去后即恢复原状,具有普弹性,这种力学状态称为玻璃态。

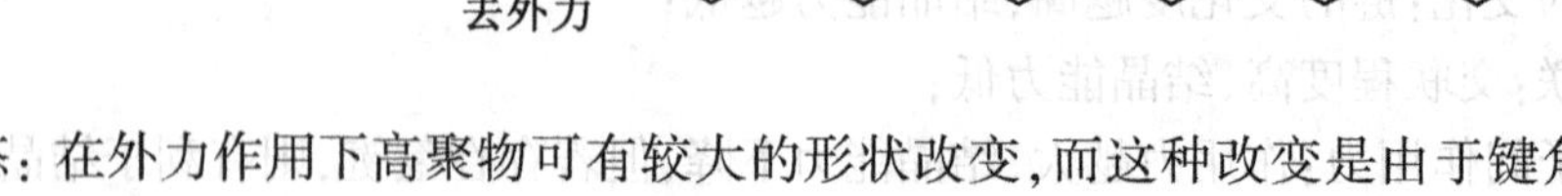

高弹态:在外力作用下高聚物可有较大的形状改变,而这种改变是由于键角与链段运动的结果,不过链间没有相对位移,外力除去后自动缩回原状,这种力学状态称为高弹态。

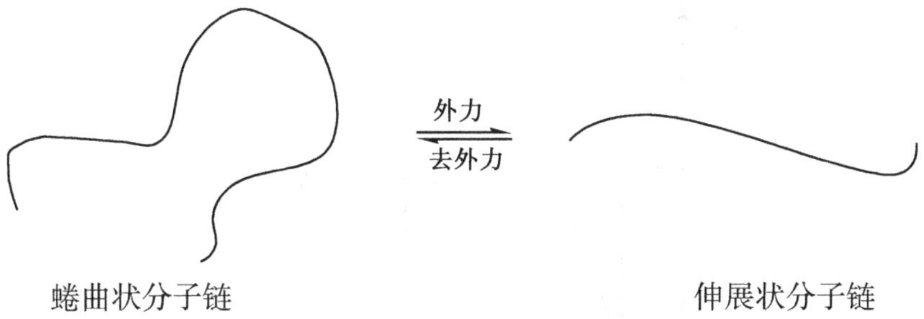

该过程是两种不同尺寸的运动单元处于两种不同运动状态的结果。就链段来看，它是液体；就整个分子来看，它又是固体。因此这种聚集状态是两重性的，既有液体的性质，又有固体的性质。

粘流态：在外力作用下高聚物发生粘性很大的流动，外力消除后也不能复原，其原因是分子链间发生了相对位移，这种力学状态称为粘流态。

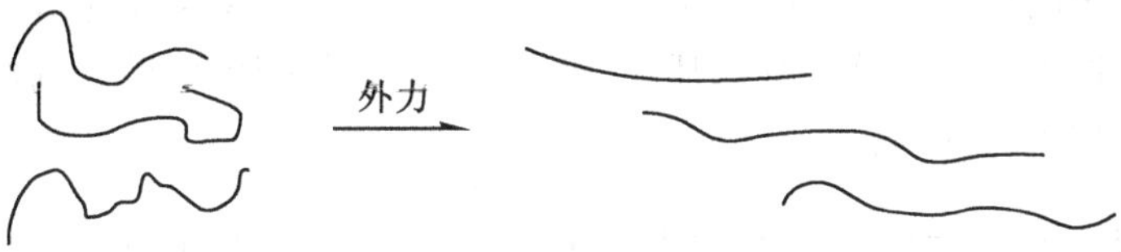

3.4.2 线型非晶相高聚物的力学状态

高聚物在恒定外力作用下改变温度时，会出现以上三种力学状态的变化。这可用形变-温度曲线来描述。线型非晶相高聚物的形变-温度曲线如图 3-5 所示。当温度低于 T_g 时，高聚物处于玻璃态；当温度逐渐升高到大于 T_g 而小于 T_f 时，高聚物就处于高弹态。由玻璃态转入高弹态的温度（T_g）称为玻璃化温度（没有足够的自由体积供链段运动时的临界温度）。温度继续升高到大于 T_f 时高聚物处于粘流态，由高弹态转入粘流态时的温度（T_f）称为粘流化温度（线型非晶相高聚物没有一定的熔点）。T_g、T_f 是高分子材料中很重要的温度指标，例如线型非晶相高聚物在室温时处于玻璃态（室温 $<T_g$），一般可作塑料用。若结晶度较高，可作纤维用；室温时处于高弹态（$T_g<$ 室温 $<T_f$），可作橡胶用；室温时处于粘流态（室温 $>T_f$），可作流动树脂用。另外，加工时也需要达到粘流态才好成型，如果未达到粘流态，一般不能成型，若硬加压成型，则以后会发生变形，因为只有分子链产生相对位移，才能有永久的形状改变。如果没有达到粘流态，分子链没有相对位移，勉强加工成型，这时只有链段运动而没有分子链运动，以后会慢慢发生形状改变，恢复到原来状态。

显然，对塑料和纤维类材料而言，其高聚物的玻璃化温度应高，粘流化温度应低。因为玻璃化温度高，塑料和纤维使用温度范围较广，否则温度稍高则变软变形；而高聚物粘流化温度过高，则不易加工，因为加工温度需要在粘流化温度以上，若粘流化温度高，加工易造成高聚物分解。对于橡胶，希望玻璃化温度愈低愈好，否则冬天橡胶就会变硬，失去弹性；而粘流化温度希望愈高愈好，这样不至于发生分子链间的位移，造成永久的变形。

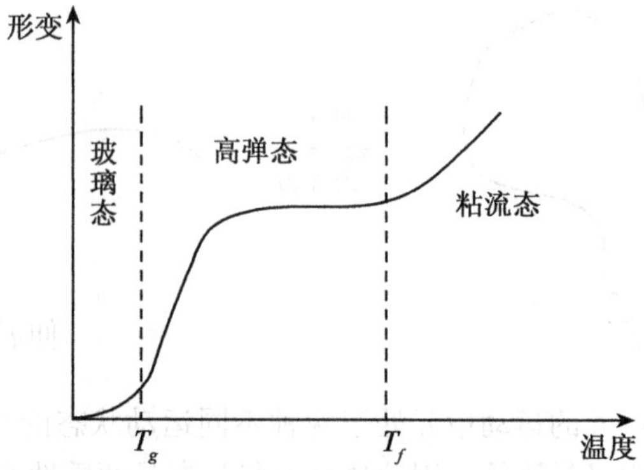

图 3-5　线型非晶相高聚物的形变-温度曲线

玻璃化温度是高聚物链段由不能运动到能运动的转折温度,所以链段运动的难易决定着玻璃化温度的高低。而链段运动难易又与分子间作用力及链的柔顺性有关,因此高聚物分子链上有使分子间作用力增加的基团,如极性基团,可以形成氢键的基团,这些均可使玻璃化温度增高。像聚丙烯腈链上有氰基,尼龙 - 6 链上有酰胺键可形成氢键,这些都使得它们的玻璃化温度比聚乙烯高:

$$\left[\!\!\begin{array}{c} CH_2{-}CH_2 \end{array}\!\!\right]_n \qquad \left[\!\!\begin{array}{c} CH_2{-}CH \\ \ \ \ \ \ \ \ \ \ \ | \\ \ \ \ \ \ \ \ \ \ \ CN \end{array}\!\!\right]_n \qquad \left[\!\!\begin{array}{c} (CH_2)_5C{-}NH \\ \ \ \ \ \ \ \ \ \ \ \ \ \| \\ \ \ \ \ \ \ \ \ \ \ \ \ O \end{array}\!\!\right]_n$$

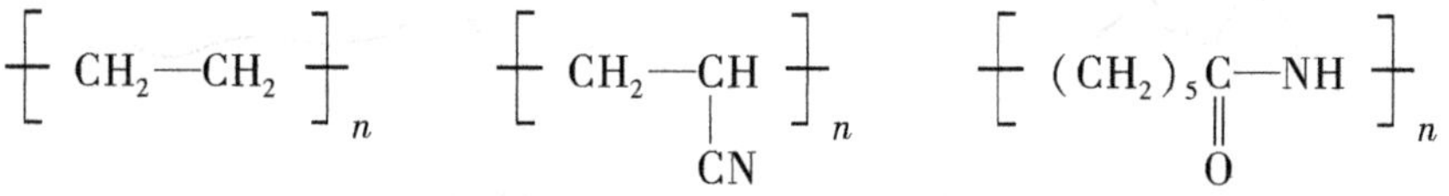

T_g 　　 $-100℃$ 　　　　　　　　 $104℃$ 　　　　　　　 $49℃$

分子链上带有能阻碍键旋转的取代基团,或在链内含有不能旋转的环状基团,均能使链柔顺性降低,这些也会增高玻璃化温度,如聚砜就是因为分子链中有阻碍单键旋转的甲基,又有不能旋转的苯环,还有强极性的醚、砜结构,所以聚砜的玻璃化温度高达195℃,是一种耐高温的工程塑料。T_g 也受侧基本身的柔性好坏的影响,一般而言,柔性好,T_g 低。

聚合物的分子量、分子量分布也能影响其 T_g 的高低,如均分子量增加,T_g 升高。但当分子量大到一定程度后,T_g 变化会很小,基本上为一定数。分子量分布宽,T_g 低。此外,交联可提高聚合物的 T_g;共聚、加增塑剂或加溶剂可降低 T_g。

粘流化温度是高聚物发生分子链间相对位移时的温度,所以分子间作用力愈大,分子链柔顺愈小,高聚物粘流化温度愈高。例如聚丙烯腈由于大分子间的极性作用力过强,以至它的粘流化温度远在其分解温度以上,实际上不可能实现流动,所以聚丙烯腈纤维的成型不可能以熔融法纺丝,只能采用溶液法纺丝(即湿法纺丝)。另外,粘流化温度还与分子量有关,分子量高则粘流化温度也高。所以高聚物的分子只要达到可用的机械强度后就不宜再高,以免给加工成型带来困难。

3.4.3 线型晶相高聚物的形变-温度曲线

在图 3-6 中,结晶了的高聚物在温度高于 T_g 时仍不转变为高弹态,这样便扩大了塑料的使用温度范围。另外,对于完全结晶的高聚物来说,继续升高温度,直到熔点 T_m 时才直接变成粘流态,中间不经过高弹态。但普通结晶高聚物一般只能部分结晶,其中仍含有相当量的无定形态，仍具有链段运动，因此仍有玻璃化转变和高弹态，如室温下的增塑聚氯乙烯。

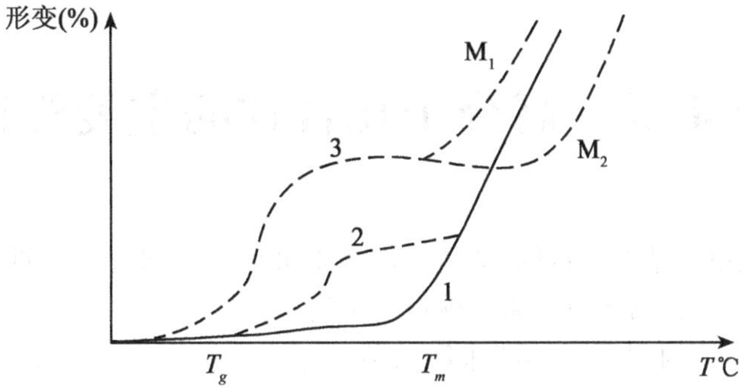

图 3-6　晶相高聚物的形变-温度曲线

（1. 结晶相；2. 非结晶相；3. 轻度结晶相 $M_1 < M_2$）

3.4.4　体型高聚物的力学状态

体型高聚物的力学状态由于分子间有大量交联（共价键）存在，只有一种聚集状态，即玻璃态。它的性质与线型高聚物完全不同，首先，体型高聚物是一个“巨型”分子，分子的体积和分子量都没有限度，所以分子量对它已失去意义。其次，由于体型高聚物中各个单体单元均以共价键结合，不能被溶剂分子所分散，高温也不能转变成粘流态，出现粘性流动，故体型高聚物常是“不溶不熔”的物质，所以工业生产上常先使反应控制在线型阶段，然后将产物转入成型模具中进行压模加热，让反应在成型过程中继续完成，得到坚硬的制品。

第 4 章　高分子化合物的主要性能

物质的性质是由其结构决定的，知道结构就能知道性质，即结构与性质之间存在着一种对应关系，这种关系常称为构效关系。就目前来讲，这种构效关系还不很清楚，其理论也不够完整，但人们用所谓的“拓扑指数”来联系结构与性质间的关系的研究工作，已取得了较大的突破。

拓扑指数是基于图形理论，从图的不变量出发利用各种算法算出一个数，并用其来描述化合物的性质。因此拓扑指数就应具有两个特点，其一是唯一性；其二是相关性。目前其应用很广泛，特点是在药物分子设计中对分子的合成有较好的指导作用。到目前为止这种指数已有 100 余种，其中最著名的是第一个用于研究化合物性质的 Wiener 指数、相关性极好的 Randic 的 X 指数、唯一性很好的 Balaban 的 J 指数和 Randic 的 ID 指数，以及由 Kier 和 Hall 在 Randic 的 X 指数基础上扩展的广泛用于药物分子设计的连接性指数“X1”。这些指数各有特色，也都存在不足，如 Wienter、Randic 指数相关性好，但唯一性差；Balaban 的 J 指数的唯一性好，但相关性差。因此人们一直在寻找相关性、唯一性均好，同时计算较为简便的拓扑指数，如中科院长春应用化工所提出的从邻接矩阵出发的 EA 系列指数。

对高聚物来说，由于其结构复杂多变，想从结构上完整地、全面地认识其性质，并不是一件容易的事，因此我们想完全利用已知的结构特性来推断聚合物的性质还不成熟，目前主要还是利用实测法来认识其性能。得出结构-性能的对应关系。高聚物具有许多优良性质，本章主要研究其力学性能、电学性能、胶粘性能。

4.1　玻璃状态的力学性能——强度与破坏

力学性能是指物体受外力作用后产生的形变及抵抗破坏的能力。这种外力的作用有多种不同的形式：就施力方向而言，有拉伸力、压缩力、弯曲力、剪切力、扭转力和摩擦力等六种。就施力方式而言，有四种：①以一定速度缓慢短期的作用；②以恒定外力长期持续的作用；③以突然冲击的作用；④断续反复的作用。所以各种外力以各种不同方式作用时，将由于各个组合而产生多种多样的力学性能。在实用中，常把以一定速度缓慢作用时的力学特性称为静态力学性能，如拉伸特性、压缩特性、弯曲特性、直接剪切特性、应力松弛特性、蠕变特性、扭曲特性、硬度等；而其它作用形式的力学特性称为动态力学性能，如冲击特性、疲劳特性和摩擦磨耗特性等。这些性能指标及测定方法，可参阅各种标准测试规范。这里主要讨论玻璃态聚合物的力学性能及其与聚合物结构的关系，据此可以指导聚合物的生产、加工、使用，并根据需要来改进，提高现有材料的性能。

4.1.1　强度和破坏

我们知道,在外力作用下,物体将变形,同时在其内部产生一种与外力相抗衡的平衡力,单位面积上的这种平衡力称为应力。固体力学性能的基本特性,通常是以各种形式的形变(应变)-应力的关系来确定。如:

1. 拉伸变形

抗张应力:$\sigma = \dfrac{F}{A}$,抗张应变:$\varepsilon = \dfrac{\Delta L}{L}$

对于理想弹性体来说,在弹性极限内,应变正比于应力,服从虎克定律:$\sigma = E\varepsilon$。其比例常数 E 称为抗张弹性模量(又称杨氏模量),它表征了物体变形的难易程度。E 愈大,拉伸变形愈困难。

2. 压缩变形

$P = B\dfrac{\Delta V}{V}$,式中:P 为单位面积上的静压力;V 为初始体积;ΔV 是体积变化。

3. 剪切变形

$\sigma_S = G\varepsilon_S$,式中:$\sigma_S$ 为剪功应力;ε_S 为剪切应变。

对于同一种材料,E、B、G 这三者之向的关系可通过泊松比来联系:

$E = 2G(H_\mu) = 3B(1-2\mu)$

若干常见材料的泊松比及杨氏模量列丁表 4-1 中。

表 4-1　**不同材料的力学性能比较**

材料	杨氏模量 ($\times 10^9 N/m^2$)	泊松比 (μ)	抗张强度 ($\times 10^5 N/m^2$)	密度 ($\times 10^5 kg/m^3$)
铝	70	0. 33	620	2. 7
铸铁	90	0. 27	1030	7. 9
软钢	220	0. 28	4150	8. 0
玻璃	60	0. 23	690	2. 5
聚苯乙烯	3. 4	0. 33	415	1. 07
聚甲基丙烯酸甲酯	3. 7	0. 33	480	1. 19
聚酰胺 -66	2		690	1. 1
低密聚乙烯	0. 24	0. 38	140	0. 91
聚碳酸酯	2. 3		650	1. 2
环氧树脂 *	40		12000	2. 2
环氧树脂 * *	500		70000	2. 0
橡胶	10^{-3}	1. 49	140	0. 91

* 70% 玻璃纤维增强; * * 70% 碳纤维增强。

聚合物材料的破坏过程常伴有不可逆形变(即流动),不能用上述仅反映小形变特性的模量来表达,通常是以应力-应变曲线来反映这一过程。典型的应力-应变曲线如图 4-1 所示。由此图可获得反映破坏过程的力学参量:断裂强度 σ_B、断裂伸长 ε_B、屈服应力 σ_Y(从该点开始,伸长不断增加而应力几乎不变或增大不多)、屈服伸长 ε_Y、极限强度 σ_A 和断裂能 $S = \int_0^{\varepsilon_0} \sigma d\varepsilon$ 等。

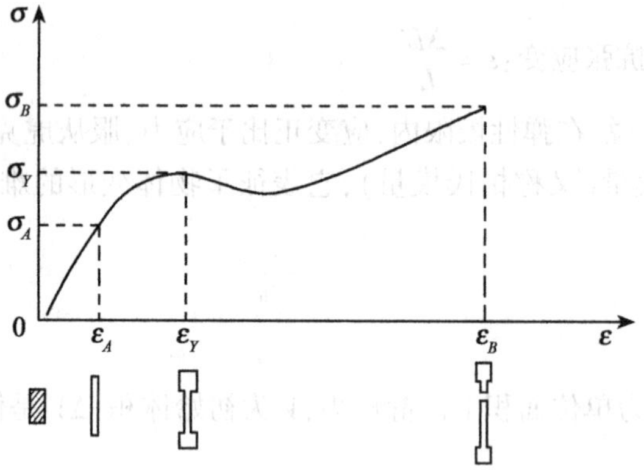

图 4-1　拉伸应力-应变曲线示意图(A. 弹性极限;Y. 屈服点;B. 断裂点)

材料的破坏有脆性破坏和韧性破坏两种方式。它们通常可以从拉伸应力-应变曲线的形状和破坏时断面的形态来区分。试样在出现屈服点之前发生断裂,断裂表面光滑者为脆性破坏;试样在拉伸过程中有明显的屈服点和颈缩现象及断裂表面粗糙者为韧性破坏。图 4-1 所示曲线为应力-应变关系综合曲线,而对实际聚合物材料,通常是综合曲线的一部分或是其变异形式,如图 4-2 所示。

根据这些曲线的形状特点,可将聚合物分为如下五类:软而弱(a);软而韧(b);硬而脆(c);硬而强(d);硬而韧(e)。由图 4-2 中各曲线的形状可明显地看出,具有大的断裂伸长和高的断裂强度的材料是韧性最好的。这样的材料在拉伸时都有明显的屈服现象和塑性形变,如图中(e)所示。相反,断裂伸长很小,断裂前无塑性形变的材料是脆性的,如图中的(c)所示,这类材料在断裂试样上一般还会出现银纹,银纹通常开始出现于表面,在垂直于应力方向上发展。这些材料的应力-应变曲线特点可参见表 4-2 所示。

表 4-2　**聚合物应力-应变曲线特点及其分类**

聚合物力学性能	应力-应变曲线的特点				实　例
	模量	屈服应力	极限强度	断裂伸长	
软而弱	低	低	低	中等	聚合物凝胶
软而韧	低	低	依屈服应力而定	高	橡胶,增塑聚氯乙烯,聚乙烯,聚四氟乙烯
硬而脆	高	高	中等	低	聚苯乙烯,聚甲基丙烯酸甲酯,固化酚醛树脂

续表

聚合物力学性能	应力-应变曲线的特点				实　例
	模量	屈服应力	极限强度	断裂伸长	
硬而强	高	高	高	中等	硬聚氯乙烯
硬而韧	高	高	高	高	聚酰胺,聚碳酸酯,聚丙烯
软而弱	低	低	低	中等	聚合物凝胶

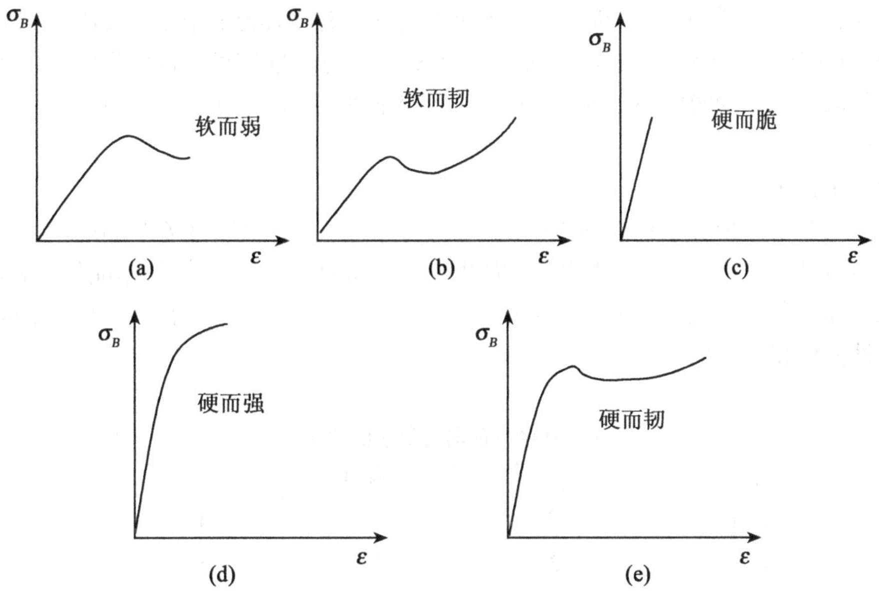

图4-2　聚合物应力-应变曲线类型

4.1.2　影响聚合物力学性能的因素

如前所述,聚合物的结构对聚合物的力学性能具有非常大的影响。此外,聚合物基体中引入的添加剂、材料中的应力集中物也对聚合物的力学性能有明显的影响。

1. 结构的影响

(1)分子量

分子量的影响主要表现在:随着分子量的增大,分子间的范德华作用力增大,分子间不易滑移,相当于分子间形成了物理交联点。因此,聚合物由低聚物转向高聚物时,其力学性能也随着发生巨大的变化,抗张强度、断裂伸长、冲击强度等都随之提高,赋予了聚合物作为材料的宝贵力学性能。但当分子量增高到一定程度时,它对强度的影响变得不明显,强度逐渐趋于一极限值,此时的分子量称为临界分子量(Mc)。对于不同的聚合物其临界分子量会有不同的数值,而对于不同性能的同一聚合物也具有不同的 Mc 数值。不过,聚合物的模量和屈服应力几乎不随分子量而变化。

聚合物材料的分子量一般都高于 Mc,因此在 T_g 以下许多力学性能几乎不随分子量而变化,因为这时的力学行为主要取决于链段运动及比链段还小的单元的运动。但涉及大分子整链运动的大形变时,分子量的影响则比较显著,尤其在 T_g 以上,这是因为分子量低的出现链间滑移的几率较大。

(2)分子堆砌的紧密程度

分子堆砌的紧密程度不同时,它们相互作用的大小也不同,因而在外力作用下分子运动的特性也不相同,这就会影响聚合物的力学性质。如将聚合物自熔融状态以快速冷却,由于分子运动很快被冻结,得到的样品保留了高温下的疏松的分子堆砌。冷却速度愈快,则分子堆砌愈疏松,因此聚合物有高的断裂伸长和冲击强度。若将样品再在较高温度下作长时间的热处理,分子运动得到恢复,有可能向平衡状态过渡,分子堆砌可变得较为紧密。通常,热处理温度较高和热处理时间较长时,分子堆砌就较紧密,分子作用力就大,聚合物有高的强度和屈服应力。

(3)结晶作用

结晶作用对聚合物力学性能的影响是十分显著的。一般来说,随着结晶的增加,聚合物的屈服应力、强度、模量和硬度等均提高,而断裂伸长和冲击韧性则相反,结晶使聚合物变硬变脆。聚乙烯的若干性能与结晶度的关系列于表 4-3。由表看出:由于结晶度的不同,聚合物的力学性能可相差几倍。

表 4-3　　**聚乙烯的性能与结晶度的关系**

结晶度(%)	密度(kg/m^3)	软化点(K)	断裂伸长(%)	冲击强度(J/m)	抗张强度($10^5 N/m^2$)
65	0.92	373	500	854	137
75	0.94	383	300	427	157
85	0.96	393	100	214	243
95	0.97	403	20	160	392

(4)分子取向

分子取向对聚合物的所有力学性能有影响,最突出之点是取向产生各向异性,如取向方向上的强度增强,这在纤维和薄膜的制造中有重要作用。其主要原因是:分子取向结果使化学主价键力和范德华次价键力的分布不均匀,在平行方向以主价力为主,而在垂直方向上以次价力为主,克服次价力要比克服主价力容易得多。显然,取向聚合物强度的各相异性随取向程度的增高而增大。随着取向度的增高,平行方向上的抗张强度增高,而在垂直方向的强度则下降。因此在高取向度时,样品在垂直方向极易分裂成纤维丝,这一特性可将单轴取向的薄膜撕裂成纤维状物质。

单轴取向聚合物的各向异性对塑料及薄膜制品在许多情况下是不利的,因为应力可能在制品的几个方向上起作用,但易在最弱的方向上破裂。双轴取向则能克服单轴取向在垂直方向上的低强度,在长度和宽度两个方向上都具有优良的力学性能。但是,在垂直双取向的平面上,即厚度方向,强度是弱的,像云母片一样,倾向于分裂成许多更薄的薄片。

取向是在拉伸过程中(如在纤维和薄膜生产中采用的)或在流动过程中(如注塑成型)形成的,并在没有解取向之前就被冻结下来保存在制品中的。因此,影响这些过程的条件会因改变取向程度而影响制品的性能,例如流动时的速度梯度大和冷却速度快,有利于取向。由此可知,注塑成型的制品较之模塑制品易有取向的结构,尤其是在制品的表层更为明显。

2. 添加剂对力学性能的影响

(1)增塑剂

增塑剂是一种能降低高分子化合物玻璃化温度和熔融温度,提高聚合物柔韧性的高沸点、难挥发的液体或低熔点固体。如邻苯二甲酸二丁酯、磷酸三甲酯、癸二酸二辛酯等。增塑剂加入到聚合物中,能降低聚合物体系的粘度,提高聚合物的塑性。实验发现:随着增塑剂含量的增大,聚合物的弹性模量、屈服应力、抗张强度、硬度等都会降低,而断裂伸长率和冲击强度则随之升高,且聚合物的基本化学性质不会改变。

1)增塑剂的种类

增塑剂种类繁多,常见的分类方法有以下几种:

①按与被增塑物的相容性可分为:主增塑剂和助增塑剂。

主增塑剂:与被增塑物相容性良好,质量相容比(增塑剂:聚合物)几乎可达1:1,并可单独使用。它们既可插入极性聚合物的非结晶区,也可插入聚合物的结晶区,又称为溶剂型增塑剂。如邻苯二甲酸酯类、磷酸酯类、烷基磺酸苯酯类等。

助增塑剂:与被增塑物相容性良好,质量相容比(增塑剂:聚合物)可达1:3,一般不能单独使用,需与相应的主增塑剂配合使用。其分子只能插入聚合物的非结晶区。如多元醇酯类、脂肪族二元酸酯类、环氧酯类等。

②按添加方式可分为:外增塑剂和内增塑剂。

外增塑剂:通过外添加的形式加入的增塑剂。其不与聚合物起化学反应,和聚合物的相互作用主要是在升高温度时的溶胀作用,与聚合物形成一种固体溶液。外增塑剂的性能比较全面,而且生产和使用方便,应用普遍,是人们通常说的增塑剂。

内增塑剂:在合成高分子时加入一种单体,使其新产生的聚合物分子链的规整度降低,从而降低聚合物结晶度,这种单体称为内增塑剂。该增塑剂以化学键形式结合在高分子链上,实际上是聚合物分子的一部分。内增塑剂的另一种则是在聚合物链上引入支链(取代基或链分支),由于支链降低了聚合物链与链间的作用力,从而增加了聚合物的塑性。但当支链太长时,可能出现支链结晶,致使聚合物塑性再次降低。

③按化学结构可分为:邻苯二甲酸酯类、磷酸酯类、烷基磺酸苯酯类、多元醇酯类、脂肪族二元酸酯类、环氧酯类、含氯化合物、丙烯腈-丁二烯共聚物等。该分类法最常见。

2)增塑剂增塑原理

至于增塑剂能起增塑作用的原因一般认为是由于增塑剂的加入,导致高分子链间相互作用减弱。一般来说非极性增塑剂对非极性聚合物的作用是一种分子链间的隔离作用,削弱了聚合物分子间的次价力。所以增塑效果与增塑剂体积成正比:$\Delta Tg = K\Phi$(Φ为增塑剂的体积分数)。

极性增塑剂对极性聚合物的作用则是增塑剂的极性基与聚合物分子链的极性基相互作用代替了聚合物分子链间的作用,因而削弱了聚合物分子链的相互作用,所以增塑的效果与增塑剂的摩尔数成正比：$\Delta Tg = \beta n$（n 为增塑剂的摩尔分数）。

3）增塑剂的选择

增塑剂的选择必须考虑以下几个因素：

① 互溶性：由于增塑剂必须填充到高聚物的分子之间，即以分子为单位进行混合，因此增塑剂应为高聚物的良溶剂。否则会分层，使增塑剂呈微滴状态凝结于制件表面以致影响制品的性能。

②有效性：选择增塑剂时，总希望加入尽可能少的增塑剂而得到尽可能大的增塑效果。由于增塑剂的加入，一方面提高了产品的弹性、耐寒性、抗冲击强度，但另一方面却降低了它的硬度、耐热性、抗张强度。前者为积极效果，后者为消极效果，因此应兼顾这两方面的效果，即消极效果应在允许的范围之内才是有效的增塑剂。

③耐久性：增塑剂应长期保存在制品中，因此增塑剂应具有较高的沸点，挥发速度尽可能慢些，凝固点不得高于使用温度，水溶性、迁移性要小。

④安全性：许多增塑剂都具有毒性，如邻苯二甲酸酯类。欧盟国家采取统一法规，永久性禁止在各种儿童玩具和儿童护理商品中使用邻苯二甲酸二（2-乙烷基）己酯（DEHP）、邻苯二甲酸丁基苄基酯（BBP）、邻苯二甲酸二丁酯（DBP）；在 3 岁以下儿童玩具中，禁止使用邻苯二甲酸二异壬酯（DINP）、邻苯二甲酸二异癸酯（DIDP）、邻苯二甲酸二辛酯（DNOP）等。

实际上，要求一种增塑剂具备上述全部条件是很难达到的，因此在大多数情况下，是把两种和两种以上的增塑剂复配使用，或者是根据制品需求、增塑剂商品的性能及市场情况，选择合适的增塑剂单独使用。

日常生活中最易接触到的水是极性聚合物的一种非常有效的增塑剂。如纤维素类、聚酰胺类、聚醚类等聚合物，它们较易吸水，从而使其性能发生变化，其结果与以上讨论的相一致；吸水后的聚合物将降低模量和强度，增加断裂伸长。如当相对湿度从 0 变到 100% 时，醋酸纤维素的抗张强度可降低两倍，甚至高度交联的热固性塑料也会吸收足够的水分而使其模量和抗张强度降低 25%。

纸张表面强度（抗张强度、耐皱率、撕裂度、耐磨度等）对印刷品的质量有很大的影响，如表面强度低，细小纤维或填料会堵塞印版网点，造成糊版，又如平印要求纸张抗拉要大，但凹印低些也行，因此纸张吸水性能的研究是印刷适性的一个重要内容。

（2）增强材料

能显著提高聚合物力学强度的物质称为增强材料，如橡胶中添加炭黑、白炭黑、氧化钛、氧化锌；酚醛塑料中掺用木粉，用玻璃纤维制成玻璃增强塑料等。近期兴起的纳米复合材料中的纳米颗粒具有上佳的增强效果。

3. 应力集中物对力学性能的影响

如果材料存在缺陷（裂缝、空隙、缺口、银纹、杂质等），当受外力时，缺陷附近局部范围内的应力会急剧增大，大大超过应力平均值，这种现象称为应力集中，应力集中物越多，强度越低，所以生产纤维时总是先纺成细丝再合成一束，因为细丝裂缝等缺陷出现的几率小。又如耐高压容器的造型往往是流线型的，以免出现应力过于集中的现象。

4.2　高弹态的力学性能

高分子化合物分子链很长,它的力学性能比低分子化合物要复杂得多。如在可逆的弹性形变中往往夹杂有不可逆的塑性形变(流动),在不可逆的塑性形变中也会夹杂有可逆的弹性形变。但为了便于讨论,先单一介绍弹性、粘性,然后再介绍粘弹性。

4.2.1　聚合物的高弹性

橡胶等一类聚合物,具有高度的弹性形变能力,这就是高聚物的高弹性。具有这一特性的材料是不多的,因此橡胶一类物质广泛用于轮胎、密封制品、减震器及日用胶鞋、胶布制品等方面,并显示出无可替代的独特作用。

高弹性与一般材料的形变（如金属、玻璃）的普通弹性的区别在于：①弹性模量特别小，约为钢的$1/10^6$、蚕丝的$1/10^4$；②变形率大，伸长率可达100%～1000%（一般弹性材料小于1%），且在发生弹性形变时体积几乎不变，而其它材料形变时的体积变化都较大；③形变需要时间，受外力压缩或拉伸时，形变均随时间而发展，外力除去后复原同样也需要时间，即有滞后现象，而一般材料形变（普弹性）的发展与回复均是瞬间过程；④形变时有热效应，当伸长时会发热，而普通弹性材料则为吸热；⑤弹性模量随温度的升高而增大，一般物体则相反。

高弹形变与普通形变之所以有上述差别,其原因是分子内部的运动不同,普通形变是由于分子内键长键角的瞬间改变而产生的,形变必然小且困难;高弹形变是卷曲的分子链在外力的作用下发生舒展、伸直而造成的。链的卷曲程度大,可能出现的链的构象数愈多,熵值就越高,反之链的伸展度越高,则可采取的构象数越少,其熵值就越低,因此高弹形变与其熵值有关,故又称为熵弹性。由于伸展后的分子链在热运动的作用下会回缩到原来的卷曲状态,这种回缩力显然是较小的,因此橡胶在较小的外力作用下就能形成较大的形变,故其弹性模量特别小,伸长变形时,分子链或链段的排列由无序变成相对的有序,熵值减小;同时,链段运动有内摩擦力,以及分子链因有规律的排列产生结晶等都伴随着热量的释放;另外当温度升高时,分子链的热运动加剧,内缩力逐渐变大,弹性形变的能力变小,因而表现为弹性模量随温度的上升而增大。

印刷中的橡皮布必须具有很好的弹性,即施加压力就被压缩,压力撤除马上复原,故在平版印刷中这种平衡高弹性尤为重要,否则会变硬,造成印迹不清晰等。

4.2.2　影响橡胶弹性的因素

1. 交联度的影响

橡胶的网络结构中的有效交联点越多,弹性越好;如无交联点,则不能承受弹性应力(布朗运动将引起其相对运动,呈现流动)。

2. 溶胀

线型的聚合物能溶解于适当的溶剂中形成均匀的聚合物溶液，然而如果通过交联使链连接起来成为无限网络，那么这样的聚合物将不能再溶解，而是溶剂被吸收到聚合网络中，引起溶胀现象。事实上溶胀了的橡胶也是一种溶液，只不过此时其力学响应是弹性的，而不是粘性的。

3. 应变诱导结晶

拉伸时，样品变得具有各向异性，表现为网络链在拉伸方向和横向两个方向上更趋于在拉伸方向上取向，因而有较多的链变得有序，有利于形成晶粒。这些晶粒将把附近的网络链连接在一起，从而起到交联的作用，引起弹性应力升高。但是在高结晶度时，把晶粒当作交联点就不合适了。

4.2.3 橡胶的使用温度范围

高弹态是高聚物特有的基于链段运动的一种力学状态，它所表现的高弹性是材料中一项十分难得的可贵性能，因而具有高弹性的橡胶在人们的生活和国民经济各个领域中成为不可代替的重要材料之一，但是大多数橡胶含有双键，会影响其实用价值，特别是在国防和尖端技术中，对其性能提出了越来越高的要求。

1. 改善高温耐老化性能，提高耐热性

(1)主链结构

天然和大多数合成橡胶基本上都是双烯的聚合物或共聚物，其中含有大量的双键，易被臭氧破坏导致裂解；双键旁的α-H也容易被氧化，导致降解或交联，故天然橡胶等都易高温老化。而不含双键的乙丙橡胶、丙烯腈-丙烯酰酯橡胶，以及含双键较少的丁基橡胶则较耐高温老化。此外，主链分子中含有硫原子的聚硫胶和含氧原子的聚醚或氯醇胶也有很好的耐老化性能，如主链均为非碳原子的二甲基硅橡胶、乙基硅橡胶、甲基苯基硅橡胶等，可在200℃以上长期使用。

(2)取代基结构

带有供电取代基者易氧化，而吸电子基者较难氧化，例如天然橡胶和丁苯橡胶，取代基是甲基和苯基，耐高温性能差。而氯丁橡胶、氟橡胶则耐热性能很好，后者耐热可达300℃。

(3)交联键结构

不仅交联程度能影响其耐热性能，交联键结构也对耐热性有影响。如交联链为—C—O—C— 或 C—C ，由于键能大，耐热性能好。

2. 降低 T_g、避免结晶、改善耐寒性

橡胶在低温下会发生玻璃化转变或发生结晶，从而导致橡胶变硬发脆，丧失弹性，因此削弱分子间的相互作用，增加分子链的活动性，都会使 T_g 下降。结晶会大大增加分子间的相互作用力，使聚合物强度、硬度增加，弹性下降。因此任何降低聚合物结晶能力和结晶速度的措施，均会增加聚合物的弹性，提高耐寒性。

4.2.4 硅橡胶

硅橡胶系指分子主链均由 Si—O 组成的一类橡胶，其分子链具有很高的柔顺性，此外其键能大，不易被氧化，因此不易老化，具有普通橡胶不具备的许多优良性质。例如硅橡胶具有极高的耐热、耐寒性，在 -65 ~250℃的范围内，可保持其作为弹性体的物理特性和优良的电介性能，长时间高温处理，其硬度基本上不增加等。但它也有缺陷，如机械强度较低、耐油性稍差。但在硅橡胶分子中引入含氟基团，由于较低的表面张力，可明显改变硅橡胶的抗油性。如将硅橡胶与聚四氟乙烯在过氧化二苯甲酰存在下，进行机械或化学的接枝镶嵌共聚，对硅橡胶的性能会有很大的改善。

硅橡胶的应用极为广泛，由于高、低温下弹性高及良好的耐臭氧性的原因，常用作飞机上的门、窗，运动部件的密封和垫圈等；又由于介电强度大，介质损耗低，耐电晕，在高温电气设备，电视接收机和汽车点火系统的高压线路等中广泛应用；食品工业的防粘薄层，塑料成型过程中的高温脱模剂；高层建筑材料中代替油灰，有增水、密封、持久等优良性能；医疗工业上由于其对生理液体无作用并无过敏反应，被用作人工心脏阀、人工胆管、整形外科材料等。

印刷工业上，高档次印刷机上的橡皮布、墨辊等常使用硅橡胶作为基本原材料。近期我国研究者报道可将硅橡磁胶应用到微接触印刷技术中，如用软刻蚀成型方法制备硅橡胶印章，以胶体微球为“墨水”，先将微球紧密堆积在硅橡胶印章上，预先在基底表面引入聚合物膜，为胶体晶体和基底表面提供强相互作用，进而在基底表面直接以微接触印刷方法实现了二维图案化。利用纳米印章硅橡胶交联聚合物在溶剂中可溶胀或受力后可拉伸发生形变的特性，通过微接触印刷方法将印章上非紧密堆积的胶体晶体转移到基底上，在聚合物涂层上制备了二维非紧密堆积微球，实现以可控晶格结构阵列排布和准一维平行线状有序图案化排布，且其有序周期尺度具有可调节性。对此美国化学会网站 Heart Cut 栏目于 2005 年 6 月 13 日给予了评述。此外，硅橡胶还可在无水印刷中形成空白部分，是典型的一类无水平印版材组分。

4.3 粘流态的力学性能——粘流性

4.3.1 粘度

1. 粘度的定义

聚合物在粘流态时的性质称为粘流性，也就是聚合物熔体在流动时的行为，经常用粘度来描述。所谓粘度是这样定义的：设一对平行板(严格来说应为液层)面积为 A，相距 $\mathrm{d}r$，板间充以某液体，今对上板施加推力 F，使其产生速度变化 $\mathrm{d}u$，由于液体的粘性将此力层层传递，各层液体也相应运动，形成速度梯度 $\mathrm{d}u/\mathrm{d}r$，称剪切速度，以 v 表示，F/A 称剪切应力，以 σ 表示。对于理想液体，剪切速度与剪切应力间具有如下关系：

$$\frac{F}{A}=\eta\frac{\mathrm{d}u}{\mathrm{d}r}$$

其中比例系数 η 即为液体的剪切粘度(简称粘度)。

则：

$$\eta=\frac{F/A}{\mathrm{d}u/\mathrm{d}r}=\frac{\sigma}{v}$$

该式称为牛顿粘液流动定律。粘度的单位为：Pa · s(法定单位),1 Pa · s =1 · N · S/ m^2,实际应用中也有用 P(泊)或 CP(厘泊)的,1Pa · s = 10P = 1000CP。可见剪切粘度是液体作剪切流动时分子内摩擦的量度。

2. 粘度的测定

粘度的测定有许多种,其中最简单的一种是毛细管粘度计,其主要部件为一毛细管。通过流体借自身重力的流动速度来衡量该流体的粘度,最常见的是毛细管粘度计(图 4-3)。如用奥氏法测定时,先把一定容积的液体装入管内,通过吸力将流体吸到小球之中,并使液面高于 A,然后让流体自由下降,记下液面从 A 降到 B 的时间。一般实验时都用一种已知粘度的液体来比较,例如水或其它纯溶剂,并应用波华须尔(poiseuille)定理：

$$V=\frac{\pi Pr^4t}{8\eta l}$$

式中 l 为管子的长度;r 为管子的半径;P 为使液体流动的压力;η 为液体的粘度;V 为液体在单位时间内流出的体积。

这时毛细管半径和长度是一定的,流出的体积也相同,都是由 A 到 B,它们的粘度之比为：

$$\frac{\eta}{\eta_0}=\frac{Pt}{P_0t_0}$$

因为使液体流动的压力是 hdg,其中 h 是两管内液面相差的高度,d 是液体的密度,g 是重力加速度。实验时放入液体的体积也相同,所以 h 也相同,则上式可写为：

$$\frac{\eta}{\eta_0}=\frac{dt}{d_0t_0}$$

用这个式子可以很方便地求出待测液体的粘度。这类粘度计适用的范围是剪切速率较低,粘度不超过 10 泊的液体。

与奥氏法相近的还有乌氏法(图 4-3(b)),但是这种方法更精确,且流出时间与加入量无关,而奥氏法流出时间与加入量有关,且已知物与未知物的量要求相同。

其二是旋转式粘度计,它的主要结构包括一转动部件与一静止部件。液体填充于两者之间而受剪切力作用。这类粘度计有悬锤-杯式、锥-板式、门尼式。其中锥-板式用量少,试样中的切变速率分布均匀而受到重视。

此外还有平行板压缩式、落球式等方法,在此不赘述。总之,不同的方法有各自的特点,如表 4-4 所示。例如测定印刷油墨的流动性,主要采用旋转型和平行板压缩粘度计。前者尤其适合于非牛顿体的流动、触变性的研究。后者用于塑料流动的研究,而毛细管型和落球型的粘度计与这些相比,在原理上因流动状况复杂,所以对像印刷油墨这种表现复杂流动性的材料的研究是不适合的。

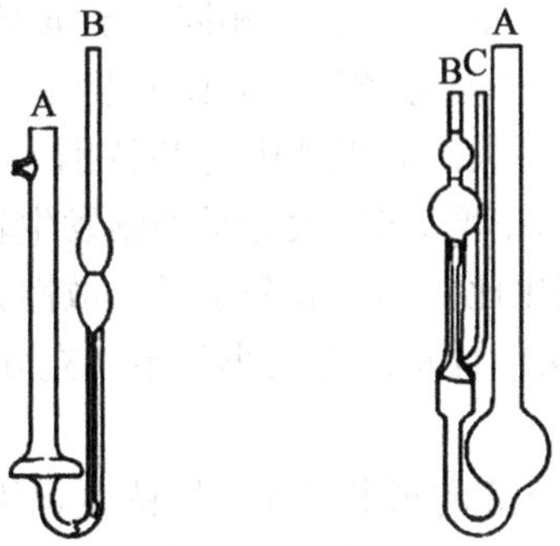

(a) 奥氏　(b) 乌氏

图 4-3　毛细管粘度计

表 4-4　常用粘度计种类及使用范围

仪器名称	测定方法	适合流体类型及测定范围
毛细管粘度计	测定样品通过毛细管的时间得粘度数据。精度高	只适合稀薄液体
杯式粘度计	流体从固定形状和一定大小的杯口释放出来,测定所需要的时间	测定的是相对值,适合低-中粘度的流体
落球式粘度计	粘度与球下落的时间成正比,是较精确的方法	只适合牛顿液体
旋转粘度计	预定的尺寸和速度的转子在样品中转动,测定转动力矩的粘度	可测定各种粘度范围,从低-中-高粘度
HAAKE RV20 旋转粘度计	同上,且装有样品的杯子也随着转子转动	还可测定流体的粘弹性、屈服点、流变性,粘度测定范围是 0.02 - 10^9

3. 影响切粘度的因素

(1)分子量

高聚物的分子量越大,粘度也越大,这是因为在相同温度下,分子量越大,链段数目越多,链段的无规热运动就越剧烈,这种无规热运动干扰了分子链重心的相对位移,所以粘度就越大;同时分子量越大,分子链缠结越严重,分子间摩擦力越大,粘度就越高。但达到临界分子量 Mc 时,粘度的变化发生突变。1930 年德国化学家斯道丁格尔首先从爱因斯坦定律推导出线型柔性高聚物流体的零切粘度(特性粘度)与重均分子量的关系为:

$$\lg\eta_0 = \lg k + a\lg \overline{M_w}$$

式中 K 为常数,当 $M_w < M_c$ 时,$a = 1$;当 $M_w > M_c$ 时,$a > 1$,一般在 2.5 ~5 之间,如线型聚乙烯的 $a = 3.4$。

(2)分子量分布

流体的粘度与高聚物的分子量分布有关,相同分子量但分布不同的高聚物,其流体的粘度不同。当剪切速率较小时,分子量分散性大的比分散性小的粘度高;而在剪切速率较高时则相反。这是因为分子量分散性大的高聚物中有些特别大,它们的存在使在较低切变速率下具有较高的粘度,而当切变速率增大时,大分子物则发生较大形变,致使粘度显著下降;分散性小的粘度随切变速率的变化比较小。故分子量分散性大的高聚物对剪切速率的变化较为敏感,因此仅用平均分子量来估计粘度的大小是不够充分的,还应考虑分子量分散性。

(3)链的支化

即使分子量相同,如果分子链的形状不同,其粘度也不相同,即支链型的分子不符合 $\eta_0 = KM_w$,当支链短时,粘度较线型分子的低。支链增长,粘度增大,当支链长到一定值时,粘度急剧上升,比线型分子的要大好多倍。这是因为在分子量相同的条件下,支链越多、越短,流动时空间位阻越小,粘度也就越低;反之,支链越长,越易缠结,粘度越大。

(4)温度

温度对高聚物流体粘度影响很复杂,不能用统一的说法表达。但一般来说,当温度在 T_g 至 T_g+100 的范围内,有下列 WLF 方程式存在:

$$\lg \frac{\eta(T)}{\eta(T_g)} = \frac{-17.44(T-T_g)}{51.6+(T-T_g)}$$

式子的粘度均为零切粘度。当温度远高于 T_g 时,则符合阿伦尼乌斯方程:

$$\eta = Ae^{\frac{\Delta E_n}{RT}}$$

A:与物质有关的常数;ΔE:粘流活化能;η:温度 T 时高聚物流体的表观粘度。

(5)压力

液体所受的静压力越大,自由体积越小,分子间的作用力就越大。因此对于高聚物流体,由于密度低于低分子液体,受静压力作用时体积变化较大,分子间作用力增大得较多,从而导致剪切粘度的变化较大,即对压力的敏感性较低分子液体的大。但由于流体本身在容器中的粘性摩擦造成的剪切发热会导致流体粘度下降,两者差不多能相互抵消,因此通常人们并不注意压力对粘度的影响。

前面我们主要讨论了剪切粘度,对于高聚物来说,还存在着拉伸粘度。所谓拉伸粘度,系描述高聚物流体发生拉伸流动的难易程度,在此不加叙述,请读者参见有关书籍。

高分子流体由于其特殊性,在流动过程中与低分子有很大的不同,粘度也复杂多变,这是因为在流动过程中从一开始就夹杂有可逆的弹性形变,即在不可逆的塑性形变过程中有可逆的弹性形变。由于篇幅有限,在此我们仅简单地介绍高聚物的特殊性——流变性。

4.3.2 高聚物的流变性

为了对高聚物的流变性有一定的认识,我们首先简单介绍一下流变学(Rheology)概念。

流变学是研究材料的流动与形变的科学,它是介于化学、力学、工程学之间的边缘科学,随着现代科学的发展,流变学在机械制造、建筑、冶金、水利、运输、化工、食品加工、宇航、气象、地球浮移、地震、石油开采、生物体的新陈代谢和血液循环等领域的应用愈来愈广泛,在印刷工艺上,油墨、纸张等有机高分子材料的最佳条件(印刷适性)的选择,无一不是聚合物流变学研究的范畴。

早在公元前 1500 年,埃及人就发现了一种“水钟”用以测定容器内水层高度与时间的关系,以及温度对流体粘度的影响。我们的祖先在公元前 2000 年就对流变学已有认识,可以说这是人类对流变学认识的开始,到 17 世纪前后,流变学发展很快,牛顿的粘度定律,胡克(Hooke)的应力与应变关系,19 世纪的泊肃叶(Poiseuille)方程、波尔兹曼(Boltzmann)三维线性粘弹性理论,均起了划时代的作用。其中 1928 年美国物理化学家宾汉姆(Bingham)正式命名了“流变学”,使之成为一门独立的学科,他本人也成为该学科的奠基人。第二次世界大战之后,随着聚合物材料的广泛应用,高聚物的流变学越来越显得重要,从而建立起了聚合物流变学与聚合物加工流变学。可见流变学是一门既古老又相当年轻的科学。

近年来,流变学研究相当活跃,其中在微观流变学与宏观流变学的基础之上建立起更符合实际的流变学模型,反映应力与应变、应力与应变速率关系的本构方程(流变状态方程)、流变测量学以及计算机辅助工程、化学流变学、非正常流动、表面流变学等方面的研究尤为热门。这些方面的研究不仅停留在理论上,在实际生产(如聚合物的加工、应用、合成)中亦得到了广泛的应用,成为每一个专业技术人员必不可少的知识。在此我们仅以聚合物的流变学为例,简单介绍有关流变学的理论。

1. 流变学基础

(1)流体的流动状态

1)层流与湍流

流体的流动可分为两种形态,其一为层流,即流体质点在沿平行于流道轴线方向流动,无横向流动,且以轴线为中心在横向方向上任一截面上按一定的速度分布,其雷诺指数 $Re < 2300$;其二是流体的质点除沿着流道方向流动之外,还存在着横向流动,甚至涡流。这种流动称为湍流(紊流),其雷诺指数 $Re > 4000$。

一般来说,流体的流速越大,粘度越低,湍流越易发生。对高聚物流体来说,由于粘度较大,在一般情况下都为层流状态。

2)稳流与非稳流

流体的流动态不随时间而变的流动称为稳流;反之如流动状态随时间的变化而变化则称为非稳流。对于高聚物来说,在流动开始的前段时间内,由于除了粘流性流动(不可逆形变)之外,还有弹性形变(可逆形变),且弹性形变与时间有关,因此为非稳定流动。但当弹性形变达到平衡以后,仅存在粘性流动,则为稳流状态。

(2)流体的流动类型

1)剪切流动与拉伸流动

按作用的方式或流谱的不同可将流体分为剪切流动与拉伸流动。

由运动界对流体的剪切摩擦或由静止边界的剪切摩擦阻力作用而产生的流动,亦即速度梯度是沿着与流动方向垂直的方向变化(横向速度梯度)称为剪切流动,见图 4-4(a)。例如高聚合物熔体在挤出机等截面管道中流动等加工过程中。

由沿着流动方向上的拉伸作用引起,即在流动方向上有速度梯度(纵向速度梯度)存在的流动称为拉伸流动,见图 4-4(b),例如高聚物熔体在流道截面突然缩小处的收敛流动。

2)不同维数的流动

按流体的速度分布在空间的维数来分,可分为一维、二维、三维流动。

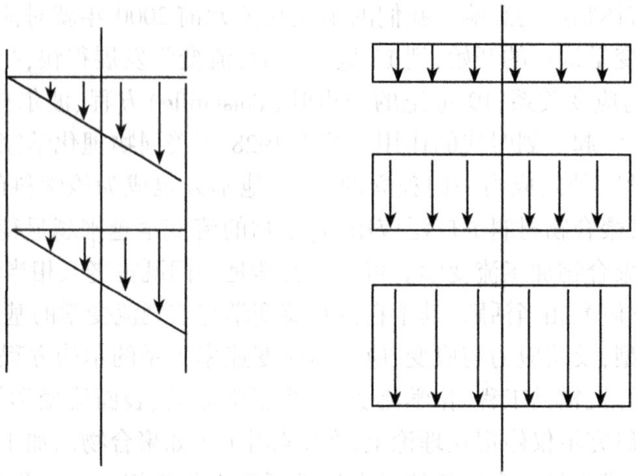

图 4-4　剪切流动(a)与拉伸流动(b)示意图

流体的速度分布只需一个空间变数来描述时,称为一维流动。例如流体在毛细管中的流动,其速度分布仅是半径 r 的函数;流体的速度分布如要用二个或三个变数来描述,则称为二维或三维流动,例如流体在矩形截面流道中的流动为二维流动,如这种流道沿长度方向又有截面尺寸变化时,就会产生三维流动。

(3)流体的流变学分类

1)理想流体

理想流体又名牛顿流体,在流动过程中,其剪切应力与剪切速率之间的关系为:

$$\sigma_s = \eta \cdot v$$

式中 η 为牛顿粘度(简称粘度),其值为一常数,不随剪切速率的变化而变化,仅由液体的性能决定,它反映液体分子间相互作用而产生的流动阻力即内摩擦力的大小。

低分子液体或溶液、极稀的高分子溶液为理想流体,高聚物熔体或浓溶液在极低的切变速率之下也可近似认为是理想流体。印刷工艺中用的蓖麻油也是理想流体。

2)非牛顿流体

剪切应力与切变速率不为直线关系的流体称为非牛顿流体。如高分子熔体或其溶液,高分子分散体系(胶乳)以及填料体系,这样的流体根据其流动特点又可分为二类。一类是切变速率只依赖于所施加的切应力,即切变速率与切应力有函数关系,而与施力的时间长短无关,这类流体又可分为:

①宾汉姆体(Bingham)。切应力 σ_s 小于某一临界值 σ_y 时体系根本不发生流动,只发生胡克弹性形变;当 σ_s 大于 σ_y 时,则与牛顿流体一样,这种材料称为宾汉姆体。如图 4-5 中曲线 2 所示,其运动方程为:

$$\sigma_s = G \cdot v \quad (\sigma_s < \sigma_y) \qquad \eta = \infty \qquad (\sigma_s < \sigma_y)$$

$$\sigma_s - \sigma_y = \eta_p \cdot v \qquad (\sigma_y < \sigma_s) \qquad \eta = \sigma_p + \frac{\sigma_y}{v} \qquad (\sigma_y < \sigma_s)$$

式中 G 为屈服前的弹性模量，σ_s 为流体的屈服值，η_p 为宾汉姆粘度。由于外力除去之后产生的形变不能恢复，而作为永久形变保留下来，即发生塑性形变，故又称为塑性体，η_p 又称为塑性粘度。

从上式可以看出，宾汉姆塑性体实际上是胡克弹性与牛顿液粘性的组合。牙膏、润滑油、油漆、沥青、钻采用的泥浆、高聚合物在良溶剂中的浓溶液均属于宾汉姆体，大多数印刷油墨也属于此类流体，即当切变力小于油墨的屈服值时，油墨不会流动，当切变力大于屈服值时开始流动。

②膨胀体与假塑性体。流体的流动方程不符合牛顿粘滞定律，而可用幂律方程式来描述：

$$\sigma_s = Kv^n$$

$$\eta_\alpha = \frac{\sigma_s}{v} = \frac{Kv^n}{v} = Kv^{n-1}$$

K 为稠度指数，η 为流动指数，η_α 为表观粘度，表示其流动时的粘稠性质，其定义为流变曲线上某一点对应的 σ_s 与 v 的比值 $\eta_a = \sigma_s/v$，之所以加上"表观"二字，是因为高聚物在流动过程中包括有不可逆的粘性流动和可逆的弹性形变，使总形变增大，而粘度仅是对不可逆形变而言的，所以表观粘度总是比真实粘度小，也就是说表观粘度并不能完全反映流体不可逆形变的难易，只能对流动能力的好坏作个近似的比较。

从上式可以看出，σ_s 与 v 不再是直线关系（η_α 不再是一不变的常数）。如 $n>1$，曲线向上弯曲，这时剪切应力的增加比切变速率增加得快，即粘度随切变速率的增加而增加，出现切力增稠现象，故称为膨胀性流体，如图 4-5 曲线 4 所示。其原因是：当剪切力增加时，层与层之间发生相对滑移，必然伴随体积的膨胀，如图 4-6 所示，由于体积膨胀，起润滑作用的分散介质不能充满间隙，而使部分固体直接摩擦，流动阻力增加，故产生切力增稠现象。如高聚物的分散体系、胶乳、涂料、高聚物熔体-填料体系、阿拉伯树胶、淀粉及雕刻凹版油墨等。

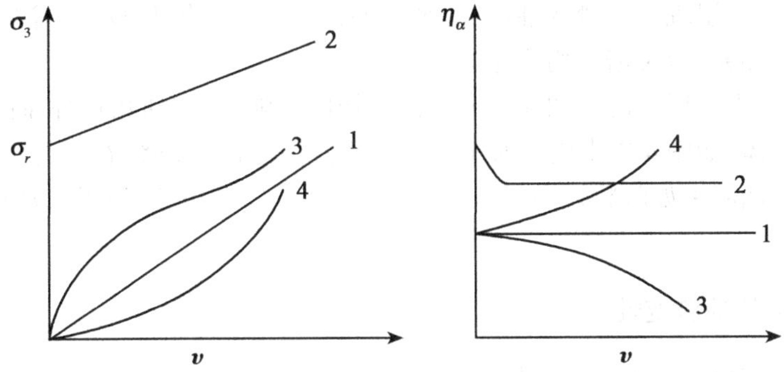

图 4-5　各种流体的 $\sigma_s \sim v$　$\eta_\alpha \sim v$ 关系

当 $n<1$ 时，流动曲线向下凹，剪切应力的增加比切变速率的增加要慢，表观粘度随切变速率的增大而变低。当切变速率很高时，σ_s-v 线呈一直线，此时粘度下降为最低点。虽然 η_α-v 曲线的切线不经过原点，但交纵轴于某一 σ_s 值，就像有一屈服值一样，故称为假塑性体，如图 4-5 曲线 3 所示。高聚物切力变稀的性质是由于网状结构受外力之后被破坏的缘

故,如凹版油墨、橡胶、大多数热塑性塑料和高聚物溶液等许多实际流体。

典型的膨胀流体与假塑性流体应具有恒定的 K 与 n 值,但在实际流体中,K 和 n 常随切变速率的变化而变化,如假塑性体,在极低的切变速率之下 n 约为 1。

其二是切变速率不仅依赖于所施加的切应力,而且还与切应力施加的长短有关,即在流动过程中,表观粘度不能及时与剪切速率成平衡,存在着滞后现象,这样的流体有触变体和流凝体。

触变体:在恒定温度和恒定剪切速率之下,其切应力随时间而降低,即粘度随时间而递减,这类流体称触变体,这一性质称触变性,如图 4-7 中曲线 1 所示。图中滞后圈越大,表明其触变性越强。

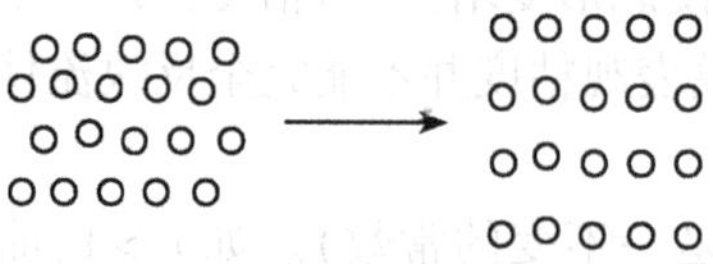

图 4-6　膨胀体剪切增稠示意图

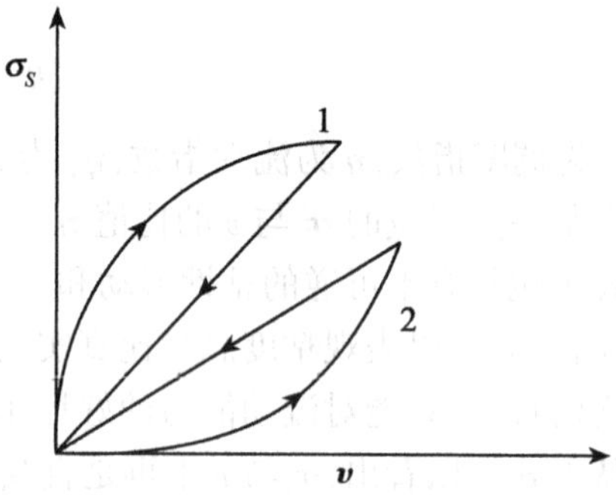

图 4-7　(1. 流凝体;2. 触变体)

印刷油墨是典型的触变体,一经搅拌,粘度便下降,放置起来粘度又重新上升。不过因流动而使粘度下降的速率要远快于因放置而恢复原样的速度,因此油墨在调墨辊上不会因极短的放置而使其产生"不下墨"的现象。一般来说,触变性大的油墨相对来说具有在印刷机上流动性好,转移到纸上反面粘胶难,面线清晰等优点。但在墨斗中由于结构恢复,屈服值增加,容易产生溅墨现象。触变性小,流平性差,印迹呈波状,橘皮状。油漆、胶冻等高分子浓溶液以及番茄酱、蛋黄酱等均为触变体。

流凝体:如果维持恒定的剪切速率所需的剪切应力随持续时间的增长而增加,这种流体称为凝体或震凝体,如图 4-7 曲线 2 所示。饱和聚酯、工业淤泥浆、石膏的水溶液等少数流体常为流凝体。油墨中如颜料过多或含量过大,易出现切稠现象,使得流动性变差,易在墨辊上堆积。

2. 高聚物熔体的流变性

(1)高聚物熔体流动过程中的特点

①流动机理是分段移动(运动单元的多重性)。低分子的流动一般是通过分子与空洞交换位置来实现的,但对高聚物来说,由于分子链很长,它不可能有整个分子与空洞的位置交换,只能是分子中的一段即链段与空洞的交换,即高分子链的流动是分段移动的。通过链可相继移动导致分子链的重心沿着外力方向移动,从而实现流动,尤如蚯蚓的爬行一样。

②流动时阻力较大,粘度不是一常数。

③流动时有构象变化,产生"弹性记忆效应"。由于热振动(微布朗运动),高聚物分子

在未受力之前一般为卷曲的，即呈椭球体，但在外力作用下发生流动时，分子链不仅发生相对位移，而且由于整个分子链不可能全部都处在同一流场中，因此分子链会顺着外力的方向舒展，发生构象的变化，即高弹性形变。外力除去后会回缩，也就是说高聚物在流动过程中，不仅有塑性流动而且包含有非真实的流动——高弹形变。

(2)高聚物熔体的流动曲线

实际高聚物熔体的流动曲线 σ_s-v 如图 4-8 所示，可分为三个区域：

第Ⅰ区：在低切变速率范围之内，粘度保持恒定，即与切变速率无关，类似于牛顿流体，故称为第一牛顿区。

第Ⅱ区：当切变速率增加到一定值后，切应力随 v 的增加而上升的速度变慢，流体发生剪切稀化，不为一定值，成为假塑性行为，故称假塑性区。

第Ⅲ区：当切变速率很大时，σ_s 与 v 又为一直线关系，即粘度再次恒定，因此将此区称为第二牛顿区。

需要说明的是，在一般的实验中高聚物熔体的第二牛顿区是不易达到的，其原因是在高剪切速率下，熔体流动的稳定性受到破坏，出现弹性湍流，因此有人提出了普适流动曲线，如图 4-9 所示。

对上述流动曲线我们可以用高聚物流体的流动性来解释：根据无规线团理论，高分子链在自由状态下相互缠绕，这样每一个分子链必然和交缠在一起的另外的分子间有许多物理交联作用，这种拟网状结构能增大流动的阻力，即增大粘度。在第一牛顿区中，由于切变速率较低，这些物理交联点破坏之后能及时重建，因而粘度基本上保持不变。在假塑区，因切变速率较高，物理交联点破坏不能全部重构，可见切变速率越高，拟网状结构的密度越低，粘度越小。因此随着剪切速率的增加，流体发生稀化。在第二牛顿区，由于切变速率相当大，拟网状结构全部被破坏而不能重建，故此时阻止流动的因素仅有分子链的相对位移，粘度最低且恒定。如剪切速率进一步增大，高分子链沿剪切方向取向排列，则粘度会再次升高，因而导致膨胀性区的出现，直到进入湍流区为止。

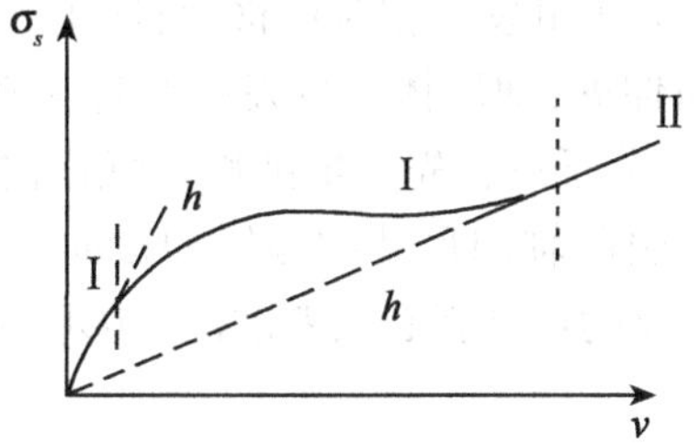

图 4-8　实际高聚物熔体的 σ_s-v 曲线

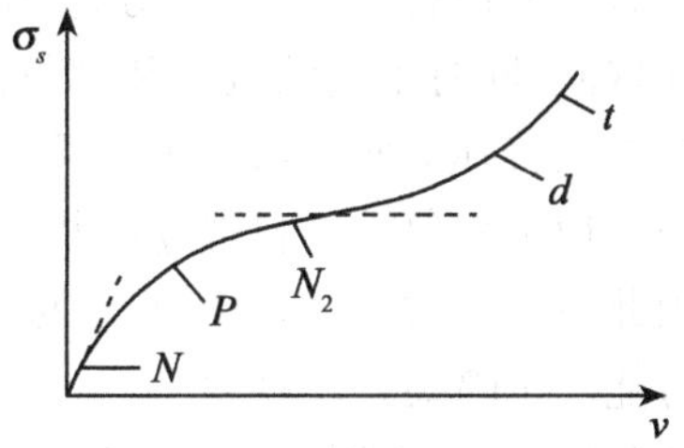

图 4-9　高聚物熔体的普适曲线
N_1：第一牛顿区；P：假塑区；N_2：第二牛顿区；
d：膨胀区；t：湍流区

(3)高聚物熔体在剪切流动中的弹性效应

高聚物熔体在剪切流动时，除了发生不可逆的流动之外，还伴随有可逆的弹性形变，例如：

1)爬杆效应——韦森堡效应

爬杆效应是指一根转轴在高聚物熔体或浓溶液中高速旋转时，流体会沿旋转轴上升的现象(见图 4-10),而低分子液体(牛顿流体)则是液面在器壁处上升。

高分子熔体或浓溶液之所以出现爬杆效应,其原因是:转轴表面线速度较高,靠近转轴表面的分子链被拉伸取向,并缠绕在轴上,经拉伸取向后的分子链段有自发恢复到卷曲构象的倾向,造成在封闭圆环上液体的拉力,这种拉力力图使圆环直径变小,因而产生了向心法向应力,使液体产生向心运动,直到与液体的惯性力(离心力)相平衡。液体的向心流动必然造成圆环中心的密度和压力增大的状况。压力的增大表现在各个方向上,其中也使与转轴线平行的方向上产生应力,称为轴向应力。由于液体上部的压力较低,因此液体产生了沿轴上升的运动(与重力平衡)。如我们对油墨进行搅拌,就会发现爬杆效应的出现。

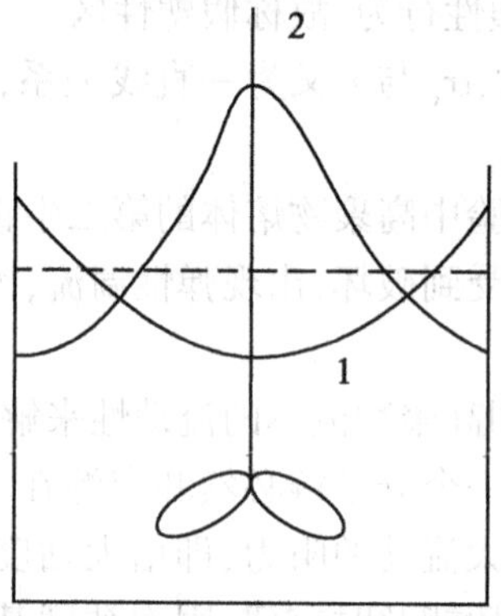

图 4-10　爬杆效应(1:小分子液体;2:高分子流体)

2)出口膨大效应——离模膨胀

当高聚物熔体从小孔、毛细管或狭缝中挤出时,挤出物的直径或厚度会明显大于模口的尺寸,这种现象称为挤出物胀大或离模膨胀,亦称巴拉斯效应(图 4-11)。例如聚苯乙烯于 175~200℃较快挤出时,直径膨胀达 2.8 倍。产生这种现象的原因为:高聚物熔体受力被挤出较细的管道或模孔后,由于剪切应力的作用不仅使高分子链发生相对位移,而且使链段沿流动方向取向,同时主链的链长和键角也沿着流动方向伸展,即熔体不仅发生塑性流动,而且产生高弹及普弹形变。熔体出口后,剪切应力消失,高分子链首先产生键长、键角回缩,继而向热力学稳定构象——自然卷曲状态产生回缩,从而引起轴向尺寸的缩短和横向尺寸的增加。因此在熔融纺丝过程中,喷丝板上相邻两孔间距离的设计就必须考虑出口膨胀现象,否则就可能产生喷头并丝现象。

3)不稳定流动和熔体破坏现象

高聚物熔体从模口内被挤出时,如剪切应力较大($>10^5$ Pa),则易出现不稳定流动,依剪切应力的逐渐增大,依次为波浪形、竹节状、螺旋状,最后导致极不规则的碎块而使熔体破坏(图 4-12 所示)。其原因是高聚物熔体的弹性所致,当弹性性能大于熔体强度时,熔体在管道内会突然产生裂隙,裂隙前部分熔体突然向前滑,而裂隙后部分则向后或停止,形成弹性湍流,使熔体破坏,但一般可通过提高熔体的温度或降低挤出速度来克服这种破坏。

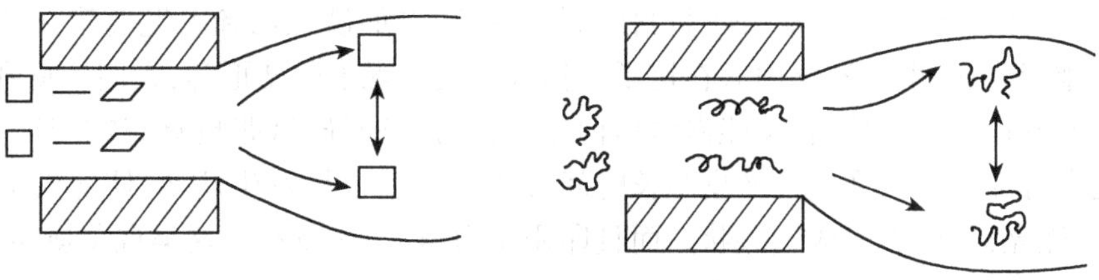

图 4-11　出口膨大效应示意图

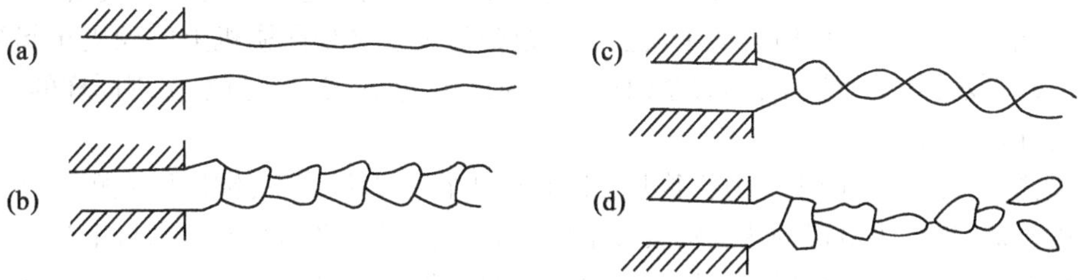

图 4-12　熔体不稳定流动示意图(应力从(a)到(d)递增)

3. 高聚物固体的流变性

高聚物的固体也像其熔体一样,在塑性形变中有弹性形变,这种现象又称粘弹性。如拉拽油墨成丝时,在墨丝断裂后拉丝断头急剧收缩,这就是弹性,弹性越强断裂越快,溅墨越严重。又如油墨在高速转移时,力的作用时间很短(10^{-3}sec),近于冲击,显弹性。纸张在加压初,其应变(Z 轴方向上)立即由 0 升到 3% ~7%,表现出敏弹性,5 ~6 小时后则为弹性,压力除去后,纸不能复原,即有塑性形变。

粘弹性实际上是粘性与弹性的结合,这一性质并非聚合物材料所特有,其它材料只不过没有那么突出而已。理想的弹性形变与时间无关,理想的粘性形变随时间线性发展,两者的结合意味着聚合物材料的形变是与时间有关的介于理想弹性体与理想粘流体之间的力学行为,聚合物的力学性质随时间而变化的现象总称为力学松弛现象或粘弹性现象。

聚合物的粘弹性现象视应力或应变是否为时间的函数而又分为静态和动态两种。

(1) 静态粘弹性现象

这是指应力或应变完全恒定,不是时间的函数时,聚合物材料的粘弹性表现,它有两种方式:

1)蠕变

这是指在较小且恒定的外力(拉伸、压缩或扭曲等)作用下,材料的形变随时间而不断发展的现象。不同材料都有不同程度的蠕变,但以聚合物材料较为明显,任何材料如果很容易发生蠕变,则会减少其使用价值,因为蠕变严重时材料不可能有尺寸的稳定。

高聚物产生蠕变的原因,是由于高分子在外力长时间作用下逐渐发生了构象的变化和位移,其中构象的变化就导致了形变在撤除外力后的缓慢恢复,而位移就使材料产生了不可逆的塑性形变。

在日常生活中能观察到高分子材料的蠕变现象,例如硬氯乙烯电缆套管在架空的条件下会越来越弯曲;软聚氯乙烯雨衣在钉子上挂久后便出现下坠变形等,人们注意到这种软聚氯乙烯的形变在撤去负荷后,又能慢慢地回复一部分。同样,纸张也具有蠕变性能,在压力去除后也会有部分形变恢复。橡皮布长时间合压在一起也易发生蠕变,使之失去弹性而发硬,表面呈光亮,甚至表面成龟裂状。而且印刷压力愈大,橡皮布的这类现象愈明显,有时甚至会出现凹陷的形变而影响使用寿命。

2)应力松弛

这是指在固定形变下应力随时间衰减的现象。在人们的日常生活和生产实践中也能遇到应力松弛的例子,如松紧带在开始使用时感觉比较紧,但用过一段时间后就会越来越松。两管相连法兰之间的垫片,时间久了就会发生松弛渗漏。又如印刷机上的橡皮布起初较绷紧,但用过一段时间后便松了,须收紧橡皮布以免产生重形。这就是说,实现同样的形变,所需的应力在逐渐减小。

线型高弹性之所以产生应力松弛其原因是由于在外力作用下,链段原先顺着外力方向所形成的舒展,借助于链段的热运动会逐渐回缩直至恢复到平衡状态。当每个分子链的构象完全以平衡状态来适应试样所具有的应变时,原先强迫链段舒展所需的外力当然就趋于零。因此应力松弛的本质是比较缓慢的链段运动所导致的分子间相对位置的调整。

(2)动态粘弹性现象

当聚合物材料所承受的应力为时间的函数(通常最常见的为正弦交变应力)时,应力与应变间的关系就会呈现出滞后现象。所谓滞后现象,是指应变随时间的变化一直跟不上应力随时间的变化。由交变应力作用引起的滞后效应,统称为动态粘弹性现象。

承受交变力作用的聚合物材料或制品,可以轮胎、传动皮带、消震材料等为例子。它们在交变应力作用下呈现滞后现象,往往不被人们所重视。现以高速行驶中的汽车轮胎为例,当其急驰相当长时间以后,立即检查其轮胎内层的温度,就能发现它已达到烫手的程度,有时甚至更高。这表明:轮胎在高速行驶时放出的热量十分可观。这种热量的产生是和动态粘弹性分不开的。

现在我们来分析一下轮胎在行驶过程中的受力情况:轮胎滚动时,它上面的每一部分一会儿着地一会儿离地,这相当于每一点所受的应力周期性地随时间而变化,这种应力都是交变的。在此,假设轮胎的转速是均匀的,那么这种交变力与由此产生的交变都与时间有正弦关系。设 ω 为交变应力的角频率,σ_0 为其最大应力,t 为时间,则该交变应力的正弦性如下式所示:

$$\sigma(t) = \sigma_0 \sin\omega t$$

由于大分子的链段运动是一个需要时间的过程,而且高弹形变的发展必然落后于应力。对于正弦性的交变应力,交变应变落后于应力的结果是形成相位差。设 δ 为滞后角,ε_0 为最大应变,则交变应变 $\varepsilon(t)$ 为:

$$\varepsilon(t) = \varepsilon_0 \sin(\omega t - \delta)$$

显然,δ 越大,应变的落后愈厉害,体系内的粘滞阻力也越大。

可以看到,由于应力和应变间存在相位差,当上一次形变还未来得及回复时,又施加了下一次应力,以至总有部分弹性储能没有机会释放,这样不断循环下去,那么未能释放的弹性储能都被消耗在体系的内摩擦上,并转化成热量释放出来,这就是轮胎高速行驶自动升温的原因。当以应力-应变关系作图时,所得曲线在施加几次交变应力后就封闭成环,人们称之为滞后环或滞后圈。这种由力学滞后或力学阻尼而使机械功转换成热的现象,称为力学损耗或内耗。滞后环所封闭的面积越大,这种损耗也就越大。

在一些日常用的橡胶品种中,顺丁胶的内耗较小,看来和它的结构简单、链段运动的内摩擦较小有关。丁苯胶和丁腈胶的内耗较大,这是因为丁苯胶分子含有较大刚性的侧基,丁腈胶分子含有极性较强的侧基,使得链段运动的内摩擦比较剧烈所引起。丁基橡胶(以少量异戊二烯共聚的聚异丁烯)的侧基虽然体积不大,极性也极微弱,但由于侧基数目多,因此它的内耗比上述几种橡胶都大。对于制作轮胎用的橡胶来说,希望它有最小的力学损耗。但对另一些用途的材料(如吸音和消震材料)来说,则希望其阻尼较大。不过具有过大阻尼的消震材料,由于发热过多,材料易于热老化,甚至热分解,也是不适合的。

印刷机上的橡胶布在滚动的过程中也有动态粘弹性,因此一般要求其能及时恢复形变(气垫辊),内耗小。其原因是如内耗大、放热多,则油墨粘度下降,产生溅墨现象。此外还会老化、失去弹性,同样纸张在印刷过程中也存在粘弹性,图 4-13 为纸张的 ε-t、σ-ε 关系。

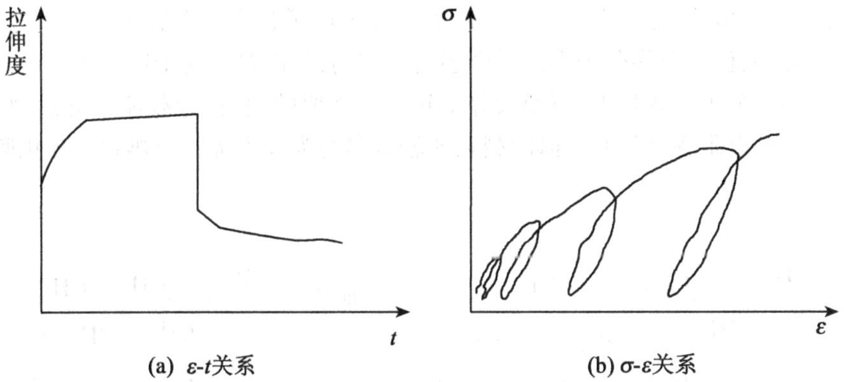

图 4-13　纸张的形变-时间、应力-形变关系

4.4　电学性质

长期以来,高分子一直被视为绝缘材料,其固有的电绝缘性质长期被用来约束和保护电流。但到 20 世纪 70 年代,日本筑波大学白川英树(Shirakawa)及美国麦克狄密德(Mac Diarmid)各自领导的研究小组几乎同时发现:将 AsF_5、I_2 等掺杂到聚乙炔中,可获得导电性高聚物(conducting Polymers),从此打破了高聚物是绝缘体的传统观念。如今,导电高分子的研究已成为聚合物领域中非常活跃的课题之一,由于导电高分子具有特殊的结构和优异的物理化学性能,使它在能源、光电子器件、信息、传感器、分子导线和分子器件,以及电磁屏蔽、金属防腐和隐身技术上有着广泛、诱人的应用前景。此外随着高聚物材料的广泛应用,材料在使用过程中的电学性在许多场合下是一个重要的参数,例如在印刷工艺上,纤维、

合成纸张、感光底片，甚至油墨等都考虑其带电性能。

高聚物的电学性质是指聚合物在外加电压或电场作用下的行为及其所表现出来的各种物理现象，包括在交变电场中的介电性质，在弱电场中的导电性质，在强电场中的击穿现象，以及发生在聚合物表面的静电现象。由于篇幅有限，我们仅讨论电场中的导电性能和表面的静电现象。

4.4.1 高聚物的导电性能

1. 高聚物的导电机理

大多数高分子化合物由于其结构的特殊性，使得其内部没有自由电子和离子，因此不具有电子性和离子性的导电能力，是广泛使用的电绝缘材料。但实际上并非这样，有些高聚物还是有极微弱的导电性，有些高聚物是半导体、导体，甚至超导体。

从导电机理来看，高聚物导电可分为二类。一类是电子电导，即导电载流子是电子与空穴。共轭聚合物、聚合物的电荷转移络合物（$D + A \rightarrow D^{\delta+}A^{\delta-}$），聚合物的自由基-离子化合物（$D + A \rightarrow D^{+}A^{-}$）和有机金属聚合物等均属于此类导电机制。例如具有双键结构的聚合物，有可能成为导电体，在一个分子中共轭双键的 π 电子相当于金属中的自由电子，可以在整个分子内运动，但是单靠分子内的导电还是不够的，仍需要载流子连接于分子才行。将具有共轭双键的大分子经热处理，可使大分子间建立必要的通道，让载流子通过，则高聚物可以具有相当小的电阻率，成为半导体材料，比较著名的为聚丙烯腈经热裂解环化脱氢形成如下结构：

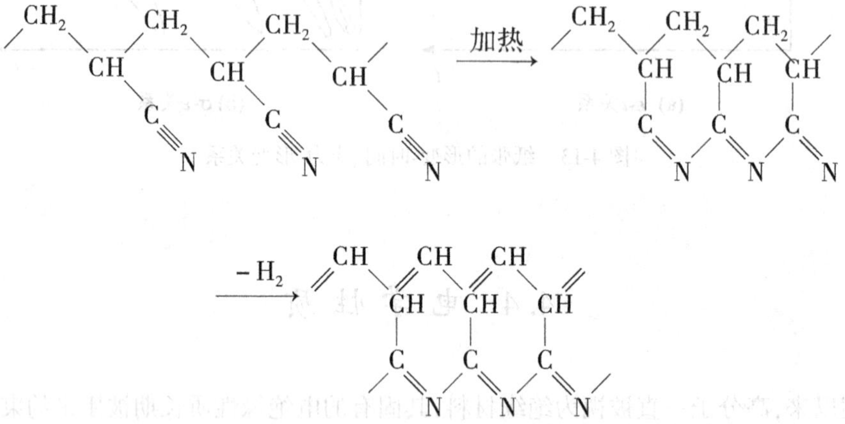

黑 Orlon

黑 Orlon 的电导率为 $10^{-1}\Omega^{-1}\cdot m^{-1}$，进一步热裂解到 N 完全消失可得电导率为 $10^{5}\Omega^{-1}\cdot m^{-1}$数量级的高抗张碳纤维；又如聚乙烯咔唑、聚酰胺－66 也具有半导体性质，并可通过形成电荷转移络合物而提高其导电程度（电导率大于 $10\sim10^{2}\Omega^{-1}\cdot cm^{-1}$）；聚乙炔通过用 $R_4N^{+}X^{-}$（AsF_6、SbF_6、PF_6 等）处理，显金属光泽，且导电性能比许多金属强，仅次于铜，可作电池、电热元件，轻质导线等。近年来，人们沿着这个思路，对聚合物导电性作了大量的研究工作，进行了许多合成探索。这些高聚物材料广泛用在静电复印、抗静电剂、电生热涂层、静电分离和混合等方面,并且将在石油钻井,生物医学工程等方面作为重要材料。

第二类是离子电导,即导电载流子是正、负离子。一般来说,大多数高聚物都存在离子导电,首先是那些带有强极性原子或基团的聚合物。此外在合成、加工和使用过程中,进入聚合物材料中的催化剂、添加剂、填料以及水分和其它杂质的解离,都可以提供导电离子。一般说来,极性、无定形、高弹态和杂质多、吸湿性大的高聚物导电性较大。

实际上,高聚物中可能两类载流子同时存在,两种导电机理都起作用,很难分开。

2. 影响高聚物导电性能的因素

(1)结构

饱和的非极性的高聚物由于本身既不能产生导电离子,也不具备电子导电结构条件,因此导电性能很差,是最好的电绝缘体,电阻率可高达 10^{23} 欧·米;极性高聚物如聚矾、聚酰胺、聚丙烯腈等由于有强极性基团可能发生微量的离解,产生离子导电;共轭聚合物由于 π 电子在共轭体系内的离域,提供了大量的电子载流子,而且这些 π 电子在共轭体系内又有很高的迁移率,使这类材料的电阻率大幅度降低,如聚氮化硫 $(SN)_n$ 在轴向上的电导率高达 10^5 欧$^{-1}$·米$^{-1}$。

(2)分子量

分子量对高聚物导电性的影响与高聚物的主要导电机理有关。对电子电导体而言,分子量增加,电子在分子的内通道增大,电导率增加;对离子导电体,分子量增加链端效应,使得高聚物的自由体积减小,离子迁移率降低,电导率将下降。

(3)结晶与取向

材料的结晶度高,取向严重,自由体积会下降,因此离子导电下降,但堆积紧密,会使得电子导电上升。

(4)杂质

水分、添加剂等能离解或促使高聚物离解,因此对高聚物的电导性能有较大的提高。

(5)温度

对大多数高聚物的导电性的影响可以用下列式子表示:

$$\rho = Ae^{E/RT}$$

式中 ρ 为电阻率,A 为比例常数,E 是活化能,R 是气体常数。不论是离子电导,还是电子电导,电阻率随温度的升高而急剧下降。这是因为随温度的升高,高聚物中导电载流子浓度急剧增加的缘故。

3. 典型导电高分子

(1)聚乙炔

早在 1958 年,Nam 采用普通烯烃聚合的方法,通过烷基铝四丁氧基钛催化剂合成了具有长链共轭结构的不溶不熔的聚乙炔粉末。1974 年,日本的白川英树偶然中发现在 195K 下,通过提高催化剂浓度至烯烃聚合用量的 1000 倍,并使聚合发生在玻璃容器壁上的方法,可制备力学强度高且具有金属光泽的聚乙炔自支撑薄膜。白川英树法所得的聚乙炔 98% 为顺式结构,这种结构在 150 ~ 200℃ 下处理半小时可完全转化为更稳定的反式结构,经 AsF_5 掺杂后电导率可达 10^3 S·cm^{-1}。

1987 年，Narmann 采用催化剂陈化技术获得了更高电导率的聚乙炔膜，拉伸 5 ~ 6 倍，经 I_2 掺杂后电导率高达 10^5 S · cm^{-1}，Tsukamoto 采用改进的 shirakawa 路线也获得了类似电导率的自支撑膜。

(2) 聚吡咯

最初是在有机溶剂如乙腈/$LiClO_4$ 中通过电化学氧化的方法聚合生成聚吡咯。

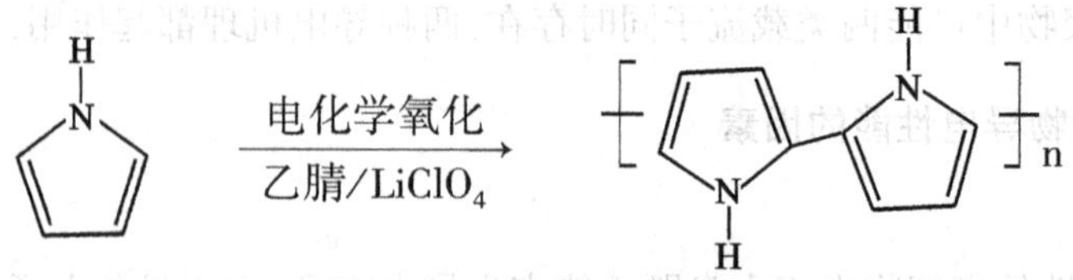

尽管通过电化学法可制成聚吡咯自支撑膜，电导率在 10^0 S · cm^{-1}左右，但电化学方法所得的聚吡咯量较少，且聚合物中经常存在不规整耦联（非 2,5 耦联）和支化现象，加上聚合物本身的刚性导致聚合物很难溶解在现有的溶剂中进行溶液加工。

大批量的聚吡咯一般通过化学氧化聚合得到，如在水中采用化学氧化聚合法可得到电导率在 10^0 S · cm^{-1}左右的聚吡咯，但同样也存在不规整偶联，影响了所得聚合物的溶解性。

(3) 聚苯胺

苯胺可在酸性水溶液（HCl/H_2O）或有机溶液（乙腈/$LiClO_4$）中在铂、金等金属或石墨及其它半导体电极上采用恒电位或恒电流方法进行电化学聚合，所得的聚苯胺的电导率在 10^0 S · cm^{-1}左右，恒电流法所得的聚苯胺薄膜比恒电压法更均匀，品质更佳。由于电化学方法在规模上的限制，目前更多采用如下所示的化学法获得聚苯胺。通过控制化学聚合的条件，如单体/氧化剂比例、单体浓度、酸度、反应温度及加料方式等，可获得结构较为规整、分子量及分布可控的聚苯胺，其室温电导率在 10^0 S · cm^{-1}左右。

聚苯胺具有电导率高、原料便宜、性能稳定、合成简单、掺杂机理清楚及掺杂程度可控等特点，是当前最有希望获得工业应用的结构型导电聚合物材料之一。但其离域电子结构导致分子链刚性大、极性强、难溶难熔、加工难（苯环上进行烷基或烷氧基取代，可提高其加工性能，但对电导率有影响），故 20 世纪 80 年代末合成出了其水基乳胶溶液-亚微米及纳米导电导电苯胺乳胶微球，其电导率较高（10^{-3} ~ 10^2 S · cm^{-1}），有望成为电子学、光学、光电子学、磁学及相关的纳米光电子器件，在合成橡胶、涂料、粘合剂、药物缓释、色谱柱填料也有好的应用前景。Bell 实验室和 E-Ink 公司的电子油墨柔性显示器中的悬浮粒子，就是用聚苯胺和 TiO_2 纳米粒子复合而成的乳胶微球。

(4) 聚噻吩

同吡咯一样，噻吩及其衍生物也可通过在乙腈/$LiClO_4$ 溶液中采用电化学氧化的方法得到聚噻吩：

尽管电化学法可得到电导率为 10^0S · cm^{-1}左右的自支撑聚噻吩薄膜，但其分子链内存

在不规整的非 2,5-耦联和部分因支化引起的缺陷。

采用无水 $FeCl_3$ 为氧化剂,噻吩及其衍生物可在氯仿中聚合。通过控制氧化剂/单体比例、聚合温度及水的含量,可获得分子量较高的聚噻吩。但由于聚合反应过程中存在无规耦联,所得聚合物中仍存在许多缺陷,导致其在一般溶剂中溶解性不好。值得指出的是:尽管绝大部分导电高分子在引入取代基后可改善其在有机溶剂甚至水中的溶解性,但这必须以牺牲电导率为代价才能实现。当在噻吩环上引入烷基时,不仅可以增加聚噻吩的溶解性,还能保证电导率不降低。如聚八烷基噻吩和聚十二烷基噻吩可溶于氯仿中,电导率与母体聚噻吩相当。

如前所述,高分子合成的一个重要推动力便是合成结构明确、规整的高分子,具体到聚噻吩上,即为合成具有规整的 2,5-耦联的聚噻吩, 由此发展了如下镍催化剂偶联法:

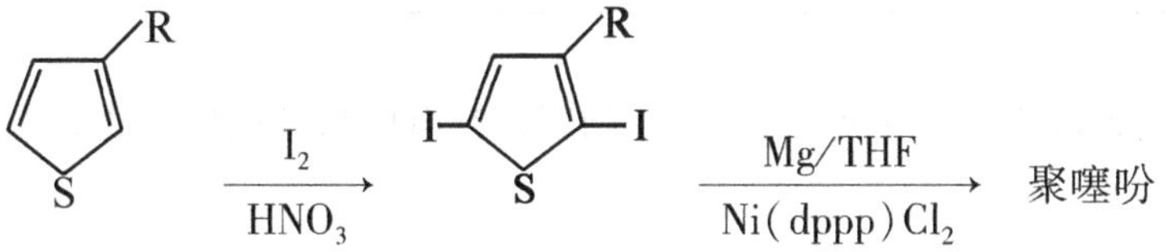

由此得到的聚噻吩中的 2,5-耦联结构占 98% 以上,电导率达到 1000 $S \cdot cm^{-1}$,但分子量不算高,仍有待提高。

具有导电性能的高分子还有许多,合成性能优、价格低的聚合物在印刷新材料领域也是当前的热门话题之一,如导电油墨在电子标签(FRID 技术)、电子书刊等方面的研究中有着广阔的前景。

4.4.2　高聚物的静电现象

两种物体相互摩擦或接触,只要其内部结构中电荷载体的能量分布不同,在它们各自的表面上就会发生电荷再分配。重新分离后,两种物质将带有比其摩擦或接触之前过量的电荷,这种现象称为静电现象。高聚物在生产、加工及使用过程中,免不了与其它材料、器件发生接触或摩擦,也就是说高聚物带静电是难免的。例如塑料制品从金属模具中脱模出来时就会带电,合成纤维在纺织过程中也会带电,塑料、纤维及橡胶制品在使用过程中产生静电更是常见,干燥天气下脱下合成纤维的衣服时,能听到放电的响声,在暗处的时候还能看到放电辉光。印刷工艺中,纸张及合成树脂膜在高速轮转机上与棍子摩擦,前者能带电 5×10^{-9} 库/cm^2,后者则更高,表现在干燥冬天印刷车间较多地发生新闻油墨因带电而变成微粒子,然后飞溅到纸张上即溅墨现象,凹印中由于油墨有挥发性,有时候会产生因放电火花招致火灾。特种印刷中聚乙烯膜的图文周围渗出线状的胡须,图文部分(尤其大面积图文)形成模糊斑点,油墨转移不上,彩色凹印等的聚酯片上因静电使尘埃被吸附混入油墨中,附在印品表面引起伤痕及微孔现象等。总之带电现象处处可见,纸张的带电、橡胶辊的带电、油墨的带电,以至整个印刷机的带电,无不影响印刷适性。

静电起电的机理一般认为是这样的:对接触起电来说电子克服原子核的作用,从材料表面逸出,不同的物质其逸出功不同,当两种物质接触时,由于接触电位差与它们的逸出功之差成正比,这种接触在界面上形成电场,在电场作用下电子将从逸出功小的一方向逸出功大的一方转移,直至平衡。因此逸出功大的带负电,逸出功小的带正电,表 4-5 为高聚物的电子逸出功:

表 4-5　　　　　　　　　　　　**高聚物的逸出功**

高聚物	逸出功(电子伏特)	高聚物	逸出功(电子伏特)
聚四氟乙烯	5.75	聚乙烯	4.90
聚三氟氯乙烯	5.30	聚碳酸酯	4.80
氯化聚乙烯	5.14	聚甲基丙烯酸甲酯	4.68
聚氯乙烯	5.13	聚乙酸乙烯酯	4.38
氯化聚醚	5.11	聚异丁烯	4.30
聚砜	4.95	尼龙-66	4.30
聚苯乙烯	4.90	聚氧化乙烯	3.95

摩擦起电的情况则要复杂得多,高聚物的摩擦起电序与其逸出功的大小顺序基本一致,如表 4-6 所示。

表 4-6　　　　　　　　　　　　**高聚物的摩擦起电序**

(+)	尼龙66	纤维素	醋酸纤维	聚甲基丙烯酸甲酯	维尼纶	涤纶	聚丙烯腈	聚氯乙烯	聚碳酸酯	聚偏氯乙烯	聚苯醚	聚苯乙烯	聚乙烯	聚丙烯	聚四氟乙烯	(-)

由于大多数高分子材料表面电阻率很大,所产生的静电荷流失很慢,即电荷损失半衰期较大,如表 4-7 所示。这一特性常常会引起一些不良后果,如塑料制品容易积灰,纺织物易起球,分离感光片时会由于静电作用而产生火花使其曝光等。很明显,材料的电荷损失半衰期越大,其带静电的可能性就越高。

表 4-7　　　　　　　　　　　　**带电材料电荷损失的半衰期**

材料	半衰期(S)	
	带正电	带负电
玻璃纸	0.30	0.30
羊毛	2.5	1.55
棉花	3.60	4.80
聚丙烯腈	670	690
尼龙-66	940	720
聚乙烯醇	8500	38000

高聚物的静电效应在实际应用中有利有弊,防止静电效应的方法有各种各样,如在材料

的内部和外部使用抗静电剂是常用的方法。乙烯-偏二氯乙烯共聚物中加 30% 的炭黑，其塑性没有改变，但是体积电阻率(10^2欧·厘米)明显下降，这样材料就不再带静电了。在材料的表面用抗静电剂处理，使材料表面电阻率降低，但体积电阻率不变。不过在外表用抗静电处理并非永久性的，需要经常再处理。如能减少摩擦，也可降低带静电的可能，例如加润滑剂或者涂聚四氟乙烯等。

另一方面，静电效应在工业上也有有益的应用，像静电染料喷溶、静电复印等。例如在许多预涂材料上涂料的导电性能应给予考虑，如果导电性能差，静电现象明显，在复印或激光印制机上画线部油墨过于浓厚，有时甚至堆积得很厚，一方面墨粉用量大。另一方面经常使图文变成一墨堆；如导电性能太好，则吸墨过少，致使图文部分平淡，甚至不出现图文。

4.5　聚合物的胶粘性

4.5.1　聚合物粘结理论

对于任何物质的粘合，重要的条件是粘合剂对被粘物质的表面应有良好的润湿作用，润湿程度愈高，被粘物表面上的粘合剂铺展得愈宽阔，获得的粘合强度愈高。一般来讲对粘合现象解释主要有以下理论：

1. 机械结合理论

任何基材的表面都不可能是光滑的，即使用肉眼看起来光滑，但在显微镜下也是十分粗糙的，有的表面如木材、纸张、水泥，以及涂有底漆的表面还是多孔的，高分子可渗透到这些凹穴或孔隙中去，固化之后就像有许多小钩子和楔子把高分子与基材联结在一起。

2. 吸附理论

吸附理论的基本观点是以粘合剂和被粘分子间的范德华力的相互作用来解释粘合作用的。在粘合过程中可分为两个阶段：第一阶段是粘合剂中的聚合物分子由于微布朗运动，从溶液或熔体中迁移到被粘物的表面，聚合物分子的极性基团逐渐向被粘物的极性基团靠近。当无溶剂时，大分子极性基团仅能局部地靠近表面，而在压力或加热的作用下，使粘合剂的粘度降低，大分子的链节便能与被粘物表面靠得很近。粘合的第二阶段是吸附作用，当粘合剂与被粘物分子间的距离小于 0.5nm 时，分子间力便发生作用。

吸附理论用于解释极性相似的粘合剂与被粘物之间的高粘合强度方面是比较成功的。例如聚乙烯醚不是较好的粘合剂，而聚乙烯醇缩醛树脂、环氧树脂、酚醛树脂都是很好的粘合剂。

但是吸附理论也还不能完满地解释某些问题，例如某些非极性聚合物之间(如聚异丁烯、天然橡胶)有很强的粘结力就无法解释。此外，实验中发现的粘结力决定于胶层的剥离速度也是吸附理论无法解释的，因为克服分子间力所需的功是不随分子的分离速度变化的，这些只能借助于扩散理论来解释。

3. 扩散理论

扩散理论是以大分子的链状结构和其柔顺性为出发点的。它将聚合物的粘合作用看成是自粘作用一样，是由于在分子的热运动(微布朗运动)影响下，引起长链分子或其链段的扩散作用，使粘合剂与被粘物之间形成相互交织的牢固胶接接头，这种现象称为“粘合现象”和“自粘现象”，它们的区别在于粘合剂与被粘物材料的性质。当粘合剂与被粘物是两种不同性质的材料时，它们的大分子相互扩散，称为“粘合”，当粘合剂与被粘物是同一材料时，称为“自粘”。

粘合剂分子一般都具有较大的扩散能力，若粘合剂以溶液的形式涂敷，而且被粘物能在此溶液中溶胀或溶解，则被粘物分子也可以向粘合剂进行扩散。这两个过程都引起相界面的消失，生成作为一个聚合物与另一聚合物间的逐步过渡区的融合部分，即生成了高强度的接头。

粘合剂也可以热熔的形式使用，加热时使粘度降低，以利于分子的扩散。当然，粘合剂熔化温度不应超过被粘物的熔化温度是最基本的要求。

扩散理论能令人满意地解释各种因素对粘合强度的影响，但扩散理论不能解释高分子材料对金属、玻璃或其它硬性固体的粘合，因为高分子对这些材料的扩散是很难理解的。

4. 化学键结合理论

化学键(包括氢键)的强度要比范德华力强得多，因此如果粘合剂分子和基材之间能形成氢键或化学键，附着力要强得多，如果聚合物上带有氨基、羟基和羧基时，因易与基材表面氧原子或氢氧基团等发生氢键作用，因而会有较强的附着力。聚合物上的活性基团也可以和金属发生化学反应，如酚醛树脂便可在较高温度下与铝、不锈钢等发生化学作用，环氧树脂也可和铝表面发生一定的化学作用。化学键结合对于粘结作用的重要意义可从偶联剂的应用得到说明，偶联剂分子必须具有能与基材表面发生化学反应的基团，而另一端能与粘合剂分子发生化学反应，例如，最常用的硅烷偶联剂，$X_3Si(CH_2)_nY$，X 是可水解的基团，水解之后变成羟基，能与无机表面发生化学反应，Y 是能够与粘合剂发生化学反应的官能团。

5. 静电作用

当聚合物与基材间的电子亲和力不同时，便可互为电子的给体和受体，二者间可形成双电层，产生静电作用力。例如，当金属和高分子接触时，金属对电子亲和力低，容易失去电子，而高分子对电子亲和力高，容易得到电子，因此电子易从金属移至高分子，使界面产生接触电势，形成双电层并产生静电吸引。

4.5.2 粘合强度评价

对粘合剂粘合强度的评价有较多的指标，如剪切强度、均匀剥离强度、不均匀剥离强度、剪切疲劳强度、冲击强度等。但主要是以拉伸剪切强度来评定粘合强度大小。根据粘合接头破坏方式的不同，可将剥离分为下列几种：①粘合性剥离，即粘合剂完全从被粘物上脱落；②内聚性剥离，即粘合接头的破坏是沿粘合剂发生或是沿被粘物发生；③混合剥离，即原来接触处部分脱离，同时粘合剂或被粘物分区域受到破坏。

表 4-8 列出了不同分子量的聚异丁烯从玻璃纸上的剥离强度。它说明了中等分子量的聚合物应当有最佳的粘合能力，中等大小的分子量既能保证有好的粘结力，同时粘合剂本身又有足够高的机械强度。

表 4-8　**不同分子量聚异丁烯从玻璃纸上的剥离强度**

分子量	剥离性质	剥离强度 g/cm	分子量	剥离性质	剥离强度 g/cm
7000	内聚性	0	150000	粘合性	67
20000	混合性	369	200000	粘合性	68
100000	粘合性	67			

表 4-9 列出了各种非极性或弱极性粘合剂玻璃纸的剥离强度，从表中可以看出：在聚丁二烯中，1、2 位的链节比例增加，剥离强度降低。这是因为侧链上的乙烯基数目增多，由于空间效应，使分子扩散能力降低致使剥离强度降低。

共聚物中少量苯乙烯链节将导致粘合力的增加，而大量苯乙烯链节将导致粘合力的降低，这主要是因为扩散能力将随链的柔顺性的降低而降低。

表 4-9　**各种非极性或弱极性粘合剂粘合玻璃纸的剥离强度**

粘合剂名称和特征	剥离性质	剥离强度 g/cm
聚丁二烯（1，4 位和 1，2 位的链节各占 50%）	粘合性	1445
聚丁二烯（分子量同上，1，4 位链节为 20%，1，2 位链节为 80%）	混合性	550
70% 丁二烯与 30% 苯乙烯共聚物	内聚性	1368
50% 丁二烯与 50% 苯乙烯共聚物	粘合性	14
70% 丁二烯与 30% 甲基苯乙烯共聚	混合性	771

大分子内短侧基的存在对聚合物粘合剂的粘合力有不良的影响，但如果侧基足够长，致使侧基已能起到单独分子链作用时，粘合力便增加。例如聚甲基丙烯酸甲酯到聚甲基丙烯酸正丁酯对玻璃纸的粘合力依次增加。

另外，粘合强度还随表面粗糙度的增加以及润湿的改善而增加，这些都与表面的预处理有关，至于粘合随粘合剂层厚度的减小而增加是不能忽略的，其主要原因是粘合剂分子的定向作用。

第5章　高分子溶液

高聚物以分子状态分散在溶剂中所形成的均相混合物称为高分子溶液,它是应用和研究高聚物的一个极其重要的方面,如分子量的测定、分子量的分级等,都需在溶液中进行,许多场合下聚合物必须溶解后方能运用,因此了解高分子溶液的性质非常重要,可以想象随着合成高分子工业的发展,其应用将更广泛。

高分子溶液的性质随浓度的不同有很大的变化,如浓度在1%以下的极稀溶液,粘度很小且稳定,在没有化学变化的条件下其性质不随时间而变。大于5%时称为浓溶液,其粘度大,稳定性也较差。当溶液浓度变大到分子链相互接近甚至相互贯穿而使链之间产生物理交联点时,体系便变成了冻胶或凝胶,呈半固体状态而不能流动,属于宾汉姆体。目前对高分子稀溶液研究得比较多,已经能够用定量或半定量的规律来描述它们的性质。而对高分子的浓溶液则研究得还不够彻底,但是浓溶液体系在生产实践中却很重要,有待于进一步研究。

高聚物要成为高分子溶液,首先遇到的问题是溶解,我们先谈谈高聚物的溶解情况。

5.1　高聚物的溶解

5.1.1　高聚物溶解过程

由于高聚物结构复杂,分子的形状有线型、支化、交联等,分子的聚集又有晶态与非晶态之分,因此比低分子的溶解要复杂得多。

对于非晶相高聚物,溶解很缓慢,而且有膨胀现象。其原因是高聚物接触到溶剂时,表面分子链段先被溶剂化。由于分子链很长,还有一部分聚集在表面以内的链尚未被溶剂化。又由于尺寸悬殊,运动速度差别大,溶剂分子会渗透到高聚物内部,使内部链段溶剂化,这样高分子溶质就产生了胀大的现象,称为“溶胀”。随着溶剂分子不断向内扩散,必然使更多的链段松动,外面的高分子链首先达到全部溶剂化而溶解,里面的又出现了新表面,溶剂又对新表面溶剂化而溶解。直至最后所有的高分子转入溶液,这样才算是高分子溶质被全部溶解而成均匀的溶液,所以溶胀是溶解前必经的阶段,是聚合物在溶解过程中特有的现象。因此在配制高分子溶液时一定要先用溶剂浸泡,让其充分溶胀,然后再水浴加热使其溶解,否则将不可能得到均匀一致的高分子溶液。

根据溶胀的程度和溶质的结构,溶胀可分为两类:一类是无限溶胀,即线型高聚物溶于它的良溶剂时,能无限制地吸收溶剂,直到溶解而成为均相的溶液时为止。所以溶解也可以看做是聚合物无限溶胀的结果,例如天然橡胶在汽油中,可经过溶胀阶段,最终溶解而成均匀溶液，这就是无限溶胀。另一类是有限溶胀，即聚合物吸收溶剂，溶胀到一定限度以后不论与溶剂接触多久，吸收的溶剂量不再增加而达到平衡，体系始终是保持两相状态，如硫化后的橡胶，固化后的酚醛树脂等交联网状聚合物在溶剂中，都只能溶胀而不能溶解。对于一般线型聚合物来讲，若溶剂选择不当时，因溶剂化作用小，不足以使分子链完全分离，也只能发生有限溶胀而不能溶解。

5.1.2 影响高聚物溶解度的因素

1. 链的几何形状

线型、支链型高聚物只要能与溶剂发生无限溶胀，就可以溶解，不过分子量越大，溶解度越小，溶解速度也越小。如溶剂选择不良时，也只能发生有限溶胀。体型高分子一般不论何种溶剂只能溶胀不能溶解，且交联度越大，溶胀度越小。

2. 链的柔顺性

一般说来，链的柔顺性越大，越易溶解，例如聚乙烯醇柔顺性较纤维素（环状结构）好，故前者能溶于水，而后者则不溶于水。

3. 链的结晶性

一般说来，结晶高聚物的溶解比非结晶高聚物困难，这是因为结晶高聚物吸收热量破坏晶格之后才能溶胀溶解，而非结晶高聚物不需克服所谓的晶格能。例如非极性高聚物往往需要加热到接近熔点时晶体才被破坏，然后与溶剂作用发生溶解，高密度的聚乙烯（m. p. = 135℃）在四氢化萘溶剂中要加热到120℃才能很好地溶解；对于极性的结晶高聚物来说，在适当的强极性溶剂中可以在常温下发生溶解。这是因为结晶聚合物中含有部分非晶相成分，当它与溶剂接触时，溶剂与非晶相部分强烈地相互作用，产生了放热反应，使晶相部分晶格破坏，这时就可以受溶剂化作用而溶解。例如聚酰胺在室温下可溶于苯酚、甲苯酚、40%的硫酸与60%的甲酸等溶剂中，涤纶可溶于间甲苯酚中。

4. 溶剂

对溶剂来说可分为两类：一类是良溶剂，即溶剂与高分子间的吸引力较大，超过链段间的内聚力；另一类称为不良溶剂，即溶剂与高分子之间的吸引力不大，而链段间的内聚力较强。在高聚物的溶解中，溶剂的选择是一个很重要的问题，怎样才能选择它的良溶剂决定着所得溶液的性质。但由于目前这方面还没有成熟的理论，人们先在小分子溶解方面找到了一些规律，这些规律对聚合物的溶剂选择也有一定的指导意义。

（1）极性相似的原则

极性聚合物溶于极性溶剂中，非极性聚合物溶于非极性溶剂中，极性大的聚合物溶于极性大的溶剂中，极性小的聚合物溶于极性小的溶剂中。例如天然橡胶、丁苯橡胶是非极性的无定形聚合物，能溶于非极性的苯、石油醚、甲苯、乙烷等溶剂及其卤素衍生物溶剂中；聚苯乙烯可溶于非极性的苯、甲苯或乙苯中，也可溶于极性不大的丁酮中。聚乙烯醇是极性的，则可溶于水和乙醇，聚丙烯腈能溶于极性的二甲基甲酰胺中。但这种极性相似的原则比较笼统,且不严格,如聚丙烯腈不溶于极性较强的水中。

(2)溶剂化的原则

聚合物的溶胀与溶解和溶剂化的作用有关,溶剂化的作用是溶剂与溶质接触时,溶剂分子和溶质分子相互产生作用力,此作用力大于溶质之间的分子内聚力,使溶质分子彼此分离而溶解于溶剂中。极性溶剂分子和聚合物的极性基团相互吸引,产生溶剂化作用,使聚合物溶解,电荷集中的质点在分子间的相互作用中具有更大的活性,是发生溶剂化的焦点。这种溶剂化作用主要是高分子上的酸性基团(或碱性基团)与溶剂中的碱性基团(或酸性基团)起溶剂化作用而溶解。当然这里所说的酸、碱是广义的,酸就是指电子接受体即亲电子体,碱就是电子给予体即亲核体,不同的酸与碱其强弱有所不同,常见亲电、亲核基团的强弱次序如下:

亲电子基团:

$—SO_2OH$ > $—COOH$ > $—C_6H_4OH$ > —CHCN > $—CHNO_2$ > $—CH_2Cl$ > ═CHCl

亲核基团:

$—CH_2NH_2$ > $—C_2H_4NH_2$ > $—CON(CH_3)_2$ > —CONH— > $≡PO_4$ > $—CH_2COCH_2—$ > $—CH_2OCOCH_2—$ > $—CH_2—O—CH_2—$

如聚合物分子含有亲电子基团,则能溶于含有给电子基团的溶剂中,硝酸纤维素含有亲电子基团 $—ONO_2$,可溶于含有给电子基团的溶剂如丙酮、丁酮中,也可溶于醇醚混合物中;如聚合物中含有上述序列中后几个基团时,由于这些基团的亲电子性与给电子性较弱,可溶于两序列中的多种溶剂,如聚氯乙烯有 ═CHCl 基团,亲电子性较弱,可溶于环己酮、四氢呋喃与硝基苯中。反之,如聚合物中含有上述序列的前几个基团时,则应选择含有相反系列中最前几个基团的溶剂,如含有酰胺基的尼龙-66 就要选择含有羧基的甲酸,也可选择浓硫酸或间甲酚。如高聚物与溶剂能形成氢键,则将大大提高溶解度。

(3)内聚能密度或溶度参数相近原则

溶度参数 δ 就是内聚能密度的平方根。在实际中常采用溶度参数作为选择溶剂的参考数据,即溶剂的溶度参数与聚合物的溶度参数相近时,该聚合物就溶解于这种溶剂中。对于非极性或弱极性聚合物来说,两者的溶度参数 $\Delta\delta$ 在 $(3.1 J/cm^3)^{1/2}$ 范围内可以溶解,如超过此值则不能溶解。但如聚合物分子量小,温度高,则 $\Delta\delta$ 大些也能溶解;对极性高聚物来说,不但要求两者的非极性部分的溶度参数相近,而且还要求两者的极性部分的溶度参数也相近才能溶解。

聚合物的溶度参数可用粘度法或交联后用溶胀法测定,当聚合物在其良溶剂中时,分子链充分伸展、扩张,粘度最大,所以对可溶性高聚物可通过测定它在各种溶剂中的特性粘度,将粘度对所用溶剂的 δ 作图,相应于粘度极大值那一点的 δ 数值就是该聚合物的溶度参数,不过这种方法只适用于极性不太大的高聚物溶于极性不太大的溶剂之中。另外一种方法就是直接计算法,即 δ 为内聚能密度的平方根。

$$\delta = (\Sigma E/\nu)^{1/2}$$

对于混合溶剂其溶度参数可用下式求出:

$$\delta_m = \delta_1 \Phi_1 + \delta_2 \Phi_2$$

δ_m 为混合溶剂的溶度参数，Φ 为体积百分数。

上述选择溶剂的三原则并不是彼此孤立无关的，而是分别从不同的角度在实践中总结出来的一些规律，在选择溶剂的时候，应将上述三原则综合起来考虑并结合一定的实践值，才能选择出最适合的溶剂。另外高分子溶解的影响因素是多方面的，情况是复杂的，虽然大多数聚合物的溶剂选择服从上述三原则，但也还有少数例外的情况。例如由双酚 A 制成的聚碳酸酯，其溶度参数为 19.4，聚氯乙烯的溶度参数为 19.2，根据溶度参数相近原则，它们二者应都能很好地溶于氯仿($\delta=19.0$)、二氯甲烷($\delta=19.8$)、环己酮($\delta=20.2$)。但是实际上环己酮不能溶解聚碳酸酯，氯仿、二氯甲烷对聚氯乙烯的溶解性也不好，相反环己酮是聚乙烯的良溶剂，但如用溶剂化原则来解释则较清楚。

5.1.3　高分子在溶液中的构象及其特征

线型高分子在溶液中由于热运动会卷曲成无规线团，由于溶剂化的作用，溶剂会被线团充分吸收而达到饱和状态，又由于线团中的孔隙的毛细管力的作用，使其中的溶剂保持在里面，当线团运动时，里面的溶剂和线团成为一个统一的整体一起运动，尤如吸饱了液体的海绵一样，其中线团内的溶剂称为“束缚”或“内合”溶剂。不为线团所保持的溶剂称为“自由”溶剂，如图 5-1 所示。但是线团内的溶剂并不是与线团外的溶剂完全隔绝的，两者可通过扩散的方式达成动态平衡，即线团里面的溶剂可以扩散出来成为自由溶剂，外面的溶剂也可以渗透到线团里面而成为束缚溶剂。

线团在稀溶液中存在三维空间的分子运动(布朗运动)，同时也存在线团内的链运动(分子的微布朗运动)，这就是说线团也存在着形状的不断变化即构象的变化。一般情况下线团在稀溶液中最经常出现的形状是椭圆体的黄豆状。如溶剂为良溶剂，则高分子线团较为松散，溶液的粘度大；如溶剂为不良溶剂，则线团较紧缩，溶液的粘度较小。

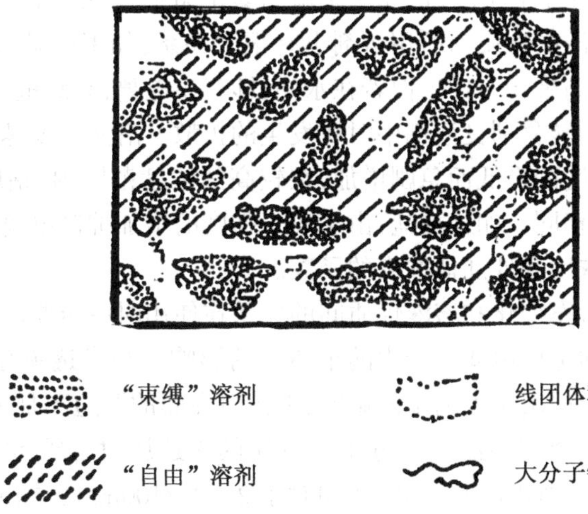

图 5-1　高分子稀溶液实际状态示意图

5.2 聚电解质溶液

5.2.1 聚电解质在溶液中的形态及性质

侧链上有可电离的离子性基团的高分子称为高分子电解质,由于它具有大的分子量及高电荷密度,因此表现出一些独特的理化性质,既与低分子电解质不同,也与普通聚合物不同,例如:

$$\sim\sim CH_2-CH-CH_2-CH-CH_2-CH\sim \underset{}{\overset{H_2O}{\rightleftharpoons}}$$
$$\qquad\qquad |\qquad\quad |\qquad\quad |$$
$$\qquad\quad COOH\quad COOH\quad COOH$$

$$\sim\sim CH_2-CH-CH_2-CH-CH_2-CH\sim\sim$$
$$\qquad\qquad |\qquad\quad |\qquad\quad |$$
$$\qquad\quad COO^-\quad COOH\quad COO^-$$

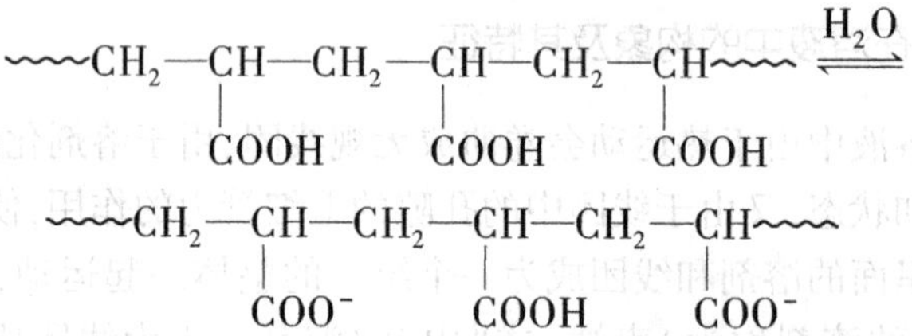

聚丙烯酸在水等极性溶剂中能发生上述电离,溶液中的聚电解质和中性聚合物一样,呈无规线团状,离解作用所产生的异性离子分布在高分子离子的周围,然而随着溶液浓度与异性离子浓度的不同,高分子离子的尺寸会发生变化。现以聚丙烯酸钠为例,当浓度较稀时,由于钠离子远离高分子链,高分子链上的阴离子相互排斥,致使链较中性高分子舒展得多,尺寸较大,如图 5-2(a)所示。当浓度增大时,由于钠离子浓度的增加,使高分子离子的静电场降低,排斥作用下降,加上高分子离子浓度增加,彼此靠近,都使得高分子发生卷曲,尺寸变小,如图 5-2(b)所示。如在溶液中添加强电解质,即增加钠离子的浓度,高分子离子链就会更卷曲,尺寸更小,如图 5-2(c)。当加入足够多的低分子电解质时,聚电解质的形态及其溶液性质几乎与中性高分子相同,这样一来就与聚电解质加入到非离子化溶剂中一样了。也就是说,聚电解质溶液的性质与所用溶剂也有很大关系,如聚丙烯酸在二氧六环中,其性质完全正常,和普通的高聚物一样。但若在水中,即产生电离,导致链扩张,这种扩张远大于一般高分子从不良溶剂转移到良溶剂中时所发生的扩散。溶液浓度越低,电离度越大,线团扩散越严重,粘度随浓度的降低而急剧增加,在较高的浓度范围内,粘度随浓度的增加而增加,与非电解质的情况相同。如外加盐,由于离子强度的增加抑制电离,粘度变小,因此聚电解质的粘度是聚合物浓度和外加盐浓度的函数。

聚电解质的这些形态变化和溶液性质间的关系在使用时一定要注意。例如测定聚电解质溶液的渗透压就必须考虑由离解产生的小离子的影响。当半透膜存在时,大离子不能透过,小离子虽然能透过,但由于大离子的影响,平衡时在膜的两边不是平均分布的,由于这种不均衡分布而产生的渗透压在测量高分子电解质的渗透压时必须考虑。为了减小这种影响,必须在外部加入较大浓度的盐溶液,例如对于 2~3g/100ml 的蛋白质溶液,用 0.1mol/L 的氢化钠溶液就能使扩散小离子产生的压力差降低到实验误差范围内。此外对蛋白质这样的两性电解质还可采用调节溶液 pH 值的方法,在等电点时,蛋白质的离解度最低,这就不会有额外的渗透压,但这时蛋白质不稳定,易于沉淀,一般是将溶液的 pH 值调到和等电点相差一个单位,这样就保持了溶液的稳定性,同时电荷效应也不很大。

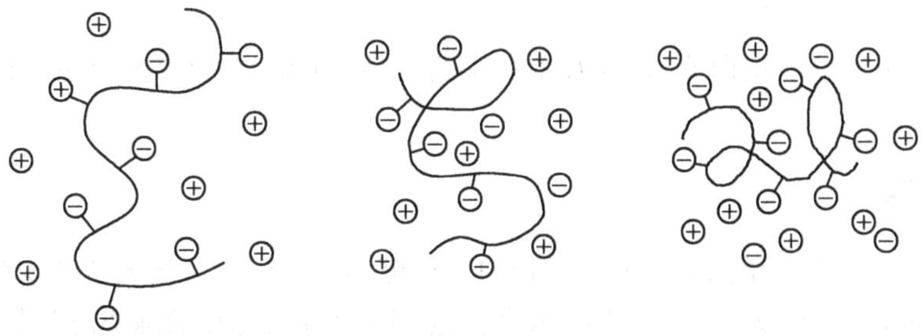

图 5-2　溶液中的高分子离子

5.2.2　蛋白质溶液

蛋白质是一种含有 —COOH 及 $—NH_2$ 的两性高分子物质，有强的亲水能力、溶胀能力、溶解能力，在水中能电离，一般情况下以内盐形式存在。

根据 $—COO^-$ 及 $—NH_3^+$ 数目的不同，蛋白质溶液可分为酸性、中性、碱性。如溶液中正负电荷相等时，溶液的 pH 值称为该蛋白质的等电点，不同的蛋白质等电点不同。在等电点时其物理化学性质常出现最小值，如溶胀度、溶解度、粘度、渗透压、电导率、醇沉淀值（在一定 pH 值条件下使一定量的蛋白质溶液发生凝结所需的醇的毫升数）。其原因是在该点时，离子性链的静电排斥力几乎没有，相等的正负电荷之间的相互作用使链收缩成球状或螺旋状的缘故。如增大或减小 pH 值，上述性质都会发生变化，即随着 pH 值的增大，出现鞍形，图 5-3 为粘度-pH 值关系。

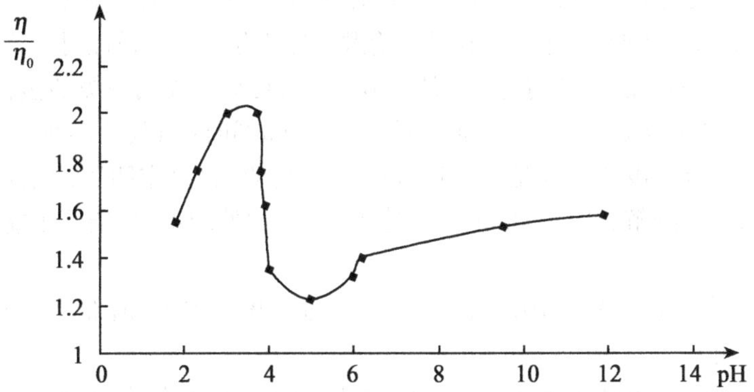

图 5-3　动物胶溶液(0.67%)的 η/η_0-pH 关系

蛋白质在外界条件发生改变时，可以发生变性现象，例如许多蛋白质在室温下加入乙醇、丙酮等去水剂，蛋白质可沉淀，起先的沉淀具有可逆性，即分离后加入溶剂可重新溶解，但是如将可逆沉淀长时间放置，则会变成不可逆沉淀。许多重金属盐如 Cu^{2+}、Hg^{2+}、Pb^{2+} 也能使蛋白质沉淀，但这种变性不具有可逆性，不过过多使用重金属离子如 Cu^{2+}、Pb^{2+}，由于沉淀微粒吸附了新加入的离子，彼此排斥，会引起沉淀的重新溶解，还有热、紫外线、X 射线、高压等也能使蛋白质变性。

印刷制版中用到的蛋白质，常涉及蛋白质的变性，可见，弄清楚蛋白质的性质有利于提高产品的质量。

5.2.3 明胶

明胶是由胶原纤维经化学降解而得到的一种可溶性蛋白质。从无色到淡黄色透明或半透明薄片或粉粒，无味、无臭、冷水中吸水膨胀，热水中可溶，冷却后冻成凝胶状物，能溶于甘油及醋酸中，不溶于乙醇及乙醚，干燥时能长时间保存，在湿气中易受细菌作用而变质。一般分为三种类型（按性能及用途分），其一是工业明胶：杂质多，冻力小，粘度低，供胶合用；其二是食用明胶：不含对人体有害的杂质，冻力、粘度中等，供药用、食品工业及日常食用；其三是照相明胶：杂质少，冻力大，粘度高，品质最高，供照相用。

值得一提的是，照相明胶是感光乳剂的重要组成部分，明胶分子所具有的多种物理及化学性能在感光材料中发挥着重要的作用。如今它应用于感光材料已有 100 多年了，却未发现更为理想的物质来取代它。

1. 明胶的制备

明胶一般是以牲口的骨或皮通过酸、碱、酶处理，水解得到的，其工艺流程大致可分为以下几个步骤（碱法）：

选料与粉碎→脱脂→浸酸→浸灰→中和→蒸煮→浓缩与冷凝→切条烘干→粉碎→成品

①选料与粉碎：将风化变质的陈骨及杂质除去。

②脱脂：用有机溶剂或热溶除去牲骨中的油脂。

③浸酸：脱脂后的骨料，需用酸浸蚀，除去其中的磷酸钙、碳酸钙、碳酸镁等矿物质，一般采用 4% 左右的盐酸浸泡，时间依盐酸的浓度、温度及骨料碎块大小而定。如 20℃ 时为7 ~ 8 天，一般以骨料全部呈透明、骨中含有微小白色颗粒，且有一定的弹性时为终点。

④浸灰（浸碱）：胶原经石灰水浸泡，使其 α 链断裂，水解成低一级的蛋白质。石灰水的浓度一般为 4% 左右（以 CaO 计），且经常更换。浸泡时间依明胶的品种不同而定，短者几十天，长者 2 ~ 3 个月。浸灰过程是整个过程中最重要的，它决定明胶的结构，如处理过度，会造成骨蛋白的过分降解，使产品的强度及冻点下降；如处理不足，杂质不能除去，影响明胶的色泽、透明度。

⑤中和：将浸灰后的骨料先用水洗涤，然后经稀盐酸中和至 pH 值为 3.0 ~ 4.0（防止熬胶时明胶继续降解）。

⑥蒸煮（熬胶）：将上述处理了的胶原放在蒸煮中喷水加热，使水解了的胶原溶于热水中，一般用于照相感光材料。高温下的水溶液质量较差，一般用于食品、工业等领域。

以上介绍的是碱法，还有酸法、酶法。一般来说，碱法较常用，其产品的理化性能及照相性能均优于后两种。不过酸法胶的染色性能好，而酶法由于成本高，难以控制，目前一般不采用。

2. 明胶的结构

明胶是胶原纤维水解而成的，其分子中含有十八个氨基酸，且每个氨基酸都是 α-氨基酸，这些氨基酸彼此通过肽键而连接。在其大分子链上每隔 1.08～1.10nm 便有一个侧基（取代基）。随着水解程度的不同，明胶分子可能会存在几种构象，其中包括 α-明胶、β-明胶、γ-明胶。因此分子量分布范围较宽，一般在 15000～25000，故是一个由各种不同分子量的蛋白质组成的均一多分散体系。

3. 明胶的性质

（1）等电点

明胶属于两性高分子电解质，分子中的 —COOH 、$—NH_2$ 受 pH 值的影响可变成 $—COO^-$ 、$—NH_3^+$ ，因此在某一 pH 值时，分子中的正、负电荷会相等，此时的 pH 值称为明胶的等电点。明胶的等电点并非固定不变，它与其制备方法有关，如酸性水解，其等电点为 7～9；碱性水解时则为 4.7～5.2。

像其它高分子电解质溶液一样，明胶在等电点时由于内聚力最大，表现出许多特性，如表面张力最低、吸湿性最小、膨胀程度最小、熔点最高。

（2）粘度

明胶的粘度与其浓度、温度、pH 值及放置时间长短有密切关系。例如溶液浓度越高，粘度越大；温度越高，粘度越低，当温度达到 35℃ 以上时，其粘度基本不再变化；在等电点时，粘度最低；在 pH 值为 3 和 11 时粘度最大；在放置过程中，明胶的粘度会不断变化，如放置初期，明胶溶液的粘度会增加，且增加速度较快，随着时间的延长，粘度增加的速度会下降。其原因是起初胶凝作用占主要，水解作用占次要，随着时间的延长，胶凝作用达到平衡，而水解作用则始终以大致不变的速度进行，即水解作用占主要，胶凝作用为次要，从而导致粘度下降。

（3）吸水膨胀

由于明胶分子中含有较多的 $—NH_2$ 及 —COOH ，这些基团具有亲水性，故在热水中能溶解，但在冷水中只能吸水膨胀而成为胶冻状。实验发现：其膨胀性能与其种类有关，也与温度、介质的 pH 值及盐类的存在与否有关。一般来说，皮胶的膨胀吸水性比骨胶的小；温度越高，吸水膨胀性越大；同一温度下，等电点时吸水性最小；在强酸特别是盐酸存在时，吸水膨胀非常快，pH＝2.5 时，吸水膨胀程度最大。如有中性盐类存在，则其吸水膨胀性会受到抑制，这也是显影加工中加入硫酸镁的原因（避免乳剂膜的过度吸水膨胀）。吸水膨胀后的胶冻具有多孔性，溶液能渗透过去，有利于水洗及药液与乳层的反应。

（4）明胶的坚膜作用

明胶分子中的羧基、氨基、酰基或胍基能与无机盐类如铝盐、铬盐或有机物如醛类发生交联，使其熔点显著升高，吸水性降低，机械强度增强，因而具有坚膜作用，是较好的坚膜剂。明胶的坚膜作用在感光材料的制造、显影、储存过程中，具有重要的意义，特别是在高温快速显影加工新工艺中。

（5）明胶的凝聚

和其它蛋白质一样,在明胶溶液中加入某些无机盐如硝酸铵、硫酸钠等或有机物如乙醇时,明胶会发生凝聚。这是因为这些无机盐或有机物具有较强的去水化作用的缘故。高分子凝聚剂如磺化聚苯乙烯,能与明胶大分子中的 $-NH_3^+$ 发生络合,生成不溶于水的络合物而导致明胶分子发生沉降。此外调节明胶溶液的 pH 值达到等电点,明胶分子也能发生沉降。

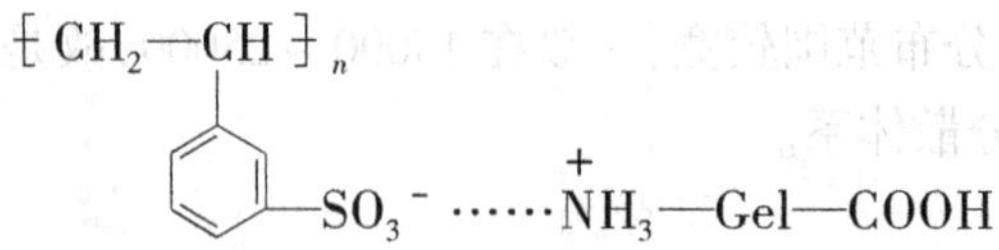

Gel:明胶大分子中聚缩氨基酸的残基

此外,在照相乳剂中,明胶还具有许多性质,如对卤化银微粒的保护作用,与 Ag^+、卤素的化学反应及对酸性染料的物理吸附引起的染色(彩色染印的基础)等。

$$Ag^+ + NH_2—Gel—COOH \rightarrow [HOOC—Gel—NH_2—Ag—NH_2—Gel—COOH]^+$$

该络合物分解生成对感光乳剂有增感作用的硫化银和起还原增感作用的银。但是 pH 值过低时,$-NH_2$ 变成 $-NH_3^+$,不能发生络合,pH 值过高时,Ag^+ 易变成 Ag_2O。

以上这些性质在明胶感光材料中起着重要的作用,当然其中所含的微量杂质在感光材料中也发生着不可忽视的作用,如胱氨酸、半胱氨酸在分解后可形成含硫杂质,硫代硫酸钠、亚硫酸钠、硫化钠及硫酸盐等,这些含硫杂质具有增感作用。

5.2.4 聚电解质溶液的敏化及保护作用

将少量聚电解质溶液加入到不很稳定的溶胶中时,由于聚电解质中和溶胶的电荷,降低溶胶彼此间的静电斥力,会使溶胶发生聚沉,这种现象称为高分子溶液的敏化作用,例如蛋白质加入到金溶胶、氢氧化铁溶液中。

与上相反,若加入较多的高分子溶液,溶胶不仅不会聚沉,而且变得更加稳定,有外界因素变化如受热、受电解质作用时,也不易产生聚沉,这种现象称为高分子溶液的保护作用。其原因是高分子物质被吸附在溶胶粒子表面,包围了溶胶粒子,防止或减弱了粒子相互碰撞的可能性。如著名的中国墨就是用烟黑加高分子保护制成的,卤化银感光层的明胶,分涂墨中的树胶等都起相应的保护作用。

第6章 聚合物反应及复合材料

前面各章讨论了聚合物的合成及结构、性能，本章主要讨论聚合物的化学反应及相应的复合材料。

通过聚合物的化学反应，可对聚合物进行改性，借此提高聚合物的某些性能，扩大其使用范围；可以合成具有特殊功能的高分子材料如导电高分子、光敏高分子、降解高分子等；利用高分子通过相应的化学反应而产生新的不同性质的产物的现象，为生产实践服务；还可通过研究聚合物的化学结构及其破坏因素和规律，了解聚合物结构与性能间的关系，寻找合成新聚合物的方法以及延缓聚合物性质变劣的措施，延长聚合物的使用寿命。

聚合物的化学反应种类很多，一般不按反应机理来分类，而是基于聚合物和基团的变化(侧基或端基)，大致分为三类：

①聚合物基本不变而仅限于侧基和/或端基变化的反应，如由某种聚合物转变为新聚合物的反应以及功能高分子的制备。

②聚合度变大的反应，如交联、接枝、扩链等反应。

③聚合度变小的反应，如降解、解聚等反应。

聚合物的化学反应涉及高分子化学、物理学、物理化学与工艺学的综合行为，内容广泛，机理复杂，本章就聚合物化学反应的基本特征及与信息记录有关的反应作一些简要论述。

6.1 聚合物反应

6.1.1 聚合物反应特征

像小分子一样，聚合物分子上的官能团也可发生相应的反应，但由于聚合物是将多个基团固定在主链上，因此有别于小分子的反应，其特殊性主要表现在：

(1) 结晶性影响

聚合物一般只有在无定形区中的官能团才可以参加反应，这是因为试剂难以接近结晶区。

(2) 邻近基团效应

聚合物链上邻近基团相隔显然很近，因此相互影响比小分子化合物来得明显，例如聚丙烯酰胺的水解，在稀氢氧化钠作用下，水解程度只有约70%。这是由于水解产生的 $—COO^-$ 对试剂 OH^- 的进攻有屏蔽作用，阻止了还未水解的酰胺基的水解。

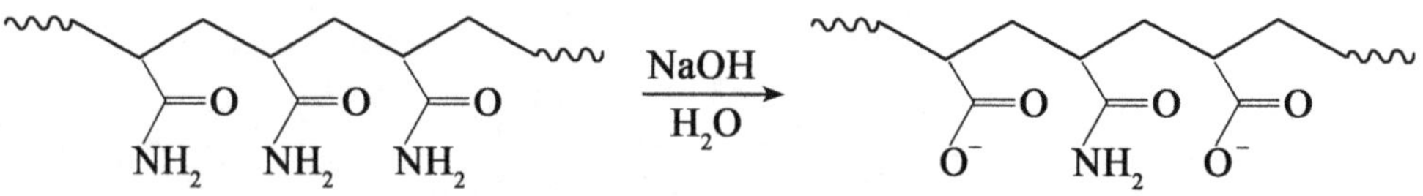

另一方面，邻近基团也可促进反应进行，聚丙烯酰胺初期水解速率几乎与小分子丙烯酰胺相同，但随后的水解速率迅速增加到几千倍，表现出自催化作用。这是因为已生成的羧基与邻近的酰胺基的 C═O 基有静电作用，有助于酰胺基中的氨基的脱离。

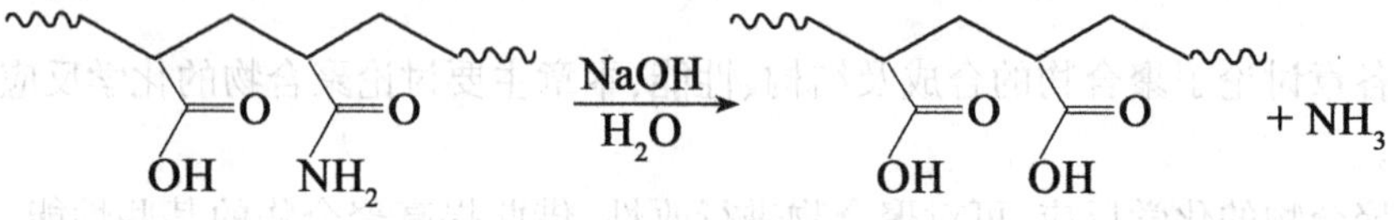

(3) 构象效应

同一种聚合物若构象不同，反应性能也往往不同，例如全同立构的聚乙烯醇缩醛要比间同立构稳定得多，因此不易水解。

6.1.2 典型反应类型

1. 聚合度基本不变的转变

聚合物与低分子反应，仅限于侧基或端基转变而聚合度基本不变的反应，称为聚合物的相似转变。这类反应在工业上有诸多应用，例如天然或合成聚合物的官能团反应如酯化、醚化、卤化、硝化、水解、醇解等。

(1)纤维素的反应

纤维素由葡萄糖单元组成，每个环上有三个羟基，其结构如图 6-1 所示，可与许多试剂反应，形成重要的纤维素衍生物。如硝化纤维素、醋酸纤维素、甲基纤维素等。

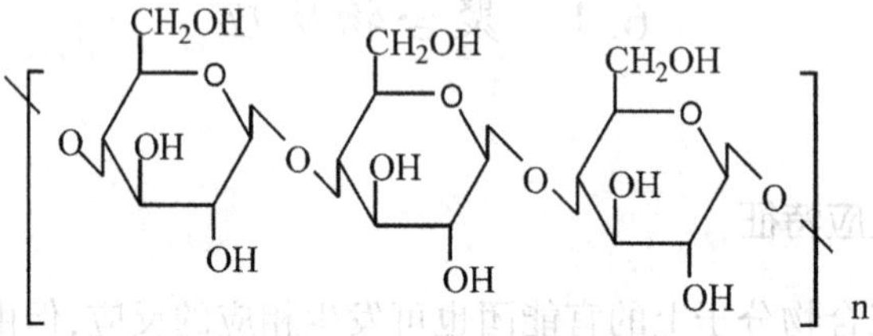

图 6-1　纤维素分子结构式

今以 Cell－OH 代表纤维素，Cell 为纤维素的骨架，则纤维素的硝化反应为：

$$\text{Cell}-\text{OH} + HNO_3 \rightarrow \text{Cell}-\text{ONO}_2 + H_2O$$

一般来讲，仅有部分羟基被酯化，工业上常以 N% 表示硝化程度。N% 在 12.5% ~ 13.6% 时为高氮硝化纤维，一般作无烟火药；N% 为 10.0% ~12.5% 时称为低氮硝化纤维。N% 为 11% 时用来制备赛璐珞塑料，N% 为 12% 时用作涂料及照相底片。

(2)醋酸乙烯酯的反应

乙烯醇很不稳定，聚乙烯醇系由聚醋酸乙烯酯用甲醇醇解来制备：

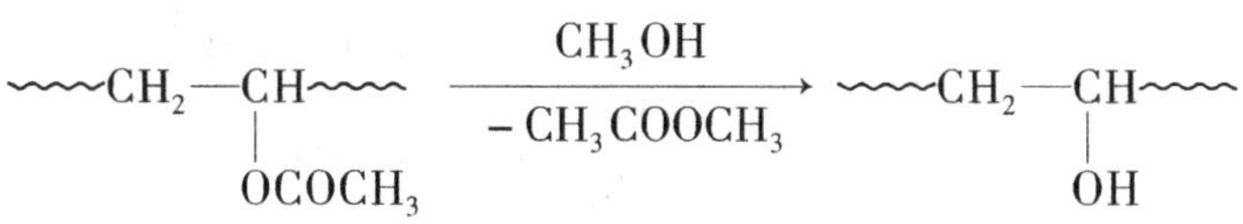

聚乙烯醇与醛类反应生成聚乙烯醇缩醛,可用作安全玻璃粘合剂、电绝缘膜及涂料等。

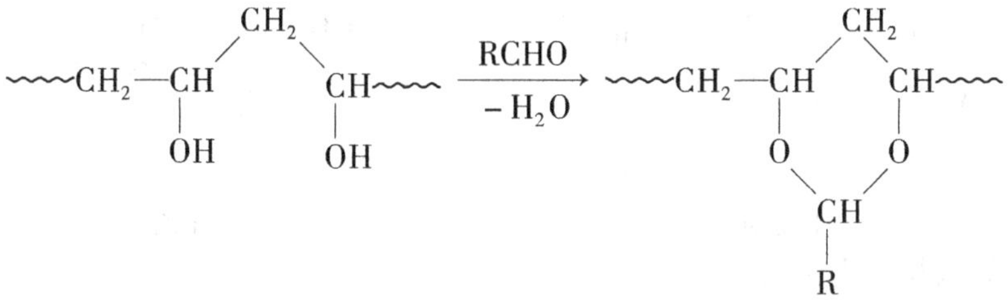

常用的醛类为甲醛、丁醛,即 R 为 H 或 $-C_3H_7$。

(3)光致变色反应

高分子光致变色依反应机理可分为:

1)异构化

①顺反异构

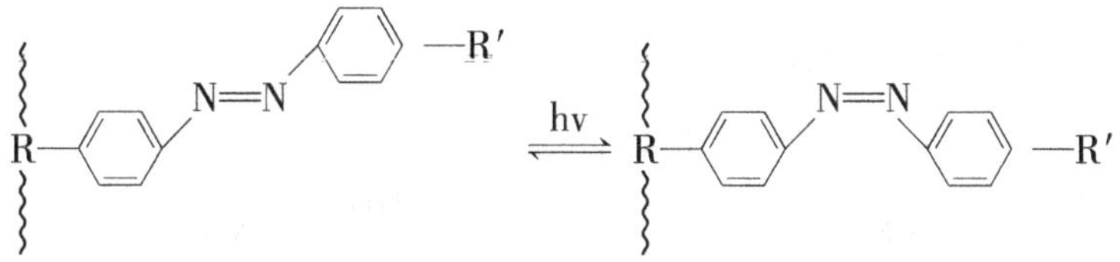

②分子内氢转移异构

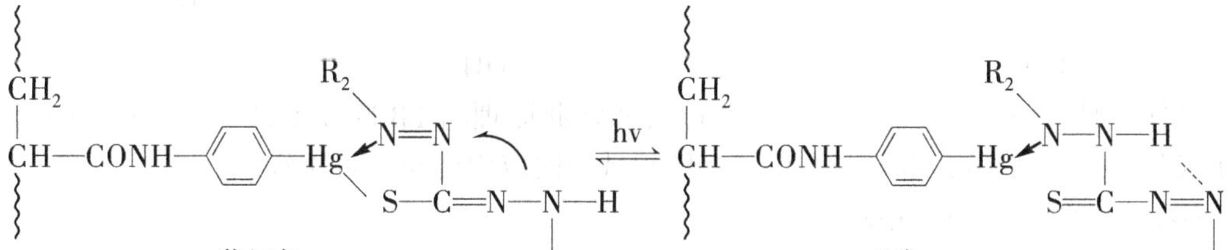

黄红色　　　　　　蓝色

③分子离解成离子或自由基

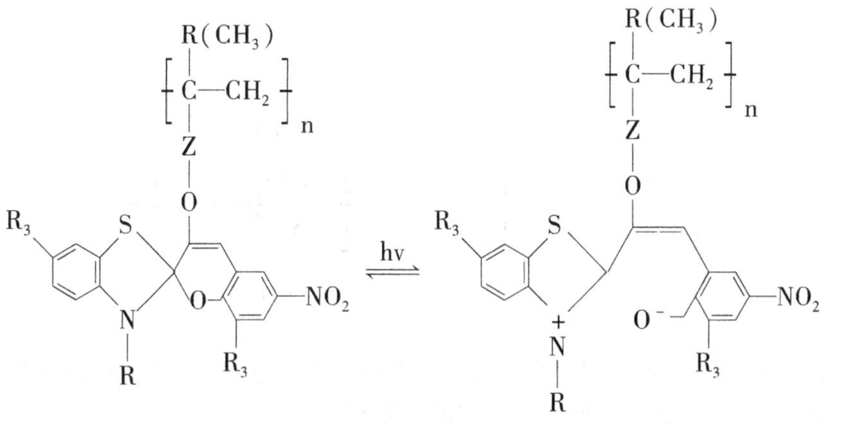

无色　　　　　　有色

2)氧化还原反应

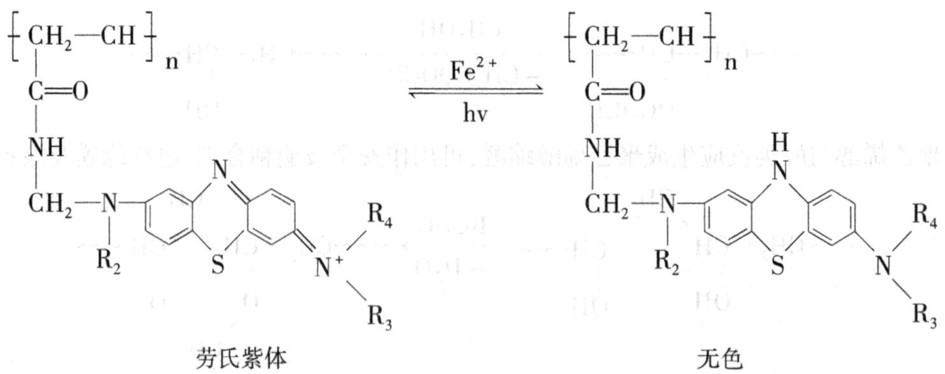

3)顺反异构与氧化还原结合

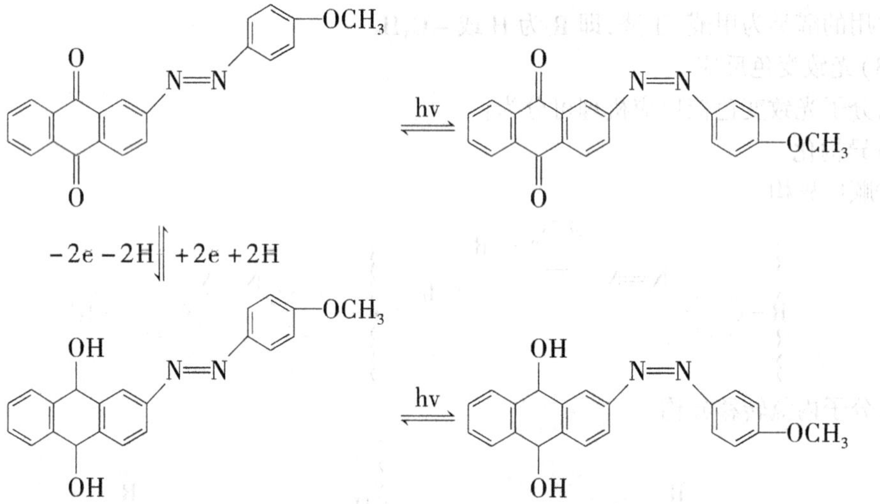

该体系具有储密度高、光响应快等特点,如将此原理与 LB 膜技术结合,制备出多层单分子膜材料,可为偶氮化合物在光信息存储领域中的应用展现光明的前景。

(4)重氮系高分子的光反应

含有重氮基团的高分子经光照分解出 N_2,同时发生物理性质的变化。

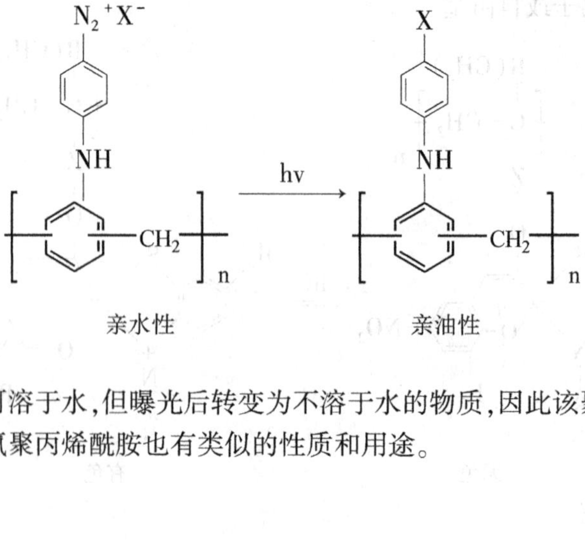

高分子重氮盐可溶于水,但曝光后转变为不溶于水的物质,因此该聚合物可用于制作阴图型平印印版。重氮聚丙烯酰胺也有类似的性质和用途。

2. 聚合度变大的反应

这类反应主要有交联、接枝、嵌段和扩链等。

(1)交联反应

聚合物在光、热、辐射能或光交联剂作用下,分子链间以化学键连接起来构成三维网状或体型结构的反应,称为交联。交联反应可为聚合物提供许多优良性能,如提高强度、弹性、硬度、形变稳定性、耐化学性能等,因此被广泛应用于聚合物的改性。交联键的多少,常根据应用需要进行相应的控制,例如弹性体只需要少量交联,热固塑料则要求高度交联。这里主要以光成像为例来阐述交联反应。

许多高分子在光的直接或间接作用下,分子内或分子间结构发生化学变化,其性质也随之变化,如变成可溶性、不溶性、亲水性、亲油性、着色以及硬化等。这类高分子常常称之为感光性高分子。其感光性可由高分子化合物本身来完成,也可通过系统中共存的其它感光性小分子化合物吸收光能后再传递给高分子来完成。

感光性聚合物的发现距今已有100多年的历史,1826年,法国化学家J. N. Niepce着眼于沥青的光固化特性,将沥青涂在石板上,放进照相机里,经光学镜头长时间曝光后,用松节油除去未固化的沥青留下感光固化的部分,从而得到第一张永久性的影像。数年后,他又将沥青照相术应用到印刷业的制版过程中,从而发明了照相制版术,其方法是将沥青涂在供印刷用的铜版上。按上述沥青照相术制出图像后,将铜版浸入能溶解铜的酸性溶液之中(主要是$FeCl_3$溶液),成功地制备出了凹凸图像——凸版。1832年,德国人G. Suckow发明了重铬酸盐在明胶等中的光固化现象,7年后(1939),英国人S. M. Ponton首先将重铬酸盐用于照相研究,到1850年,英国人F. Talbot将重铬酸盐与明胶混合后涂在钢板上制作照相凹版获得成功,之后重铬酸盐-蛋白、重铬酸盐-明胶被陆续应用到平版与凹版的制作中,使照相制版术迅速发展和广泛应用。

第二次世界大战后,聚乙烯醇肉桂酸酯的出现,使这种技术从印刷制版更广泛发展到电子工业等领域,这种被称为光刻法的电路制版新工艺给电子工业带来了划时代的革命。随着电子技术的发展,20世纪60年代将感电子和感X射线的聚合物应用于电子工业,可在半导体硅片上任意刻制微细图案,从而实现了现代计算机的超小型化和智能化,这对世界工业革命起到了不可估量的推动作用,可以当之无愧地说:感光高分子是当代计算机的基石。

如今,聚合物的光反应活性主要应用于电子工业、涂料工业及印刷工业,如印刷版的制作,UV固化油墨及涂料,集成电路、印刷线路、彩色显像管等的腐蚀加工等。其基本的光化学反应主要是光交联。

1)重铬酸盐-高分子体系的光固化

由重铬酸盐导致的高分子固化反应的机理一般认为是两步反应:第一步是酸性条件下,吸收250nm、350nm、440nm的光后还原为三价铬。

$$HCrO_4^- \xrightarrow{h\nu} Cr(\text{Ⅲ})$$

第二步是三价铬与高分子化合物中富电子的原子配位而使高分子交联固化:

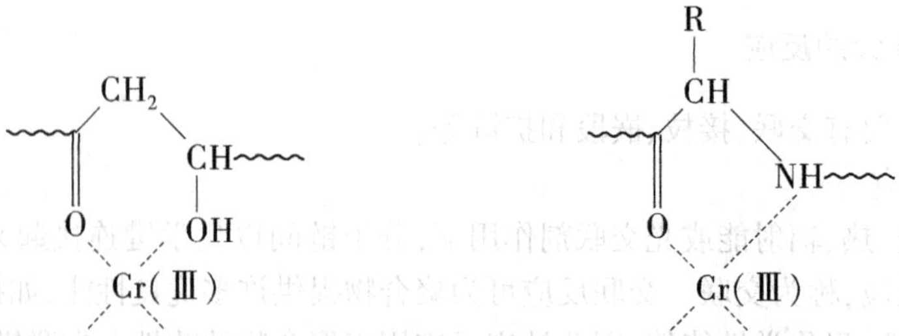

PVA 与 Cr(Ⅲ)　　　　明胶与 Cr(Ⅲ)

环氧树脂、聚酰亚胺、聚乙烯醇缩丁醛树脂等高分子均可与重铬酸盐组成感光体系，仅仅是显影液不同而已。不过这一体系由于存在一些不足，特别是重铬酸盐的毒性及环境污染，目前已被淘汰。

2）肉桂酸系高分子的光交联

肉桂酸分子中的双键受到吸电子基（苯基及羧基）的作用，在 320nm 即有吸收，发生二聚，因此，聚乙烯醇肉桂酸酯可广泛应用于金属板的腐蚀加工和生产印刷线路的光致抗蚀膜，也可供作照相凹版用的光致抗蚀膜、耐印力高的阴图-阳图型胶印预涂版。其基本原理是光照后可发生光交联（二聚）反应，改变材料的理化性质。如：

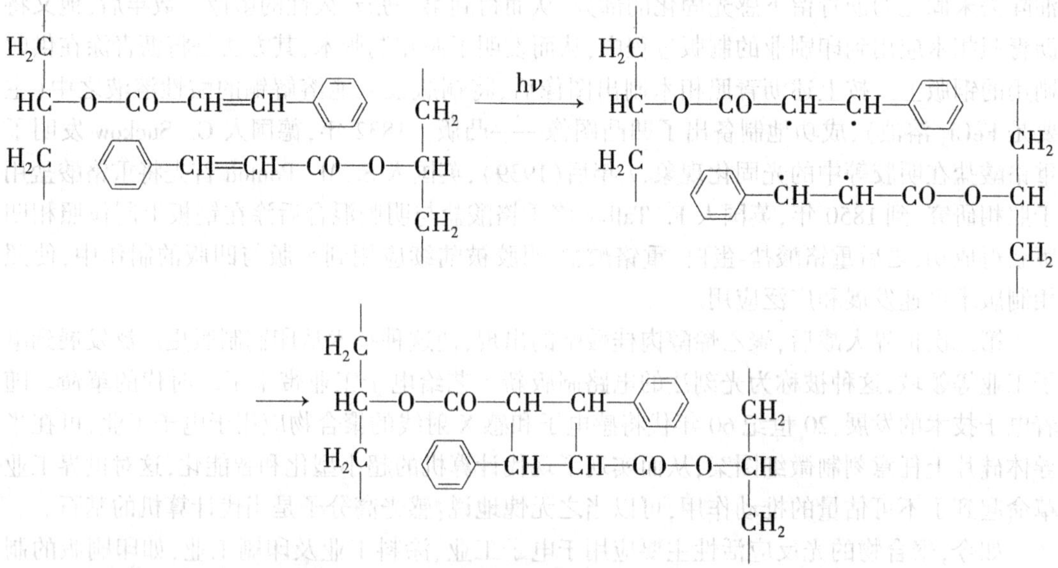

用肉桂叉醋酸代替肉桂酸，将聚乙烯醇酯化得聚乙烯肉桂叉醋酸酯，其肉桂叉基遇光也发生二聚，形成环丁烷，导致聚乙烯醇链的交联反应。

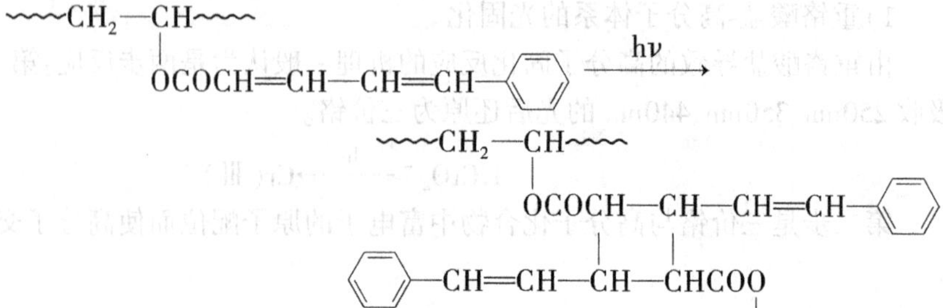

3）叠氮系高分子的光交联

烷基叠氮物遇光（300nm 以下）很易发生光分解，分解产生活泼亚氮物及氮气。芳基叠氮物则在吸收 300nm 以上的光时也会发生光分解：

$$R—N_3 \xrightarrow{h\nu} R—N\!: \quad (\text{或}\ R—\dot{N}\cdot\ ) + N_2$$

单线态　　　　三线态

这些单线态、三线态中间体依条件的不同而发生不同的反应，如：

① 单线态、三线态均可耦合反应：

$$2RN\!: \longrightarrow RN{=}NR$$

② 单线态的吸电子性较强，优先发生向双键的加成反应，及向 C—H 键、O—H 键、N—N 键等的插入反应。

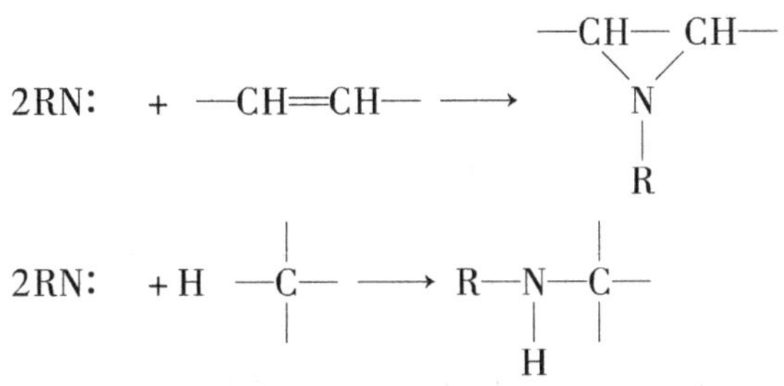

③ 三线态中间体优先进行夺氢反应

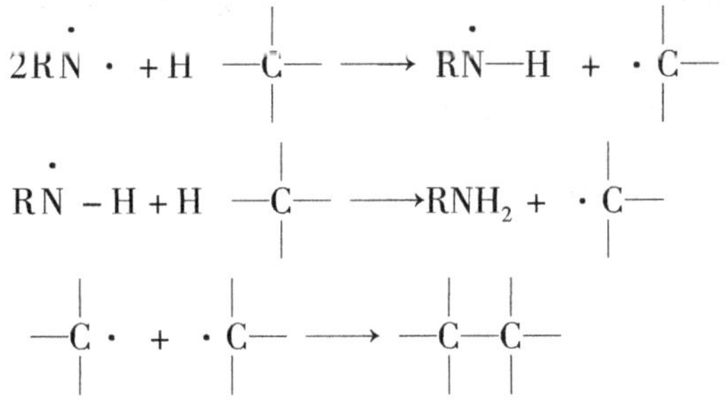

聚合物分子链上含有叠氮基时，在光照情况下，可发生叠氮基的分解，产生亚氮基结构，两个氮烯发生耦合反应而使聚合物交联。

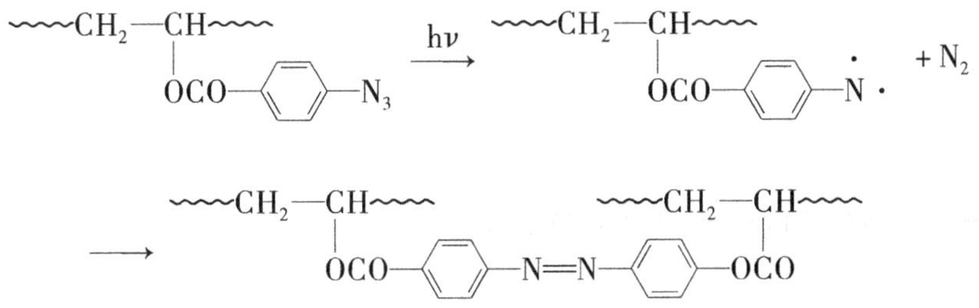

Kodak 公司及 Agfagevaert 公司发表了多种叠氮高分子，它们都是“含叠氮基高分子型”

的抗蚀剂,如:

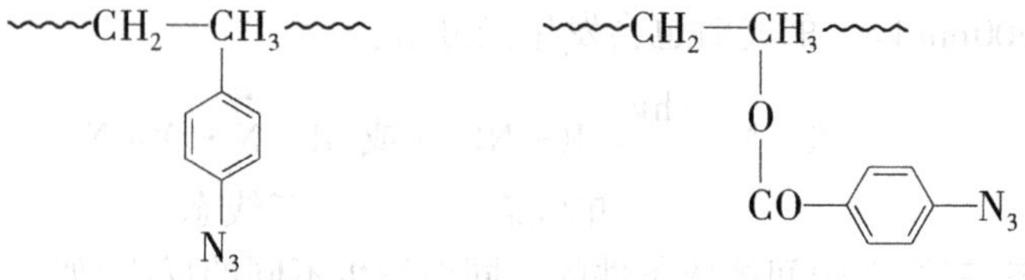

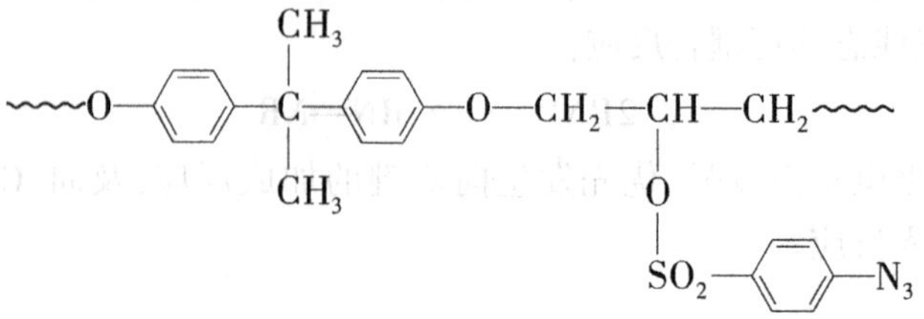

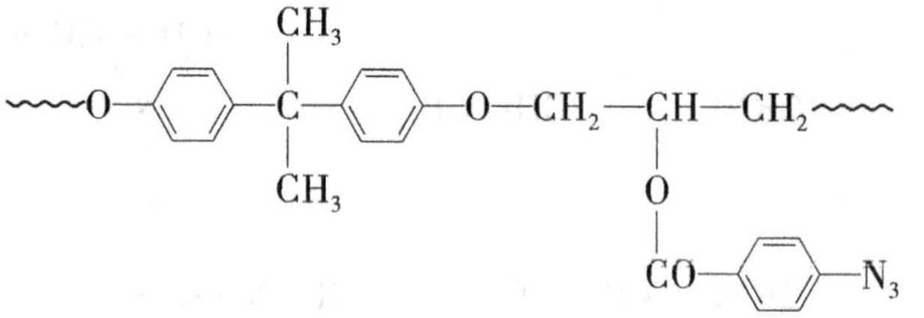

当然,聚合物在叠氮化合物存在下也可发生交联反应,如叠氮基的光分解产物亚氮基与线型酚醛树脂中的羟基发生夺氢反应,从而使酚醛树脂交联。因此可使曝光部位对碱的可溶性大大降低。如用稀碱显影时,曝光部位被保留成为聚合物图像。

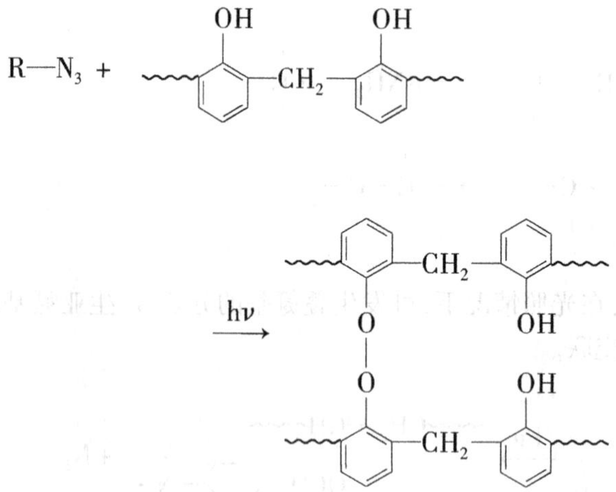

叠氮物与环化橡胶组成的体系,光固化反应为:

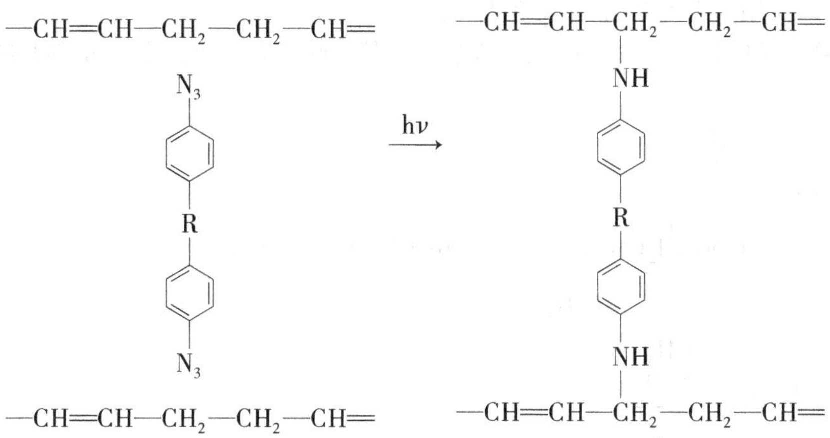

4）重氮醌类高分子的光交联

重氮醌类化合物中的重氮基不是离子基团，故不溶于水。但受光照时可发生分解，随后进行分子内的重排反应成为烯酮，在水存在下，烯酮水解为羧基，因此可溶于碱性溶液。高分子化合物中如含有重氮醌基团，则可利用上述性质制作成正型感光材料，如邻-重氮苯醌和邻-重氮萘醌类高分子化合物已广泛用于 PS 胶印版的制造。

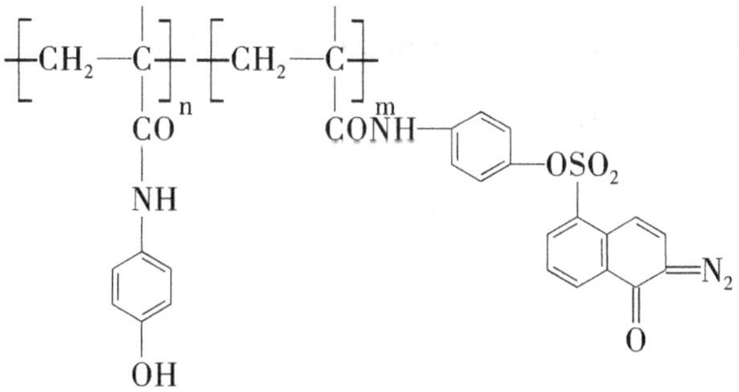

不溶于碱性溶液

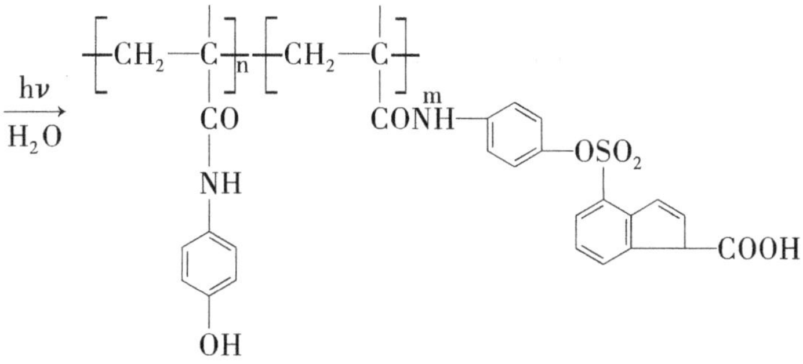

溶于碱性溶液

邻-重氮萘醌与碱溶性酚醛树脂体系在曝光处成盐，可和酚醛树脂一同被碱水溶解。未曝光部分交联不溶于碱溶液中,因此可作为阳图。该体系分辨率高,耐等离子刻蚀,无有机溶剂显影,广泛用于阳图 PS 版和正性光刻胶。

聚合物分子中如有光活性剂,也易发生自由基交联反应,生成难溶于溶剂和碱水溶液的网状结构。

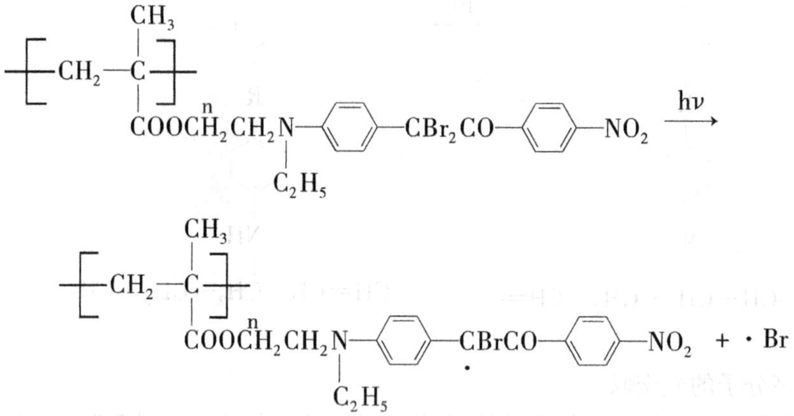

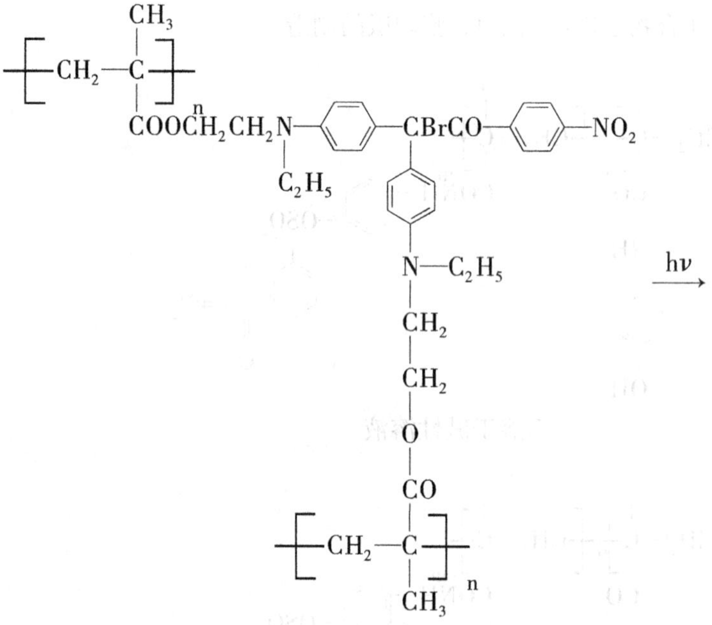

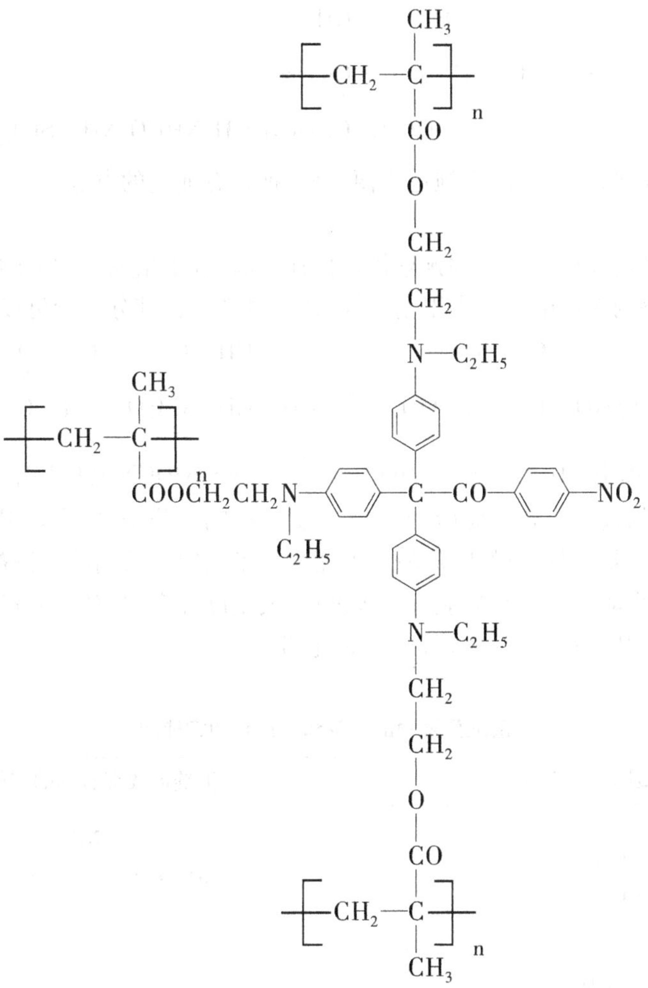

(2)接枝反应

在聚合物主链上接上一些侧支链,其结构单元的结构和组成与主链不同,这样的化学过程称为接枝反应,形成的接枝共聚物的性质决定于主链和支链的组成、结构、长度以及支链的数目。长支链的接枝共聚物类似于共混物,支链短且多时则类似于无规共聚物。接枝也是聚合物改性的重要手段之一,例如可改善聚合物的相容性能、界面性能等。

接枝共聚物一般可用两种方法来制备,即聚合法和偶合法。聚合法是使第二单体在聚合物主链新产生的引发活性点上聚合,形成支链的方法,这在前面学习的共聚反应中已经阐述。耦合法是主链大分子的侧官能团与带端基官能团聚合物反应的方法,例如在液氨中用 $NaNH_2$ 为引发剂进行负离子聚合可得到末端为胺基的聚苯乙烯预聚物,然后与含有异氰酸酯侧基的甲基丙烯酸甲酯共聚物反应,即可形成接枝共聚物。

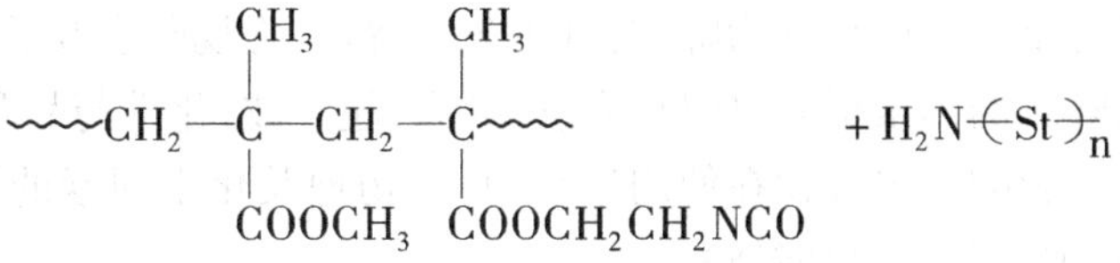

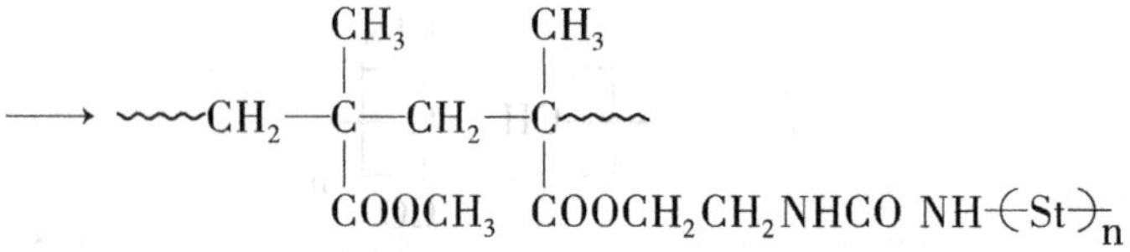

这种方法不仅接枝效率高,实施也方便,是一种较有前途的方法。

(3)扩链反应

通过适当方法使较低分子量的预聚体连接在一起,分子量因而增大的反应,称为扩链反应。如可生物降解的聚乳酸在六次甲基二异氰酸酯扩链后,其分子量可成倍增加。

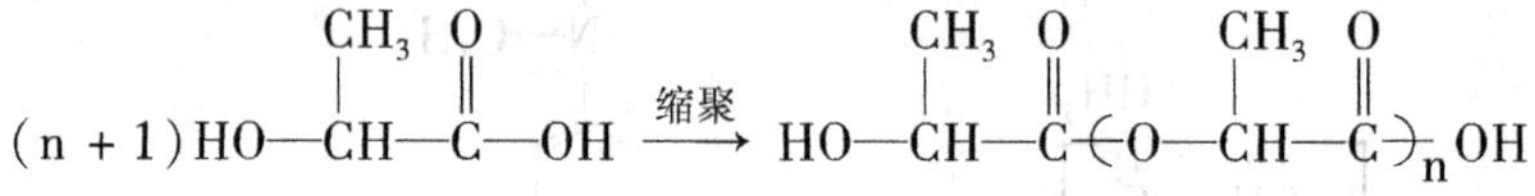

$$\sim\sim OH + OCN(CH_2)_6NCO + HO\sim\sim \xrightarrow{扩链} \sim\sim OOCNH(CH_2)_6NHCOO\sim\sim$$

因此,在通常的逐步聚合反应后,如需要再提高产物的分子量,除采用后聚合,强化聚合条件外,扩链反应乃是一种可供选择、较为方便的技术路线。选用的扩链剂应具有活性更高的可反应基团,使官能团间的反应能进一步进行,大幅度提高缩聚物的分子量。表 6-1 为某些遥爪预聚物的端基和扩链剂(交联剂)的官能团。

表 6-1　　**遥爪预聚物的端基和扩链剂的官能团**

遥爪预聚物的官能团	扩链剂或交联剂的官能团
—OH —COOH	—NCO —CH—CH$_2$ （\ / O），—N—CH$_2$ （\ / CH—R）
—N—CH$_2$ （\ / CH$_2$）	—COOH ，—X ，
—CH—CH$_2$ （\ / O）	—NH$_2$ ，—OH ，—COOH
—SH	—NCO,金属氧化物,有机过氧化物
—NCO	—NH$_2$，—OH，—COOH

3. 聚合物变小的反应

聚合物分子量变小的反应总称为降解,其中包括解聚、无规断裂及低分子物质的脱除等反应。影响聚合物降解的因素很多,如热、光、机械力、超声波、化学药品及微生物等,有些还常受几种因素的综合影响。聚合物在使用过程中,受物理及化学因素的影响,性能变坏,这种过程称为老化,其中主要反应是降解。

聚合物的降解过程非常复杂,下面按降解的引发方式不同,依次就光降解、热降解、氧化降解作一些简单论述。

(1)光降解反应

聚合物在使用过程中经常受到日光照射,可发生光降解和光氧化,了解其机理,有利于采取光稳定措施。

聚合物受光照时是否引起分子中化学键的断裂,取决于光能和键能的相对强弱。红外光的波长在 100nm 以上,能量约为 125kJ/mol,远低于共价键的离解能(约 160 ~ 600kJ/mol),因此对聚合物的降解甚小。波长为 300 ~ 400nm 的近紫外光能被含有双键及醛、酮等含羰基的聚合物所吸收而引起化学反应,但不能被只含 C—C 键的聚烯烃所吸收。

天然橡胶和二烯烃类橡胶对光照敏感,部分降解,性能很快变劣而老化。涤纶对 280nm 的紫外光有强烈的特征吸收而降解,产物主要是 CO、H_2、CH_4。纯聚氯乙烯对光照稳定,并不吸收 300 ~ 400nm 紫外光。但 PVC 热解可产生少量的双键、羰基,就能吸收紫外线而引起光化学反应,从主链脱去 HCl。饱和烃并不吸收日光,但少量的双键、羰基、催化剂残基、氢过氧化基团、过渡金属、芳基和其它杂质均可促使聚烯烃的光氧化反应。若这些生色基团位于薄膜表面,则可加速表面的光氧化。

300 ~ 400nm 的紫外光仅能使多数聚合物呈激发态而不离解。但若有氧存在,则被激发的 C—H 键易被氧脱除,形成氢过氧化物,然后按氧化机理降解。另外,聚烯烃的光氧化有自动催化效应,可能是氧化产物起着光敏剂的作用。

高分子化合物在短于 300nm 的远紫外光照射时易发生光降解反应。通常将 300nm 以上光照射下有好的降解性的高分子称作光降解型聚合物,其常见的典型反应为以下几种:

1) Norrish - Ⅰ型反应

R. G. W. Norrish 首先发现了饱和羰基化合物在气相中会发生光引发的脱羰反应,在 250 ~ 320nm 光的作用下,羰基上的弱键会断裂。如羰基相邻的 C—C 键断裂,即 α-位断裂,则称为 Norrish - Ⅰ型光降解。

这类反应主要发生在气相中,在溶液中则由于激发分子与溶剂分子的碰撞加快了振动弛豫而消耗了能量,使光化学反应难以发生,但也有资料显示仍然有不少类似反应发生在溶液之中。聚乙烯分子中由于结构上的缺陷或存在杂质,常常含有 C═C 或 C═O 键,在光照时,与羰基相邻的 C—C 键均裂,形成一个烷基自由基和酰基自由基导致降解反应发生。

$$\sim\sim CH_2—CO—CH_2—CH_2—CH_2\sim\sim \longrightarrow \sim\sim CH_2—CO—CH_3 + CH_2═CH_2\sim\sim$$

2) Norrish - Ⅱ型反应

该反应是羰基吸收光能后形成激发态羰基,该激发态羰基从 γ-位上提取氢,形成 1,4-双基,再由六元环中间体将能量转移至 β 位,从而使 α、β 碳原子间的 C—C 断裂,发生大分子的降解。如聚甲基乙烯基酮的光解反应。

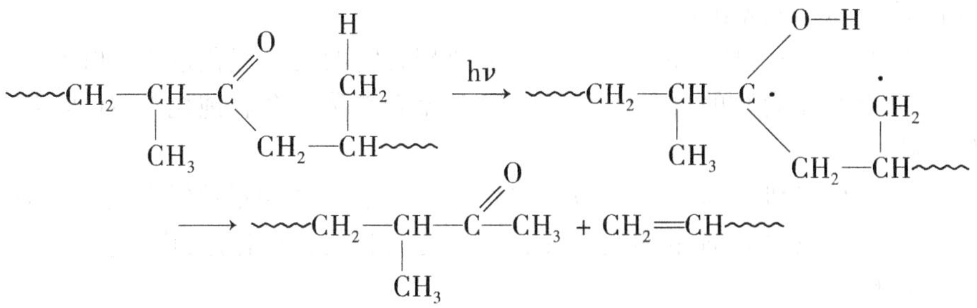

因此含羰基的聚合物一般易发生 Norrish 型反应，如美杜邦公司生产的含 5% 的羰基的乙烯和 CO 共聚物(E/CO)-Ecolyte，可制作啤酒罐、饮料罐的塑料连接环，其特点是自身降解(60～600 天降解)，无诱导期，使用时加稳定剂控制光解速度。另外，在含羰基的聚合物中添加光活化剂(乙酰丙酮、二茂铁、二硫化氨基甲酸)，起初这些光活化剂起抗氧化剂的作用，待其诱导期结束、光活化剂耗尽、分解产物积累到一定浓度时，则以指数级的速度催化光氧化反应，如 PE 地膜中加入 0.03%～0.3% 的二茂铁，地膜经阳光照射 1～4 个月基本分解，PE 从 7～10 万降解至 6000。

此外，聚合物中催化剂残留物，以及加工过程中引入的过氧化物也能引发聚合物降解，如残留催化剂的引发作用：

$$M^{n+}X_n \rightarrow M^{(n-1)+}X_{n-1} + X\cdot$$

$$X\cdot + PH \rightarrow P\cdot + XH$$

过氧化物引发作用：

$$POOH \rightarrow PO\cdot + \cdot OH$$

$$PO\cdot + PH \rightarrow POH + P\cdot$$

$$P\cdot + O_2 \rightarrow POO\cdot$$

$$POO\cdot + PH \rightarrow POOH + P\cdot$$

上述聚合物尽管可发生多种光降解反应，但其反应速度不见得很快，为了加快光降解的进行，常常需要加入光降解促进剂，如添加光敏剂(芳香酮、多环芳香化合物、有机二硫化物、氮的卤化物、偶氮物、过渡金属盐或络合物)吸收光能(UV)，产生自由基，从而引发聚合物降解，大幅度缩短光氧化老化的时间。英国的 Scott 教授发明了 7 种迟缓型光敏剂，在高浓度时能起热氧化稳定剂的作用，在低浓度下，是有效的光氧化降解引发剂。上海有机所的长链烷基二茂铁系，长春应化所的多卤化铁系，可用于 PE、pp 膜和包装材料的光降解引发剂。

显然，光降解是许多聚合物材料老化的主要原因之一，因此常常加入光稳定剂，以增强聚合物材料的耐老化性能。光稳定剂因其稳定机理不同可分为三种类型。

① 光屏蔽剂：能反射和吸收紫外光，使光不透入聚合物内部，如炭黑，既有吸收紫外光的能力，也有抗氧化的作用。

② 紫外吸收剂：能吸收 290～400nm 波长的紫外线的化合物，它们吸收紫外光会激发，当回到基态时，可将光能转化为热能，或同时放出弱的荧光或磷光，如 2-羟基二苯甲酮、2-(2-羟基-5-甲基苯基)苯并三氮唑。

③ 猝灭剂：可与受光照激发的聚合物分子作用，通过猝灭反应，夺取聚合物激发态的能量，使其回归到基态，自身得到的能量以热的形式耗散掉。这类物质主要是二价镍的有机螯合物如硫代双(4-叔辛基苯酚镍)。

④ 金属钝化剂：一些微量的金属离子可加速聚合物的自身氧化过程，如能将这些金属离子螯合，便可降低聚合物的自身氧化性能，这类螯合剂称为金属钝化剂，如水杨醛肟可与铜形成络合物。

⑤ 受阻胺光稳定剂：这是一种高效的防光老化剂，其作用包括单线态的猝灭剂、自由基的捕捉剂、过氧化氢的分解剂，因此综合了抗紫外光氧化的各种作用，广泛应用于工业产品之中。其一般形式为：

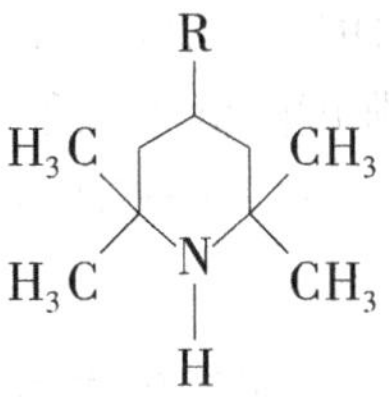

⑥ 小分子吸收剂:聚氯乙烯分解出 HCl,可进一步促使聚氯乙烯分解,而加入各种金属盐,如硬脂酸的钙盐、钡盐、锌盐;环氧化合物如环氧大豆油;有机金属化合物如二丁基二月桂酸锡等,可吸收 HCl。

(2)热降解

虽然热氧化是聚合物最普遍的降解,但纯粹热降解也很重要。其中解聚、无规断链及侧基脱除是热降解的主要形式。

1)解聚

在热的作用下,大分子末端断裂,生成活性较低的自由基,然后按链式机理迅速逐一脱除单体而降解,脱除少量单体后,短期内残留物的分子量变化不大,这类反应称为解聚。

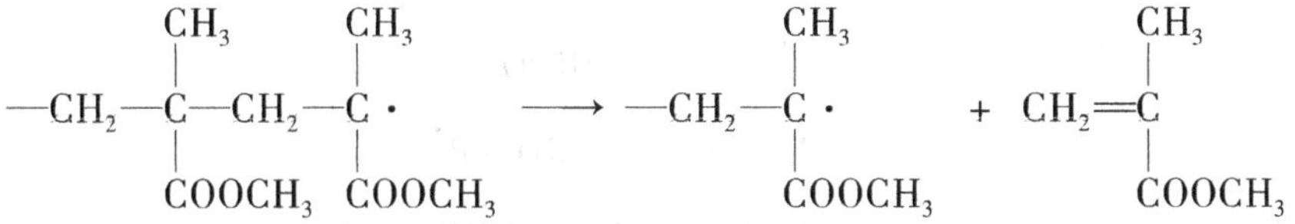

影响热降解产物的主要因素有热解过程中自由基的反应能力、参与链转移反应的氢原子的活泼性。所以含活泼氢的聚合物如聚丙烯酸酯类、支化聚乙烯等,热解时单体收率都很高。如聚合物裂解后生成的自由基被取代基所稳定,一般按解聚机理反应。利用该原理,可从废有机玻璃回收单体,因此热解反应是包装废弃物回收处理、循环利用的重要方法之一。

2)无规断裂

聚合物受热时主链发生随即断裂,分子量迅速下降,但单体回收率很低,这类热解反应即为无规断裂。例如聚乙烯断链后形成的自由基活性较高,分子中又含有许多活泼的仲氢原子,易发生链转移及双基歧化终止,因此单体收率很低。

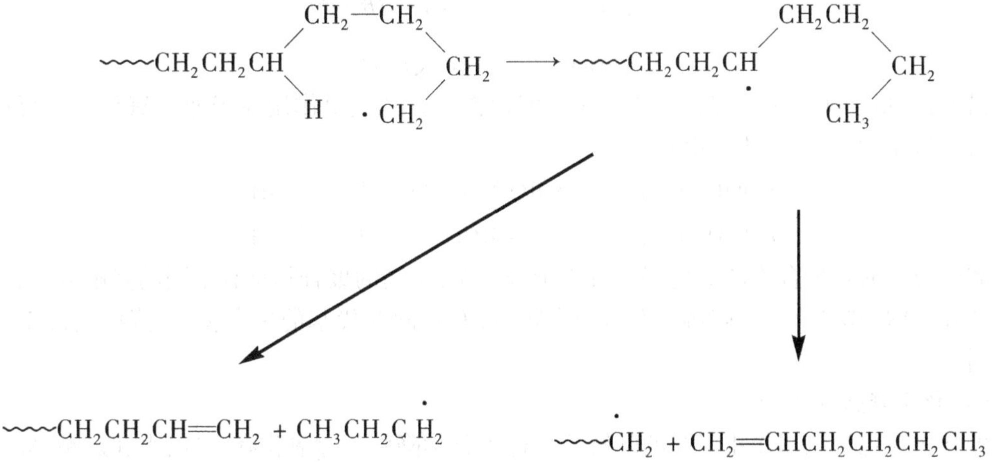

3)取代基脱除

PVC、PVAc 等受热时可发生取代基脱除反应。因而在热失重曲线上往往会出现平台。

例如 PVC 在 100～120℃下开始脱除 HCl，在 200℃下脱 HCl 速度很快，因而加工时（180～200℃）往往会出现聚合物色泽变深、强度降低等现象。总反应如下：

$$\sim\sim CH_2\underset{\underset{Cl}{|}}{C}HCH_2\underset{\underset{Cl}{|}}{C}H\sim\sim \longrightarrow \sim\sim CH{=}CH{-}CH{=}CH\sim\sim + 2HCl$$

游离的 HCl 对脱 HCl 有催化作用，金属氯化物如 HCl 与加工设备作用生成的氯化铁能促进上述反应。另外，PVC 分子量的大小对其热稳定性也有影响，因此在其热加工时，要加入百分之几的酸吸收剂，如硬脂酸钡、硬脂酸镉、有机锡、铅化合物等，以提高其热稳定性。

（3）氧化降解

通常将聚合物的氧化反应分为两类：直接氧化和自动氧化。所谓直接氧化系指聚合物与某些化合物在环境温度下的反应，如聚烯烃与 $KMnO_4/H_2SO_4$ 或 HNO_3 的氧化反应，淀粉与 $Na_2S_2O_8$ 的氧化反应等。自动氧化则是指聚合物（PH）材料在使用或加工时与分子氧的反应。这种反应使聚合物分子量降低，性能变劣，老化加速。其降解机理属于自由基链式反应，并具有自动催化现象。链的引发可由多种途径，如残留的自由基引发剂、热裂解、光分解、辐射分解及机械力等都能诱发初级自由基，其具体反应过程如下：

引发：

$$R^{\cdot} + O_2 \longrightarrow ROO^{\cdot}$$

$$R^{\cdot} + PH \longrightarrow RH + P^{\cdot}$$

增长：

$$ROO^{\cdot} + PH \longrightarrow ROOH + P^{\cdot}$$

$$P^{\cdot} + O_2 \longrightarrow POO^{\cdot}$$

$$POO^{\cdot} + PH \longrightarrow POOH + P$$

终止：

$$R^{\cdot} + R^{\cdot} \longrightarrow \text{不活泼产物}$$

$$R^{\cdot} + P^{\cdot} \longrightarrow \text{不活泼产物}$$

$$P^{\cdot} + P^{\cdot} \longrightarrow \text{不活泼产物}$$

$$POO^{\cdot} + P^{\cdot} \longrightarrow \text{不活泼产物}$$

$$2POO^{\cdot} \longrightarrow \text{不活泼产物}$$

另外，微量金属离子对聚合物的氧化起催化作用。其主要作用在于通过氧化还原反应分解氢过氧化物，从而生成自由基。

$$ROOH + Me^{n(+)} \rightarrow RO\cdot + Me^{(n+1)(+)} + OH^{(-)}$$

$$ROOH + Me^{(n+1)(+)} \rightarrow ROO\cdot + Me^{n(+)} + H^{(+)}$$

需要说明的是聚合物的氧化降解过程十分复杂，不同的聚合物具有不同的降解方式，如饱和链和不饱和链聚合物、碳链与杂链聚合物、带有不同取代基的聚合物，其降解情况都不尽相同。

（4）化学降解和生物降解

聚合物与化学试剂作用引起的降解反应称为化学降解。除氧化降解外，水、酸、碱、醇等各种有机溶剂及大气中的臭氧、CO_2、NO_2、SO_2 等都有可能引起聚合物的降解。化学降解是否发生，以及进行的程度，取决于聚合物的结构及化学试剂的性质。

水解反应是最重要的一类化学降解反应,许多杂链聚合物如聚酯、聚酰胺、多糖等,当水含量不高且在室温时,水分起着一定的增塑和降低刚性等作用;而温度较高,相对湿度较大时,它们对水就较为敏感,易发生水解使聚合度降低,该过程一般为无规裂解过程。聚碳酸酯、聚酯等加工前必须干燥除水,原因即在于此。表 6-2 列出了聚合物水解的一些典型例子。

表 6-2　　　**线型聚合物的水解**

	起反应的主链键	水解产物	例子
羧酸酯	—C—C(=O)—O—C—	—C(=O)—OH + HO—C—	聚酯
磷酸酯	O—P(=O)(O—)—O—C—	O—P(=O)(O—)—OH + HO—C—	核酸(DNA 等)
醚式	—C—O—C—	—C—OH + HO—C—	聚醚;多糖
酰胺(肽)	—C—C(=O)—N(H)—C—	—C—C(=O)—OH + H_2N—C—	蛋白质,多肽
氨基甲酸酯	—C—O—C(=O)—N(H)—C—	—C—OH + CO_2 + H_2N—C—	聚氨酯
硅氧烷	—Si—O Si	—Si—OH + HO—Si—	聚二烷基硅氧烷

含有可水解基团的聚合物,还可进行醇解、酸解、胺解,也可被碱腐蚀。

生物酶也可降解许多聚合物,常见的纤维素酶可降解纤维素,淀粉酶可降解淀粉。聚乳酸手术缝合线等在生物体类被水解成乳酸、羟乙酸等产物。这些在体内发生降解的反应称为生化降解。其降解性能一般与聚合物的分子结构有关,归纳如下:

① 具有侧链的化合物难降解,直链高分子比支链高分子、交联高分子易于生物降解。

② 柔软的链结构容易被生物降解,有规晶态结构阻碍生物降解,所以聚合物的无定形区总比结晶区域先降解,脂肪族聚酯较易生物降解。主链柔顺性越大,降解速度越快。

③ 具有不饱和结构的化合物难降解,脂肪族高分子比芳香族高分子易于生物降解。

④ 相对分子质量对高聚物的生物降解性有很大影响。由于许多由微生物参与的聚合物降解都是由端基开始的,高相对分子质量的聚合物因端基数目少,降解速度较低。

⑤低相对分子质量低聚物比高相对分子质量聚合物易于降解。

⑥ 非晶态聚合物比晶态的较易进行生物降解。低熔点高分子比高熔点高分子易于生物降解。

⑦ 酯键、肽键易于生物分解,而酰胺键由于分子间的氢键难以生物分解。

⑧ 含有亲水基团的亲水性高分子比疏水性高分子易于生物降解。

⑨ 环状化合物难降解。

⑩ 表面粗糙的材料易降解。

4. 高能辐射光反应

一般的平版印刷或光刻蚀,用紫外光作为能源,但由于易受光的波动性影响,分辨极限只能达到微米数量级。如要制成更精细的产品,如大规模集成电路(LSI)或超大规模集成电路(VLSI),则必须达到亚微米数量级的精度,从而利用高能辐射发展起来了所谓感电子束和感X射线的高分子化合物的应用技术。

聚合物在高能光子流作用下,主要发生交联(聚合、接枝、固化)及裂解,其交联类型主要分为H型及T型:

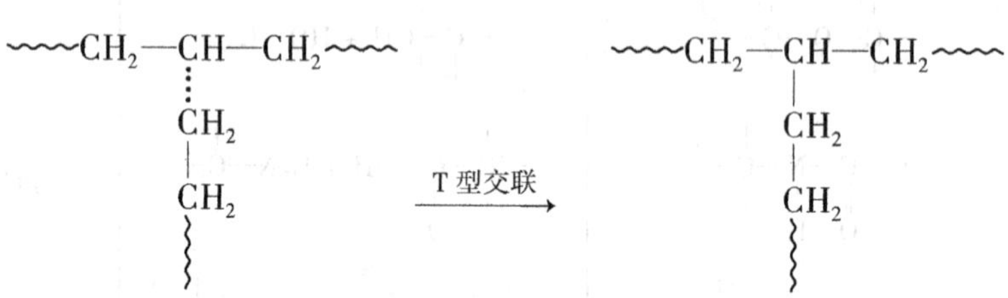

其裂解机理分为:

(1)主链裂解成两个大自由基

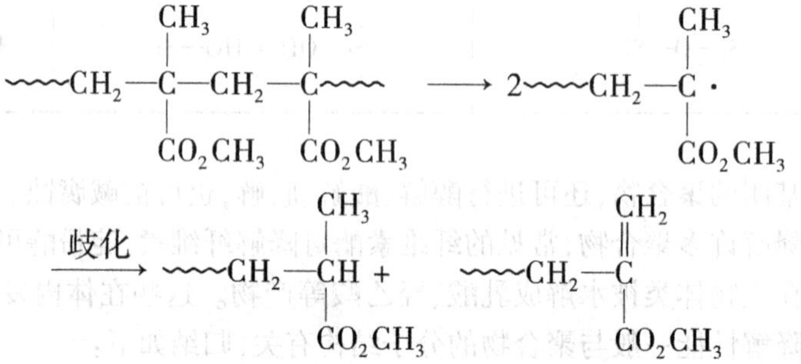

(2)侧基失去

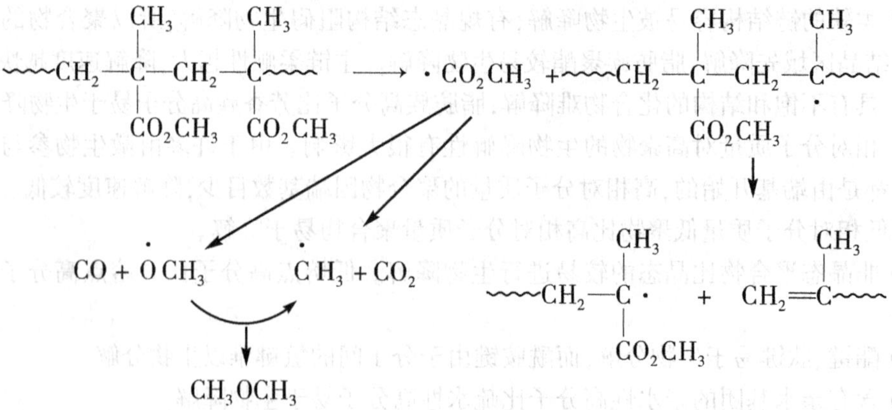

Miller 等人认为对于具有 $\sim\sim CH_2—CHR_1R_2\sim\sim$ 结构的乙烯基聚合物，其反应规律与 R_1R_2 有关：

①R_1、R_2 任意一个为氢原子时，易发生交联反应。

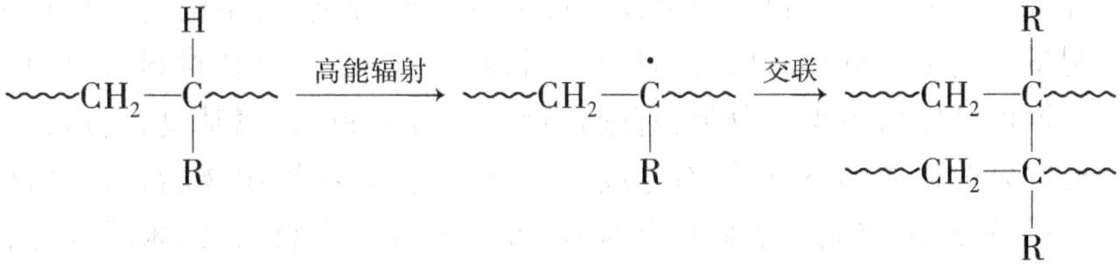

该反应是由于 α-位脱氢后，形成稳定的碳自由基，从而发生自由基耦合而交联。

②R_1 为甲基，R_2 为非氢侧链，或均为卤原子时则易发生降解，如

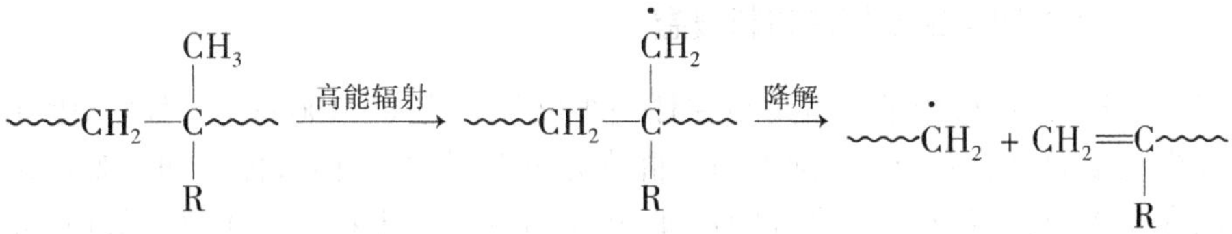

也有人得出"聚合热大的高分子经射线照射发生交联，聚合热低的高分子则发生降解"的结论。如表 6-3 所示。

表 6-3　**聚乙烯类的射线照射效应与 R_1、R_2 基、聚合热、主链键离解能的关系**

射线辐照效应	聚合物	R_1 基	R_2 基	聚合热 kcal/mol	主链键解离能 kcal/mol
交联	聚乙烯	H	H	22.5	81.0
	聚丙烯	H	CH_3	22.5	79.3
	聚氯乙烯	H	Cl	21.5	77.5
	聚丙烯酸甲酯	H	$COOCH_3$	18.7	71.2
	聚苯乙烯	H	C_6H_5	16.7	61.3
	聚丙烯酰胺	H	$CONH_2$		
降解	聚异丁烯	CH_3	CH_3	12.8	72.5
	聚甲基丙烯酸甲酯	CH_3	$COOCH_3$	13.0	53.3
	聚-α 甲基苯乙烯	CH_3	C_6H_5	8.4	50.6
	聚甲基丙烯酰胺	CH_3	$CONH_2$		

6.2　聚合物基纳米复合材料

复合材料是用两种或两种以上不同性能、不同形态的组分材料通过复合手段组合而成的一种多相材料。它保留原组分材料的主要特点，并通过复合效应获得原组分不具备的性能。从复合材料的组成与结构来看，其中有一相是连续的称为基体相，另一相是分散的、被

基体包容的称为增强相。增强相与基体之间的界面称为复合材料界面。因此确切地说,复合材料是由基体相、增强相和界面相组成的。

复合材料的分类方法较多,如根据增强原理分类,有弥散增强型复合材料、粒子增强型复合材料和纤维增强型复合材料。根据使用性能的不同分类,有结构复合材料和功能复合材料。根据制备工艺不同分类有层合结构复合材料,缠绕结构复合材料、拉挤复合材料、纺织复合材料。根据基体材料类型分类,有聚合物基复合材料、金属基复合材料、无机非金属复合材料。根据分散相的形态分类,有连续纤维增强材料、纤维织物增强复合材料、片状材料增强复合材料、短纤维或晶须增强复合材料、颗粒增强复合材料、纳米增强复合材料。根据增强纤维的类型分类:有碳纤维复合材料、玻璃纤维复合材料、有机纤维增强材料、硼纤维复合材料、碳化硅纤维复合材料、混杂纤维复合材料。这里主要阐述纳米复合材料。

6.2.1 纳米材料与纳米复合材料概念

纳米是一长度单位,纳米材料是指在任一维度尺寸为 1 ~ 100nm 的材料。因此纳米粒子是由较少数量的原子或分子组成的原子群或分子群,是介于微观体系和宏观体系之间的一种新的介观物理态,有着许多奇异的物理、化学特性。纳米粒子的小尺寸效应、界面效应和宏观量子隧道效应等三大效应,使纳米材料的光、电、磁、声、热、力学、催化等方面同宏观物体有极大的不同。如对紫外光吸收明显加大;非导体材料出现导电现象;熔点明显降低等。因此如将高聚物与纳米材料复合,可使复合材料获得特殊功能或大幅度提高其物理化学性能,甚至出现全新的性能和功能,例如高强度、高模量、高韧性、高耐热性、高透明性、高导电性、对油类和气体的高阻隔性等,因而有着广阔的发展前景。如用于电磁波屏蔽、红外隐身、吸波材料等。

日本丰田公司的 Okada A 等人最早研究聚合物层状硅酸盐纳米复合材料,并将其应用到汽车工业中。近年来,该领域已引起研究者的广泛关注,已研究制备出尼龙-6 、聚丙烯、聚酰亚胺、聚甲基丙烯酸甲酯、聚环氧丙烷、聚氨酯、聚苯胺、环氧树脂、橡胶以及杂环聚合物等各种类型的聚合物- 层状硅酸盐纳米复合材料。增加了材料的模量,使材料的强度、耐热性、减少气体的渗透性和易燃性等方面得到了显著的改善,为探索合成制备高性能复合材料开拓出了一条重要的途径。

6.2.2 聚合物纳米复合材料的制备方法

1. 纳米粒子直接分散法

无机纳米粒子加入到聚合物熔体或溶液中,然后通过机械搅拌,让纳米粒子尽可能与聚合物基体共混,这种方法称为直接分散法。该方法的优点是通过控制条件可获得高分散、小微粒的杂化材料,缺点是纳米粒子易发生团聚,难以均匀分散。通常需对纳米粒子的表面进行改性,以防止纳米粒子本身的凝聚。

根据共混方式,共混法大致可分为以下几种共混:

① 溶液共混:将基体树脂溶于良溶剂中,加入纳米粒子,充分搅拌使之均匀分散,成膜或浇铸到模具中除去溶剂,即可得到聚合物纳米复合材料。如表面改性后的 SiO_2 纳米粒子掺混到聚甲基丙烯酸甲酯的溶液中,可制得聚甲基丙烯酸甲酯-SiO_2 纳米整体杂化材料。

② 乳液共混：聚合物乳液与纳米粒子均匀混合，最后除去溶剂成型。乳液共混中有自乳化型与外乳化型两种复合体系。外乳化法由于乳化剂的存在，一方面可使纳米粒子更加稳定，分散更加均匀，另一方面它也会影响杂化材料的一些物化性能，特别是对电性能影响较大，也可能由于其亲水性，使杂化材料光学性能变差；自乳化型复合体系既能使纳米粒子更加稳定，分散更加均匀，又能克服外加乳化剂对杂化材料性能的影响，比外乳化型复合体系更均匀，又能克服外加乳化剂对杂化材料性能的影响，比外乳化型复合体系更可取。

③ 熔融共混：将聚合物熔体与纳米粒子共混制成复合体系，由于有些高聚物的分解温度低于熔点，不能采用此法，使得适于该法的聚合物种类受到限制。熔融共混法较其它方法耗能高，且球状粒子在加热时碰撞机会增加，更易团聚，因而表面改性更为重要。

④ 机械共混：通过各种机械方法如搅拌、研磨等来制备杂化材料。为防止无机纳米粒子的团聚，共混前要对纳米粒子进行表面处理。除采用分散剂、偶联剂、表面功能改性剂等进行表面处理外，还可用超声波辅助分散。

2. 原位聚合法

原位聚合法是先使纳米粒子在聚合物单体中均匀分散，然后再引发单体发生聚合的方法。原位聚合法可在水相中进行，也可在油相中进行。单体可进行自由基聚合，也可进行缩聚反应。该方法适用于大多数聚合物基有机无机杂化材料的制备。由于聚合物单体分子较小，粘度低，表面有效改性后使无机纳米粒子容易均匀分散，因此保证了体系的均匀性及各项物理性能。

原位聚合法反应条件温和，制备的复合材料中纳米粒子分散均匀，粒子的纳米特性完好无损，同时在聚合过程中，只经一次聚合成型，不需热加工，避免了由此产生的降解，从而保持了基本性能的稳定。但原位聚合法的使用有较大的局限性，因为该方法仅适用于含有金属、硫化物或氢氧化物的胶体粒子，只有这些胶体粒子才能使单体分子在溶液中进行原位聚合，制备出所需的杂化材料。

3. 插层复合法

膨润土以及累脱石具有层状结构（如图6-2所示），层间的结合力较低，可通过一定的方法将其剥离或插层形成厚为1nm、长×宽为100nm×100nm的基本单元，并均匀分散在聚合物基体中，以实现高分子与粘土在纳米尺度上的复合。

这些纳米复合材料的制备方法可以分为下面几种：

（1）小分子原位插层聚合法

这种制备方法是首先将小分子单体插入层状硅酸盐片层之间，然后原位聚合，利用聚合时放出的大量热量，使硅酸盐片层与聚合物基体以纳米尺度复合。例如首先使丙烯酸乙酯插层进入蒙脱土层间，然后采用原位乳液聚合制得聚丙烯酸乙酯-蒙脱土纳米复合材料。

（2）大分子溶液插层法

聚合物溶液插层是聚合物大分子链在溶液中借助于溶剂而插层进入蒙脱土的硅酸盐片层间，然后再挥发除去溶剂，当溶剂挥发后聚合物分子链被夹在粘土的片层间从而制得插层复合材料，该方法广泛应用于水性高分子聚合物的插层中。例如采用反胶束法使SiO_2与感光聚酰亚胺溶液混合，制备光敏性聚酰亚胺－SiO_2纳米复合感光材料。

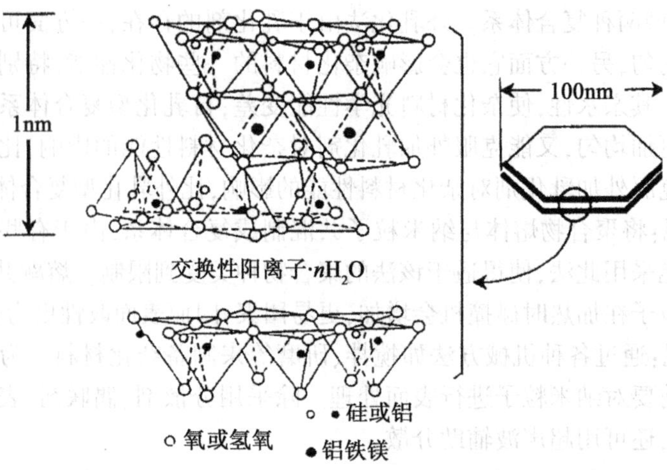

图 6-2　膨润土的结构示意图

(3) 大分子乳液插层法

大分子乳液插层法是利用聚合物乳液与蒙脱土的水分散体共混-共凝而制得插层纳米复合材料,例如硅石和多孔硅石进行有机改性并应用到聚合物基纳米复合材料中,这些方法都是利用带正电的聚合物分子链嵌入到带负电的蒙脱土片层间,从而制得插层纳米复合材料。

(4) 大分子熔融插层法

这种方法是将聚合物和层状硅酸盐混合物在玻璃化温度以上时进行捏合,使得聚合物链从熔体向硅酸盐结构的毛细沟槽中渗透扩散,聚合物熔融插层直接进入蒙脱土的硅酸盐片层间。

6.2.3　聚合物纳米复合材料的特性及性能

聚合物纳米复合材料具有明显的特性,它既具有聚合物的优势,又具有纳米材料的性质,还具有复合材料的性能。如层状硅酸盐-聚合物插层复合材料具有以下特征:

①层状无机物用量少,质量轻,复合材料强度高,刚性好;

②层状硅酸盐片层可在二维方向对聚合物起到增强的作用;

③由于片层与聚合物基体间的相互作用,复合材料具有优良的耐热性,尺寸稳定性和阻燃性;

④利用层状硅酸盐片层摩擦系数小的特性,可以显著改善复合材料的成型加工性能;

⑤使用白度较高的层状硅酸盐,材料具有优越的色调和外观特性。

表 6-4、表 6-5 为聚合物与蒙脱土/聚合物纳米材料的部分性能比较。

可见聚合物纳米复合材料具有明显的优势,该研究方向是目前材料领域极具活力的方向之一,其中许多研究成果已被应用于实际生产。

表6-4　　**蒙脱土/PET与PET性能比较**

性能	PET	蒙脱土/PET
粘度/25℃	0.55 ~ 0.65	0.55 ~ 0.70
熔点/℃	259 ~ 261	257 ~ 262
热变温度(1.85MPa)	76 ~ 86	100 ~ 120
拉伸模量/MPa	70	75 ~ 80
断裂伸长率/%	30	10 ~ 20
抗曲强度/MPa	108	100 ~ 120
弯曲模量/MPa	1700	3600
Izod 缺口冲击强度/Jm^{-1}	35 ~ 42	25 ~ 30

表6-5　　**蒙脱土/PA6纳米材料及纯PA6的气液阻隔性能对比**

性能	蒙脱土/PA6		PA6
蒙脱土质量分数/%	4	2	
氧气透过率 $[(ml)\cdot m^{-2}\cdot(24h)^{-1}\cdot(MPa)^{-1}]$	16	25	45
吸水率/%	2.20	5.10	8.75

注：氧气透过率条件：23℃，65% RH。

十几年来，日本丰田中央研究所在尼龙/粘土纳米复合材料(NCH)的制备、表征、结构与性能的研究方面取得了重要的进展，已将NCH专利技术授权给一些公司如Nanocor及Ube生产。Ube公司用它来制造聚合物薄膜、建筑材料和汽车配件，如食品包装用尼龙-6阻隔性薄膜和丰田汽车发动机皮带罩。与非填充的尼龙-6比较，NCH拉伸模量提高68%，弯曲模量提高126 %，热变形温度从95℃提高到150℃。NCH薄膜的氧渗透性仅为尼龙-6的一半。日本Unitika公司将尼龙-6纳米复合材料用于注射模塑，由丰田Tsusho推向北美市场。用Unitika专利技术生产的尼龙M2350已被三菱公司用于GDL型电机盖。由于使用了纳米复合材料，其重量减少了约20%，并具有极高的表面光洁度。尼龙M2350还应用于照明灯盖和刀把。

美国伊斯曼化学公司与Nanocor联合，成功开发了用于多层聚对苯二甲酸乙二醇酯(PET)容器的尼龙纳米复合材料。这种尼龙纳米复合材料具有很高的氧阻隔性，用含有质量分数为0.01 ~0.03粘土的尼龙复合材料制成的多层瓶与有高阻隔性尼龙和PET制成的多层瓶相比，阻隔性好得多，大大减少阻隔层的厚度，并可以在现有设备包括预制坯注塑机和瓶拉坯吹塑机上加工，可望替代玻璃瓶作为啤酒包装容器。如美国Honeywell公司的Aegis OX中的纳米粘土作为阻隔层，其氧透过率是尼龙的1/100，氧的渗入几乎为零；作为三层聚酯瓶的阻隔层材料使聚酯瓶达到啤酒4个月和果汁6个月的保质期要求，可与玻璃瓶相比。如进一步调节工艺，完全可达到180天的保质期，可与现有的任何其它啤酒阻隔包装竞争。图6-3、图6-4分别为纳米PET瓶(联科公司)和PA6/粘土纳米复合材料制造的薄膜与纤维制品。

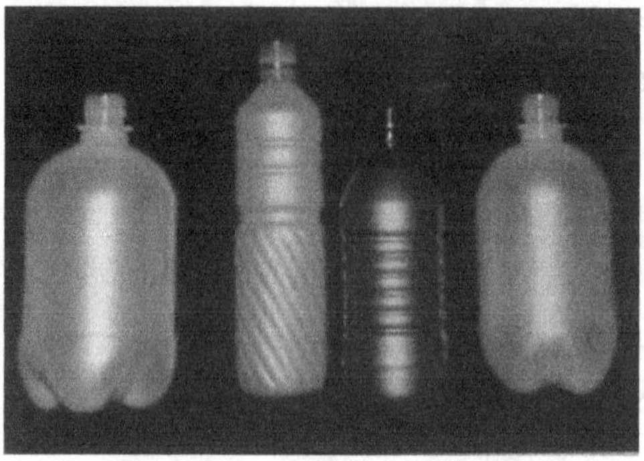

图6-3 纳米PET瓶(联科公司)

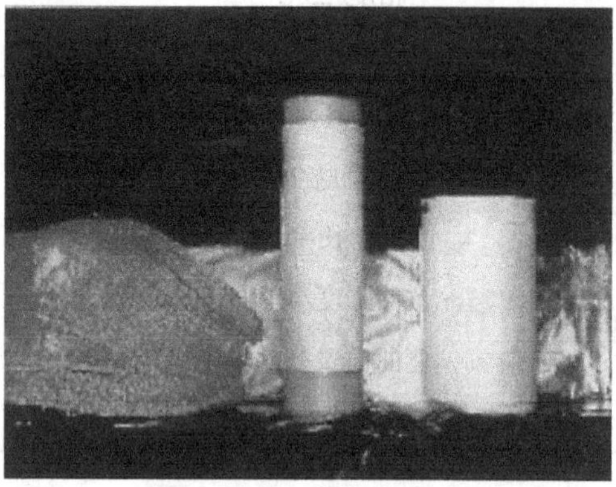

图6-4 PA6/粘土纳米复合薄膜与纤维制品

第二篇　界面化学

从热力学的观点出发，物质存在着三相，即固相、液相、气相。两相相互接触时，其接触面称为相界面，相界面与相的本体是不同的，存在着特殊的物理化学性质。这种在原子、分子尺度上研究相界面上发生的各种物理化学过程的科学称为界面化学，由于历史的原因，界面化学又称为表面化学，但严格地讲二者是有区别的。

人类对这门科学的认识经历了一个漫长的过程，最初由液体、固体与气体接触即液体、固体表面吸附开始，得出了许多界面科学的基本规律。随着科学技术的迅速发展，界面化学不仅在理论上成为了一门独立的新兴科学，而且成为许多学科的基础，如胶体化学、相催化理论、生物化学、材料科学、环境化学、冶金学、选矿学等。又由于其它学科如固体物理、量子理论等学科提供的理论基础及模型，使得界面化学进入了一个崭新的时代。

与此同时，其应用范围也在不断扩张，无论是常规实践还是尖端科学技术领域，它都起着不可低估的作用，例如，在原油开采中，采用油田注水新技术，即在水中溶入高效的表面活性剂以改变油、水、沙粒之间的界面化学性质，则能大幅度地提高原油产量；工厂三废很难用一般的吸收或其它分离技术净化，但如采用高效的吸附剂则很易达到目的；丝绸化纤的染色如采用湿润渗透剂就能改变纤维与色素基团界面间的关系，大大提高印染效果；印刷工业中，无论是制版还是印刷，也无论是印刷油墨还是承印物的制造或选择，无一会离开界面化学的知识。相反如不重视这方面的知识就会失误或产品质量欠佳。如美国有一次导弹火箭失事，就是因为液体燃料与其导管金属表面润湿性欠佳，致使燃料供应中断而引起的。因此美国科学院及有关机构向美国国会提出的《科技新领域今后五年展望》一书中指出，界面科学及其应用是当今科学界八大生长点之一。

由于专业要求，在此仅谈与印刷专业密切相关的内容。

第7章 液体的表面现象

我们日常生活常常碰到一些“反常”现象，如过冷水、过热水，土壤中的水会自动上升到地面上，油能使水面平静等，粗看起来它们各不相同，但有共同的特点，即都发生在表面或径度微小的物体上，均有很大的比表面积(单位长度或单位体积所具有的表面积)。如 $1cm^3$ 的水分散成直径 $10^{-6}cm$ 的水滴时，它的表面积由 $6cm^2$ 增加到 $6\times10^6cm^2$。

那么为什么表面积大，就会有特殊性呢？这是因为物体表面的性质与内部很不相同，从分子观点说，内部分子处的力场是均匀的，表面分子则不一样。如比表面积小时，这种不均匀可忽略，但对比表面积很大的体系来说，就成了矛盾的主要方面，这种特殊现象称为表面现象。

7.1 物质的基本表面性质——表面张力与表面能

7.1.1 表面张力

在多相体系中，相界面上的分子所处的状态与相内部不同，各相内部分子受到其邻近分子的作用，来自各个方向的力的大小相等，即合力为零。而靠近表面或界面层的分子则不同，一方面受到各相内部分子的作用，另一方面又受到性质不同的另一相中分子的作用，故表面层与内部的性质不同。例如在液体与其蒸汽所组成的体系中，如图7-1所示，以分子A及D为中心，以分子间能起作用的距离为半径，作分子作用球，凡是在球内的分子都吸引A及D分子，但合力为零。若将液面下厚度等于分子作用球半径的液体称为表面层(实际上表面层的厚度因体系而定)，则处于表面层内的分子B、C，一方面受到体系内部分子的作用，另一方面受到液面外气体分子的作用，但由于气体密度远小于液体的密度，一般可将气体分子的作用忽略不计。因此液体表面层中的分子都受到垂直于液面且指向液体内部的作用力(F_B、F_c)。

如果要把分子从液体内部移向表面，就必须反抗内部分子的引力而做功，这样就增加了处于表面层分子的位能。故表面层内的位能大于液相内部分子的位能。在恒温恒压下，体系处于平衡状态时，总是力图降低其位能，因此液体表面的分子具有尽量挤入内部的趋势，缩小液体的表面积，以达到降低位能的目的。所以液体表面就好像是拉紧了的弹性膜，沿着表面的方向存在收缩的作用。这种使液体表面收缩的力称为表面张力。

为了更形象地说明表面张力，做如下的实验，如图7-2，ABCD是一个金属框，其上有一根可以自由滑动的金属丝MN，将金属框在肥皂水中浸后取出，在MN的两边将形成皂膜。如将其右部刺破，则能看到MN左边的皂膜自动收缩，导致MN向左滑动，此现象证明有表

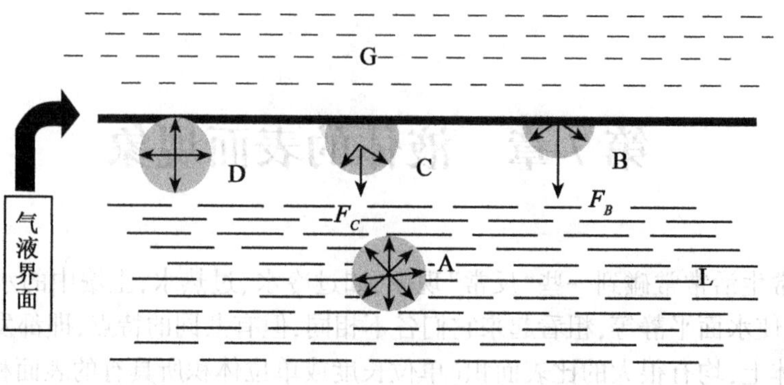

图 7-1　表面层分子特性示意图

面张力存在。

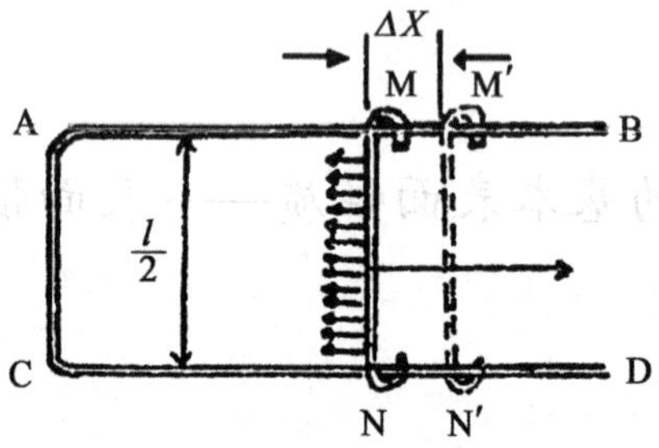

图 7-2　金属框上的肥皂膜

如果要维持 MN 不动,必须沿着皂膜的表面对 MN 施一向右的拉力 F,以反抗液体收缩。作用在皂膜表面上的表面张力,一定与 MN 截面的周长成正比,设 MN 为 $l/2$,由于皂膜有两个面,膜的厚度可忽略,则皂膜的周长为 l。为了维持 MN 不动,必须对 MN 施以拉力 F,此力的大小应正比于 l,则:

$$F \propto l$$

$$F = \sigma l$$

$$\sigma = F/l$$

上式告诉我们,σ 的物理意义:沿着液体表面任一分界面上(与液面相切),垂直作用在单位长度上使液面收缩的力定义为表面张力。习惯上就以 σ 表示物质的表面张力,单位 $N \cdot m^{-1}$。

如何理解此力平行于表面且垂直作用于表面呢? 可设想如图 7-3 小车的受力情况。

重物 W 在重力作用下,受力的方向垂直指向地面,而小车所受到的拉力的方向却与地面平行。

表面张力存在的现象是常见的,例如有些昆虫在液面上行走而不下沉,游出水面时感到游泳衣特别紧,水滴、汞滴一般为球形等,都是因为表面张力所致。

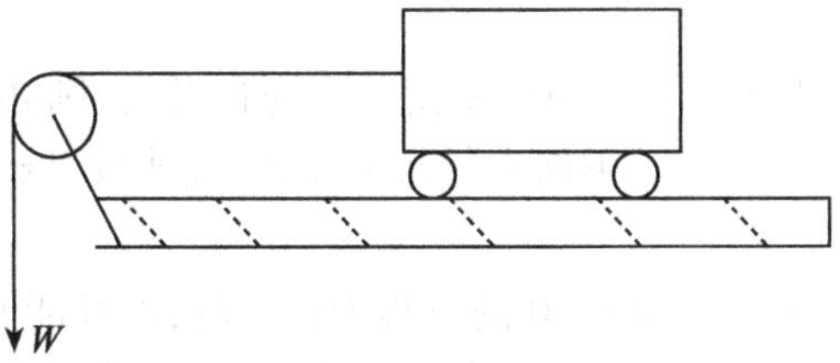

图 7-3　表面张力的力学类比

7.1.2　表面能

物质表面层分子所具有的位能,称为表面能。显然一定量物质表面积越大,表面能也越大。在恒温恒压下,增大单位表面积所做的功称为比表面能,从图 7-2 的分析,当 MN 在外力 F 的作用下,右移至 $M'N'$ 的位置,使皂膜增大了 $\triangle A$ 的面积,外界做的功:

$$W' = F \cdot \triangle X = \sigma \cdot l \cdot \triangle X = \sigma \cdot \triangle A$$

$$\sigma = W'/\triangle A$$

式中 σ 的物理意义是:增加单位表面积所做的功,也就是比表面能,单位为 $\mathrm{J \cdot m^{-2}}$。即在恒温恒压下增加单位表面积时系统必须得到的可逆表面功。

由此可见,表面张力也可以用增加单位面积所需要做的功,或增加单位表面积时表面位能的增量来定义。表面张力及比表面能从不同的角度反映了物质表面层分子不均衡的特性,习惯上常以表面张力表示比表面能。

7.1.3　比表面自由焓

在通常情况下讨论有关热力学函数变化的关系式时,由于表面层分子占整个体系分子总数的比例小,所以都假定系统只做膨胀功。但是对于分散度很大的体系,如乳浊液、新相刚生成的体系等,表面积、表层的分子数及表面能与体相比较都是较大的,因此除考虑 W 外,还要考虑表面功 W'。

对于 σ 一定的体系,四个基本热力学函数应具有以下的微分式:

$$\mathrm{d}U = T\mathrm{d}s - P\mathrm{d}v + \sigma \mathrm{d}A + \Sigma\mu_i \mathrm{d}n_i$$

$$\mathrm{d}H = T\mathrm{d}s + v\mathrm{d}p + \sigma \mathrm{d}A + \Sigma\mu_i \mathrm{d}n_i$$

$$\mathrm{d}F = -s\mathrm{d}T - P\mathrm{d}v + \sigma \mathrm{d}A + \Sigma\mu_i \mathrm{d}n_i$$

$$\mathrm{d}G = -S\mathrm{d}T + v\mathrm{d}p + \sigma \mathrm{d}A + \Sigma\mu_i \mathrm{d}n_i$$

由上式可知:

$$\sigma = \left(\frac{\partial u}{\partial A}\right)_{s,v,ni} = \left(\frac{\partial H}{\partial A}\right)_{s,p,ni} = \left(\frac{\partial F}{\partial A}\right)_{T,v,ni} = \left(\frac{\partial G}{\partial A}\right)_{T,P,ni}$$

从上述各个偏微商来看,σ 就是表示分别在各种不同的特定条件下,可逆地改变单位表面积时所引起体系的内能 U、热函 H、功函 F、自由焓 G 的相应变化量。由于我们经常在恒温恒压下研究体系的表面性质,所以最常采用的是第四个偏微商,称 σ 为比表面自由焓。即在恒定 T、P 及组成的条件下

$$dG=\sigma dA \qquad \sigma=dG/dA(J\cdot m^{-1})$$

如 σ 也有变化，则：$dG=\sigma dA+Ad\sigma$。

由上式可知，如 σ 不变，则 $dG=\sigma dA$，要使过程为自发的，则 $dA<0$，亦即缩小表面积的过程为自发过程，这就说明了露珠、汞珠为什么呈球状，乳浊液、悬浊液中小颗粒为什么会合并成大颗粒等的原因。

如 A 不变，则 $dG=Ad\sigma$，可见 $d\sigma<0$ 的过程为自发的，即凡能使表面张力下降的过程都是自发过程。固体与液体物质表面所产生的吸附现象，就是这种客观规律的反映。

如 σ、A 均变，则 $dG<0$ 的过程为自发过程。例如水滴在干净的玻璃上铺展的现象，整个体系的 σ 及 A 都发生了变化，即原有水滴、玻璃与空气的界面消失，形成了新的玻璃-水界面和水-气界面。在此过程中，总自由焓减小，所以能自动铺展开，这种现象称为润湿现象。

7.1.4 影响表面张力的因素

1. 物质的本性

因表面张力是由分子间的作用力引起的，分子间的作用力越大，表面张力越大，故具有金属键的物质表面张力最大，离子键的物质次之，极性共价键结构的物质再次之，非极性共价键物质的表面张力为最小，见表7-1。固体物质的表面张力比液体物质的表面张力大得多，而且较难直接测定，但可间接推算，一般氧化物的 σ 值在 $0.1\sim1N\cdot m^{-1}$ 之间，金属在 $1\sim2N\cdot m^{-1}$ 之间。

表7-1　**某些物质的表面张力**

物质	T(℃)	$\sigma\times10^{-3}(N\cdot m^{-1})$	物质	T(℃)	$\sigma\times10^{-3}(N\cdot m^{-1})$
Fe	熔点	1880	H_2O	18	73
Cu	熔点	1150	苯	20	28.9
Zn	熔点	768	甲苯	20	28.4
Mg	熔点	583	醋酸	20	27.6
NaCl	1000	98	丙酮	20	23.7
KCl	900	90	四氯化碳	20	26.8
RbCl	828	89	三氯化碳	20	27.1
CsCl	830	78	乙醇	20	22.3
Cl_2	-30	25	正丁醇	20	27.5
O_2	-183	7	正辛烷	20	21.8
N_2	-183	13	乙醚	20	19.1

2. 温度

温度升高，分子间距离变大，分子间作用力下降，因此表面张力会下降。1886 年约特沃斯之(Eatvas)提出了下列经验式：

$$d[\sigma(V_m)^{2/3}]/dT = -k \quad (V_m\text{：液体的比容})$$

当温度升高到液体的临界温度(T_c)时，分子间的内聚力趋于零，液-气两相界面将消失，这时表面张力为零。则上式变为：

$$\sigma(V_m)^{2/3} = \sigma(M/\rho)^{2/3} = K(T_c - T)$$

后来通过实验发现如将 $T_c - 6$ 代替 T_c 更符合实际。

对于大多数非极性液体如四氯化碳、苯等有机化合物来说，实验测得 $k = 2.12$，但对极性液体如水、乙醇、乙酸等化合物，则 k 值要小得多。上式对极性和非极性都可使用，因此在测定液体的表面张力时要保持较好的恒温条件。表 7-2 为不同温度下液体的表面张力。

表 7-2　　**常见物质的表面张力(10^{-3} N·m^{-1})**

	0℃	20℃	40℃	60℃	80℃	100℃
水	75.64	72.75	69.56	66.18	62.61	58.85
乙醇	24.05	22.27	20.60	19.01	-	-
甲醇	24.5	22.6	20.9	-	-	15.7
四氯化碳	-	26.8	24.3	21.9	-	-
丙酮	26.2	23.7	21.2	18.6	16.2	-
甲苯	30.74	28.43	26.13	23.81	21.53	19.39
苯	31.6	28.9	26.3	23.7	21.3	-

3. 所接触气相的本性

由于表层分子与不同物质接触时所受的力不同，所以 σ 也有差异，如表 7-3 所示。

表 7-3　　**与不同邻相介质接触时的表面张力(20℃)**

物质	邻相介质	$\sigma\times10^{-3}$(N·m^{-1})	物质	邻相介质	$\sigma\times10^{-3}$(N·m^{-1})
汞	空气	485	水	四氯化碳	45.1
汞	乙醇	364	水	苯	35
汞	苯	362	水	乙醇	10.7
水	乙烷	51	水	辛醇	8.5

注：一般规定液体的气相为被自身的蒸气所饱和的空气。

4. 杂质

少许的杂质往往能极大地影响 σ 值，例如当气相中含有分压为 393Pa 的水蒸气时，水银的 σ 就下降了 38.4mN·m^{-1}(165℃)。如果杂质分子与液体分子间的作用力小于液体分子间的作用力，则杂质将被排挤到液体表面层中去，这时杂质在表面层的浓度大于液体内部的浓度，从而使液体表面张力下降。反之就会使表面张力上升。

5. 两相分子间作用力差距

两相分子间作用力差距越大，σ 越大（实际上此时应称界面张力）。例如水（$\mu = 1.87\text{D}$）-辛醇（$\mu = 1.6\text{D}$）的 $\sigma = 8.5 \times 10^{-3}\ \text{N} \cdot \text{m}^{-1}$，水-乙醚（$\mu = 1.18\text{D}$）的 $\sigma = 10.7\text{mN} \cdot \text{m}^{-1}$，水-正辛烷（$\mu = 0$）的 σ 为 $50.8\text{mN} \cdot \text{m}^{-1}$。

7.2 弯曲液体的表面现象

7.2.1 弯曲液面的附加压力

1. 弯曲液面的附加压力

通常我们遇到的大面积的水面总是平坦的，这时表面张力也是水平的，且相互平衡，合力为零，这时液体表面内外压力是相等的，且等于表面上的外压力。但是一些小面积液面是曲面形式，如毛细管中的液面，沙子或粘土之间的毛细缝液面，气泡、水珠的液面等。由于存在表面张力，曲面下的液体或气体承受的压力与平面下的压力不同。对于凸液面，如图 7-4（a）所示，由于表面张力的方向是切于表面并垂直于作用线上，σ 倾向着缩小表面积的方向，使得液体表面产生向着液体内部的附加压力 $P_{附}$，这时曲面好像紧压在液体上似的。达到平衡时，凸液面内部的压力 $P_{凸}$ 等于外部压力 P 与 $P_{附}$ 之和，即内部压力大于外部压力，$P_{附}$ 为正值。但凹形液面下的压力与凸形液面正好相反，如图 7-4（b）所示，表面张力的合力指向液体的外部，则曲面好像被拉出液面一样。当曲面保持平衡时，曲面内部的压力将小于外部的压力，此时 $P_{附}$ 为负值。

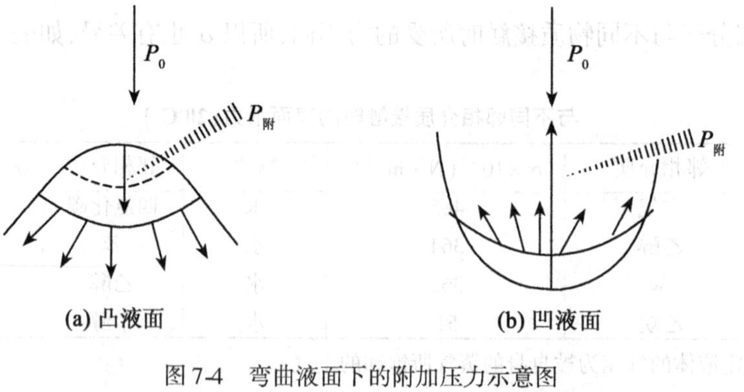

图 7-4　弯曲液面下的附加压力示意图

液体不同，附加压力不同，即使是同一液体，液面的曲率半径不同，附加压力也不同，如图 7-5。实验时先分别吹出两个大小不等的肥皂泡 B_1 和 B_2，再转动活塞使二者相通，可立即观察到半径较大的气泡 B_1 越来越大，而半径小的 B_2 则越来越小。这就是说气流由小气泡 B_2 流向了大气泡 B_1，亦即曲率半径小的气泡内气体所受的压力大，附加压力大，而曲率半径大的气泡内气体所受的压力小，附加压力小。它们之间的关系——Laplace 式推导如下：

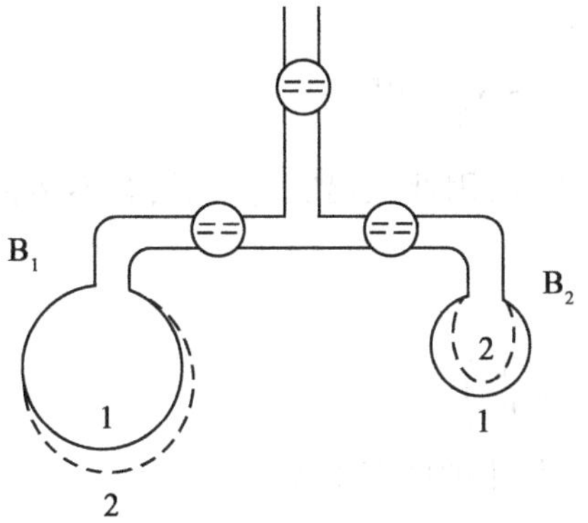

图 7-5　液面曲率对附加压力的影响

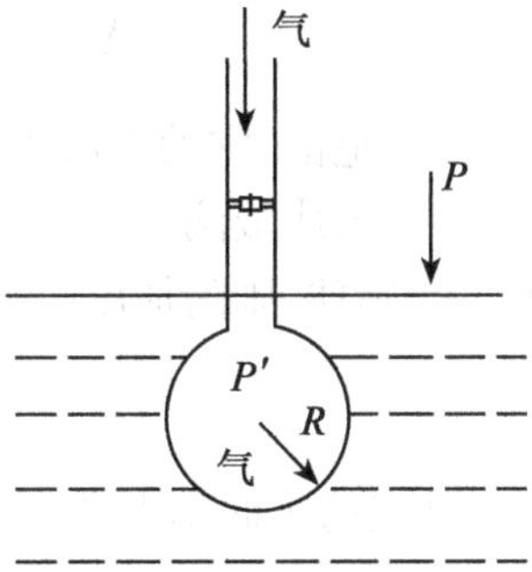

图 7-6　附加压力与曲率半径的关系

设想用一根毛细管向液体中吹入气体，在毛细管的下端形成一个半径为 R 的气泡，如图 7-6 所示，同时设想用一个活塞维持气泡的平衡压力 P'，在忽略液体对气泡静压力的情况下，气泡处于平衡时，泡内气体的压力 P' 应等于泡外大气压力 P 与附加压力 $P_{附}$ 的和，即

$$P' = P + P_{附}$$

$$P_{附} = P' - P$$

即气泡内外压力差等于附加压力。

在恒温和可逆的情况下，推动活塞向下移动，使气泡的体积增大 $\mathrm{d}V$，其表面积相应地增加 $\mathrm{d}A$，此过程中如将气泡内的气体及包围气泡的界面层作为物系，则环境（活塞）对物系做的功为：

$$\mathrm{d}W_1 = P'\mathrm{d}V = (P + P_{附})\mathrm{d}V$$

气泡膨胀时，物系对环境所做的体积功为：

$$\mathrm{d}W_2 = P\mathrm{d}V$$

物系所得到的净功为：

$$-\mathrm{d}W = \mathrm{d}W_1 - \mathrm{d}W_2 = P'\mathrm{d}V - P\mathrm{d}V = P_{附}\,\mathrm{d}V$$

该式表明：在整个过程中，物系得到的净功在数值上等于反抗附加压力所消耗的功。此功用于克服表面张力的作用，使气泡的表面积增大 $\mathrm{d}A$，即用于增加物系的表面能，故存在下列关系：

$$P_{附}\,\mathrm{d}V = \sigma\mathrm{d}A$$

$$P_{附} \cdot 4\pi R^2\mathrm{d}R = \sigma \cdot 8\pi R\mathrm{d}R$$

将上式整理可得：

$$P_{附} = \frac{2\alpha}{R} \cdots\cdots \text{Laplace 公式}$$

该式只适用于曲率半径 R 为定值的弯曲液面附加压力的计算。可以看出在一定温度下，弯曲液面的附加压力与其表面张力成正比，与液面的曲率半径成反比。对于液体中的气泡(凹液面),曲率半径为负值,则附加压力 $P_{附}$ 为负值,其方向指向气泡的中心;对于气相中的液滴(凸液面),曲率半径为正,则附加压力为正值,其方向指向液滴中心;对于平液面,因为曲率半径无穷大,故 $P_{附}=0$,即平液面不具有附加压力;如是气相中的气泡,如肥皂泡,这时由于气泡有两个气-液界面,其中外面的液面为凸液面,内面的液面为凹液面,这两个球型界面的半径基本相等,所以气泡内外的压力差:

$$\Delta P = P_{附凸} - P_{附凹} = 2P_{附} = \frac{4\sigma}{R}$$

这表明:一个肥皂泡,它的泡内压力比外压力大,因此吹出肥皂泡后,若不堵住吹管口,泡就很快缩小,直至缩成液滴。

如果液滴不是圆球,则附加压力关系式为:

$$P_{附} = \sigma\left(\frac{1}{R_1} + \frac{1}{R_2}\right)$$

R_1,R_2 为液面上某点的主曲率半径,也就是最大、最小的曲率半径。

2. 表面张力的测定

测定表面张力的方法较多,这里仅介绍毛细管上升法及最大气泡法。

(1)毛细管上升法

毛细管上升法是测定表面张力的一种绝对方法,所得的结果相当精确,且所用仪器简单,因此虽然后来出现了其它方法,但目前还是一直用此法所得的结果作为标准。

把半径为 r 的毛细管插入液体中,液体若能润湿管壁即接触角 $\theta < 90°$,管中的液面将呈凹形,如图 7-7 所示,此时凹液面上方压力将大于凹液面下的压力,其压力差 $\Delta P = 2\sigma/R$。所以液体将被压入管内使液柱上升,直到上升液柱所产生的静压力 $\Delta\rho gh$ 与 ΔP 相等时才可达到平衡,即:

$$\frac{2\sigma}{R} = \Delta\rho gh$$

式中 $\Delta\rho$ 为界面两边的两相物质的密度差($kg \cdot m^{-3}$),h 为液柱上升的高度(m),由图 7-7 可以看出:毛细管的半径 r 与液面曲率半径 R 的关系为:

$$\cos\theta = \frac{r}{R}$$

则:$h = \dfrac{2\sigma\cos\theta}{r\Delta\rho g}$ 即 $\sigma = \dfrac{1}{2\cos\theta}\Delta\rho ghr$

这就是毛细管上升法测定液体表面张力的基本公式。

当精确测定时不能忽略弯月面部分的体积,故须对液柱高度予以校正,设弯月面部分的液体相当于 h' 高度,弯月面下液柱高为 h_0,则总液柱高度 h 为:

$$h = h_0 + h'$$

若毛细管很细(对于水,当 $r < 0.2$mm 时),$h' = \dfrac{r}{3}$;若毛细管不太细,但仍 <1mm 时,

$$h = h_0 + \frac{r}{3} - 0.1288\left(\frac{r^2}{h_0}\right) + 0.1312\left(\frac{r^3}{h_0^{\ 2}}\right)$$

由于测定 h 的值首先要确定管外液面的参考位置,而这一工作是较困难的,但可用两根

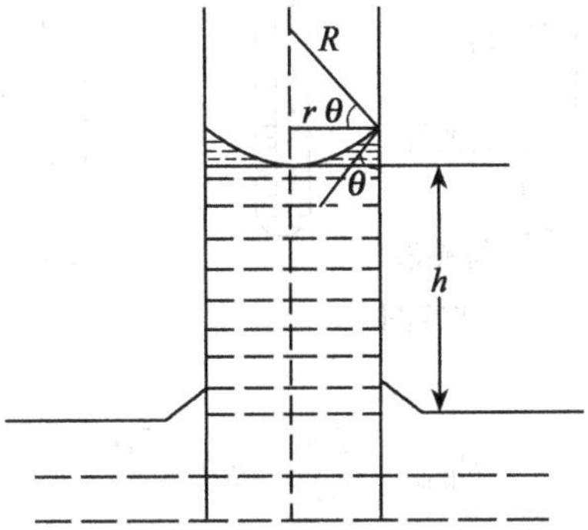

图 7-7　毛细管上升法测定表面张力示意图

半径分别为 r_1 和 r_2（$r_1 < r_2$）的毛细管插入密度为 ρ 的同一液体中，若设在此二管中液柱上升高度分别为 h_1 和 h_2，显然应有：

$$\sigma = \frac{1}{2} r_1 h_1 \rho g = \frac{1}{2} r_2 h_2 \rho g$$

即

$$\sigma = \frac{(h_1 - h_2)\rho g r_1 r_2}{2(r_2 - r_1)} = \frac{\rho g r_1 r_2 \Delta h}{2\Delta r}$$

式中 Δh 为在二毛细管中液柱升高的高度差。这样只需测定在二毛细管中液柱高差即可求得表面张力，这种方法可称为毛细高差法。

若将上述两根毛细管先插入已知表面张力为 σ_0 的液体中，测出其液柱上升高度差为 Δh，设该液体的表面张力为 σ，则：

$$\sigma = \frac{\rho \Delta h}{\rho_0 \Delta h_0} \sigma_0$$

应用此法测定液体表面张力，最主要的是固-液接触角最好为 0°，否则因接触角的滞后作用难以得到准确的结果。此外毛细管要干净、均匀，半径不均匀的毛细管虽并非不能使用，但其实际操作比较麻烦。

若液体对毛细管不润湿（$\theta > 90°$），管内液面是凸形，因为凸液面下方液相压力比液面上方气相压力大，所以管内液柱反而下降，下降的深度同样可用该公式求出。

（2）最大气泡压力法

实验室中常用的测定表面张力的方法为最大压力气泡法，因为该方法操作简单，样品用量少，但准确性较差。最大气泡法的装置简图如图 7-8 所示。令毛细管管口与被测液体的表面刚好接触，然后从 A 瓶放水抽气，随着毛细管内外压差逐渐增大，毛细管口的气泡慢慢长大，泡的曲率半径开始时从大变小，经过一个最小值后又逐渐变大。如图 7-9 所示，假设在这一过程中，气泡的表面都是球面的一部分，那么它的半径等于毛细管的内径时，如图7-9（b）所示，气泡表面恰好是半球面，这时半径达到最小值，而气泡内压力达到最大值，并可由 U 形压力计的压差 h 测得，所以根据泡内最大的附加压力 $P_{附}$ 和毛细管的内径，就可计算出表面张力。

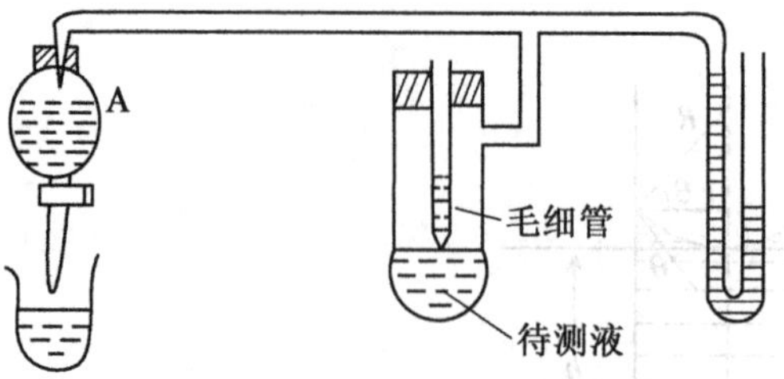

图 7-8　最大压力气泡法装置图

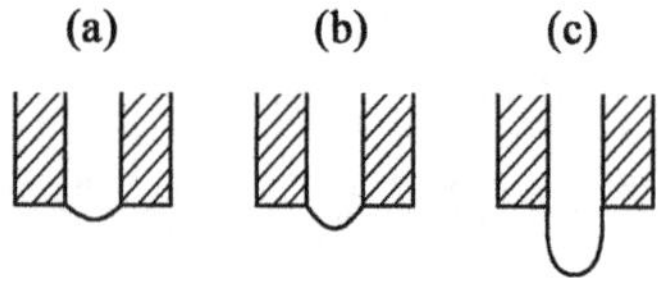

(b)气泡的半径等于毛细管的半径

图 7-9　气泡的形成过程

$$P_{附\max} = \frac{2\sigma}{R} = \rho g h = \frac{2\sigma}{r}$$

式中 ρ 为 U 形压力计中的液体密度，由于 r、ρ、g 都是常数，故

$$\sigma = \frac{r \cdot \rho \cdot g}{2} h = kh$$

K 称为毛细管系数，可通过一已知 σ 的液体求出。所以在实测中，不必测定毛细管的半径及压力计中液体的密度，因此这种方法简单可靠，为人们广泛采用。当然，测定表面张力的方法还有滴体积法、挂环法、挂片法等，在此不作介绍。

通过上述讨论可知：表面张力的存在，是弯曲液面产生附加压力的根本原因，而毛细现象则是弯曲液面产生附加压力的必然结果。掌握这些知识，可以解释许多现象，例如农业上锄地，不但可以铲除杂草，而且可以破坏土壤中存在的毛细管，防止土壤中的水分沿毛细管上升到表面而被蒸发掉。另外在印刷中，纸张毛细管的附加压力也起很大的作用，如刚印刷后，毛细管对油墨的吸收主要靠此附加压力。尤其对新闻印刷、凹版印刷、苯胺印刷更为明显。

7.2.2　弯曲液面上的饱和蒸气压

我们说某纯液体在一定的温度和外压下，有一定的饱和蒸气压，这是对水平面而言的。而微小液滴（凸液面）或液体中气泡（凹液面）的饱和蒸气压不仅与液体的性质、温度、外压有关，而且还与液滴半径的大小有一定的关系，即 $P = f(T, r)$，其定量关系推导如下：

设某纯液体分别以半径为 r_o 的大液滴和半径为 r 的微小液滴存在，在一定温度下，其饱和蒸气压分别为 P_{r_o}、P_r，并设蒸气为理想气体。

若把微量 dm 的液体从大液滴中转移到小液滴中去，可采用两种不同的途径，如图 7-10 所示。

途径(i)：在恒温可逆条件下，直接从大液滴取出 dm 量的液体，放到小液滴中去，对于密度为 ρ、质量为 m 和半径为 r 的球体：

$$dA = 8\pi r dr \quad dV = 4\pi r^2 dr = \frac{dm}{\rho} \quad dA = \frac{2}{r} dV = \frac{2dm}{r\rho}$$

在转移过程中，物系表面积总的变化应为小液滴和大液滴的表面积变化的代数和，即

$$dA = dAr + dAr^\circ = \frac{2dm}{\rho}\left(\frac{1}{r} - \frac{1}{r_0}\right)$$

因此，恒温可逆直接转移过程，外界对体系做的功为：

$$dW' = -\sigma dA = -\frac{2\sigma dm}{\rho}\left(\frac{1}{r} - \frac{1}{r_0}\right)$$

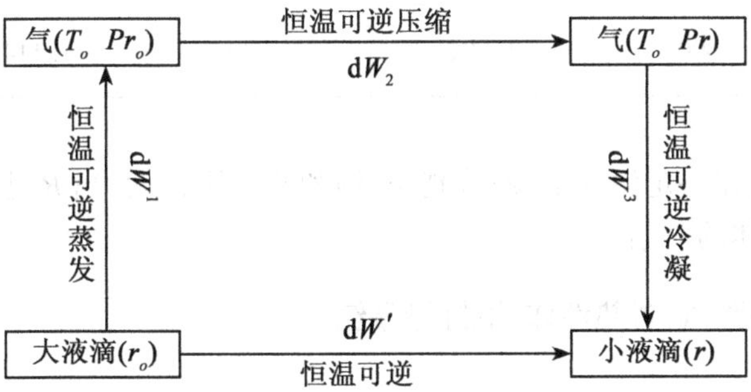

图 7-10　开尔文公式导出示意图

途径(ii):把 dm 量的液体从大液滴中恒温可逆蒸发为蒸气(其压力为 Pr_o):然后恒温可逆压缩到 Pr,再在此压力下,恒温可逆凝结在半径为 r 的微小液滴上。在此情况下,蒸发过程与凝结过程的功的绝对值相同,但符号相反,故整个转移过程的总功,只取决于压缩蒸气的功,即

$$\mathrm{d}W = -\mathrm{d}m\frac{RT}{M}\ln\frac{Pr}{Pr_o}$$

由于上述两种途径都是在恒温可逆条件下进行的,且始末状态相同,根据热力学原理:

$$\frac{2\sigma\mathrm{d}m}{\rho}\left(\frac{1}{r}-\frac{1}{r_o}\right)=\mathrm{d}m\frac{RT}{M}\ln\frac{Pr}{Pr_o}$$

所以

$$\ln\frac{Pr}{Pr_o}-\frac{2\sigma M}{\rho RT}\left(\frac{1}{r}-\frac{1}{r_o}\right)$$

当始态为平面液体时,r_o趋于无穷大,$Pr_o = P^o$(平面液体的饱和蒸气压),则:

$$\ln\frac{Pr}{Pr_o}=\frac{2\sigma M}{\rho RTr}$$

上式即为开尔文式(Kelvin)。

可以看出,对于液面为凸形(如小液滴)时,由于 $r>0$,所以 $Pr > P_o$,即液体在凸液面上的饱和蒸气压必然大于平液面上的饱和蒸气压。同理,对于凹形液体来说,$r<0$ 即 $Pr<P_o$,也就是说液体在凹液面上的饱和蒸气压,必然小于平面液体的饱和蒸气压。

例:已知在 20℃时,水的饱和蒸气压为 2336Pa,密度为 $0.9982\times10^3\mathrm{kg\cdot m^{-3}}$,表面张力为 $72.75\times10^3\mathrm{N\cdot m^{-1}}$。计算水滴在 10^{-5} 至 10^{-9}m 的不同半径时,饱和蒸气压之比$\frac{Pr}{P_o}$各为多少?

解:当 $r=10^{-5}$m 时

$$\ln\frac{Pr}{P_o}=\frac{2\sigma M}{\rho RTr}=\frac{2\times72.75\times10^{-3}\times18.015\times10^{-3}}{0.9982\times10^{3}\times8.314\times293.15\times10^{-5}}$$

所以　$$\frac{Pr}{P_o}==1.0001$$

计算结果列表如下:

$r(m)$	10^{-5}	10^{-6}	10^{-7}	10^{-8}	10^{-9}
$\frac{P_r}{P_o}$	1.0001	1.001	1.011	1.114	2.937

上列数据表明：在一定温度下，液滴越小，饱和蒸气压越大，当 R 达到 10^{-9}m 时，其饱和蒸气几乎为水平液体的三倍。

7.2.3 过饱和蒸气，过热液体，毛细管凝结

1. 过饱和蒸气

所谓过饱和蒸气，就是指按照相平衡的条件，应当凝结而未凝结的蒸气。过饱和蒸气之所以可能存在，是因为新生成的极微小的液滴（新相）的蒸气压大于平液面上的蒸气压，如图 7-11 所示。曲线 OC 和 $O'C'$ 分别表示通常液体和微小液滴的饱和蒸气压曲线，若将压力为 P 的蒸气，恒压降温至 t℃（A 点），蒸气对通常液体已达到饱和状态，但对微小液滴却未到达饱和状态，所以蒸气在 A 点不可能凝结出微小的液滴。可以看出：若蒸气的过饱和程度不高，对微小液滴还未达到饱和状态时，微小液滴既不可能产生，也不可能存在。例如在 0℃附近，水蒸气有时要达到 5 倍于平衡蒸气压才开始自动凝结，其它蒸气如甲醇、乙醇及醋酸乙酯也有类似的情况。

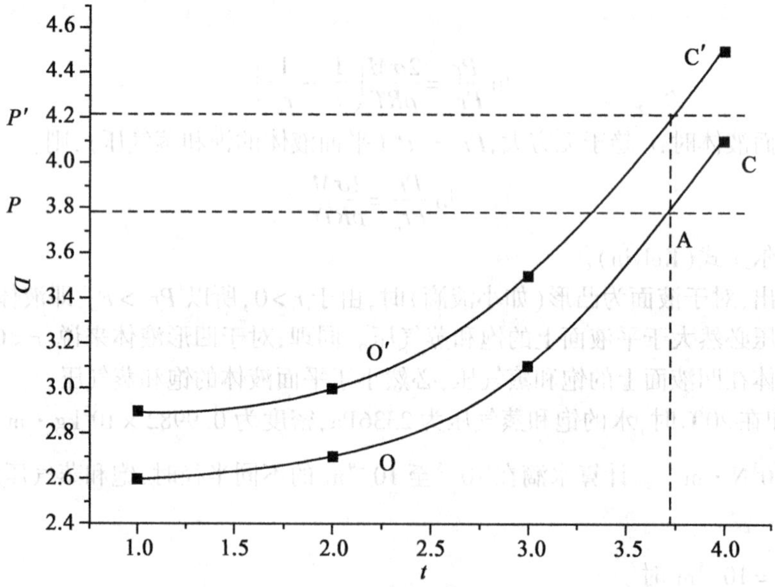

图 7-11 过饱和蒸气产生的示意图

当蒸气中有灰尘存在或容器内表面粗糙时，这些物质可以成为蒸气的凝结中心，使液滴核心易于生成及长大。当蒸气的过饱和程度较小时，蒸气就开始凝结。人工降雨的原理就是当云层中的水蒸气达到饱和或过饱和的状态时，在云层中用飞机喷撒微小的 AgI 等颗粒，

此时 AgI 颗粒就成为水的凝结中心，使水滴（新相）生成时所需要的过饱和程度大大降低，云层中的水蒸气就容易凝结成水滴而落向大地。

2. 过热液体

所谓过热液体是指按相平衡条件，应当沸腾而不沸腾的液体。过热液体之所以可能存在，是因为液体在沸腾时，不仅在液体表面上进行气化，而且在液体内部要自动生成极微小的气泡（新相），但是由于凹液面的附加压力将使气泡难以形成，如图 7-12 所示，在 101.325kPa，100℃的纯水中，在离液面 h(0.02m) 的深处，若能生成一个半径为 10^{-8}m 的小气泡，而且已知在 100℃时纯水的表面张力为 $58.85\times10^{-3}\text{N}\cdot\text{m}^{-1}$，密度为 $958.1\text{kg}\cdot\text{m}^{-3}$。由 Kelvin 公式可计算出小气泡内水蒸气的压力 $Pr=94.344\text{kPa}$。由 Palace 公式可以算出，凹液面对小气泡的附加压力：

$$P_{附}=11774\text{kPa}$$

小气泡所受的静压力：

$$P_{静}=\rho gh=0.188\text{kPa}$$

所以小气泡存在时，需要克服的压力为大气压力、静压力、附加压力之和，即：

$$P'=P_{大气}+P_{静}+P_{附}=11875.5\text{kPa}$$

通过上述计算可知：100℃时小气泡内的水蒸气压力为 94.344kPa，远小于小气泡存在时需要克服的压力，所以小气泡是不可能存在的。若要使小气泡存在，必须继续加热，使小气泡内水蒸气压力等于或超过它应克服的压力时，小气泡才可能生成，液体才开始沸腾，此时液体的温度必然高于该液体的正常沸点。上述计算表明，凹液的附加压力是造成液体过热的主要原因，在科学实验或生产实际中，为了防止液体的过热现象，常在液体中投入一些素烧瓷片或毛细管等物质，因为这些多孔性物质的孔中储存有气体，这些气体可成为新相种子，因而绕过了产生极微小气泡的困难阶段，使液体的过热程度大大降低。

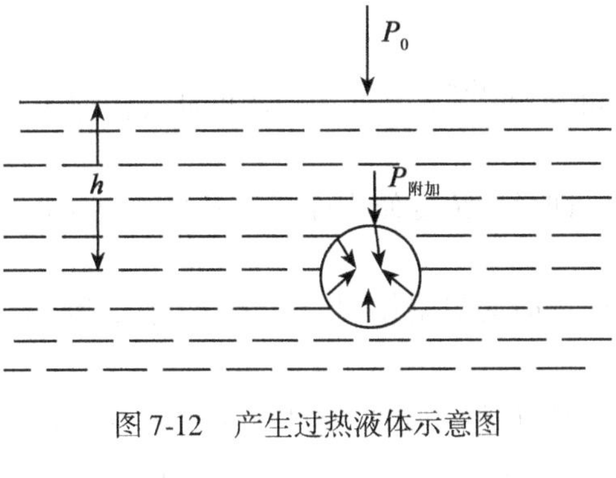

图 7-12　产生过热液体示意图

3. 毛细管凝结

在毛细管内，液体若能润湿管壁，则管内液面为凹形，在一定温度下，对于液面还未达到饱和的蒸气，而对于毛细管内的凹液面可能已经达到饱和或过饱和状态，蒸气将凝结成液体，这种现象称为毛细管凝结。根据毛细管凝结，从实验测得 $Pr=P_o$ 值，可计算出多孔性物质的孔径大小。硅胶能吸附空气中的水蒸气，新闻印刷中粗糙的纸张对油墨的快速吸收，均可用毛细管凝结来解释。

7.3 溶液表面的吸附现象

溶液和纯液体不同，它含有溶剂和溶质两种不同的分子。如果在表面层中溶质分子比溶剂分子所受到的指向溶液内部的引力还要大些，则这种溶质分子的溶入将使溶液的表面张力增高，从能量趋于最低的原则出发，这种溶质倾向于较多地进入溶液内部而较少地留在表面层中，以求使溶液的表面张力尽量低些，从而降低体系表面能。这样就造成了溶质在表面层中比在本体溶液中浓度小的现象，如果在表面层中溶质分子比溶剂分子所受到的指向溶液内部的引力要小一些，那么，这种溶质的溶入将使溶液的表面张力减小。而且，溶质分子将倾向于在表面层相对地浓集以求更多地降低溶液的表面张力，从而更多地降低溶液的表面能，因此造成了溶质在表面层中比在本体溶液中浓度大的现象。我们把溶质在表面层中与在本体溶液中浓度不同的现象叫做“溶液的表面吸附”。若溶质在表面层的浓度高于本体浓度，称为“正吸附”，反之则称为“负吸附”。

Gibbs(吉布斯)于1878年用热力学方法导出了反映溶液表面吸附量 Γ 与溶液表面张力随浓度变化率$\frac{d\sigma}{dC}$之间关系的公式，即著名的 Gibbs 吸附等温式：

$$\Gamma = -\frac{C}{RT}\frac{d\sigma}{dC}$$

其中 Γ 是溶质在表面层的吸附量(单位面积的表面层所含溶质的摩尔数比同量溶剂在本体溶液中所含溶质摩尔数的超出值)，称为溶质的吸附量或表面过剩量($mol \cdot m^{-2}$)；C 为溶质在溶液本体中的平衡浓度($mol \cdot l^{-1}$)，σ 为溶液的表面张力($J \cdot m^{-2}$)，T 为绝对温度，R 为气体常数。

由 Gibbs 吸附等温式可知：当$\frac{d\sigma}{dC}<0$，即增加浓度使表面张力下降时，$\Gamma>0$，即溶质在表面层发生正吸附；当$\frac{d\sigma}{dC}>0$，即增加浓度使表面张力升高时，$\Gamma<0$，即溶质在表面上发生负吸附；当$\frac{d\sigma}{dC}=0$，$\Gamma=0$，则说明此时无吸附作用，这一结论与实验结果是完全一致的。

若用 Gibbs 吸附等温式计算某溶质的吸附量，必须预先知道$\frac{d\sigma}{dC}$的大小，为求得$\frac{d\sigma}{dC}$值，可先测定不同浓度 C 时的表面张力 σ。以 σ 对 C 作图，求得曲线上各指定浓度时的斜率，即为在实验温度该指定浓度 C 时$\frac{d\sigma}{dC}$的值，就可计算出相应的吸附量 Γ。

例：21.5℃时，测得 β-苯基丙酸(分子量 $M=150.1$)水溶液的表面张力(牛顿×米$^{-1}$)和浓度 C(克×千克水$^{-1}$)的数据如下：

C	0.5026	0.9617	1.5007	1.7506	2.3515	3.0024	4.1146	6.1291
$\sigma\times10^3$	69.00	66.49	63.63	61.32	59.25	56.14	52.46	47.24

试求当溶液浓度为1.5g/kg水时溶质的表面吸附量Γ。

解：据题所给数据作σ-C图，并作C为1.5g/kg水曲线处的斜率：

$$\frac{d\sigma}{dC}=\frac{70.4-50.0}{0-4.0}=-5.1\times10^{-3}(\text{牛顿}\cdot\text{千克水}\cdot\text{米}^{-1}\cdot\text{克}^{-1})$$

吸附量
$$\Gamma=-\frac{C}{RT}\frac{d\sigma}{dC}=-\frac{1.5}{8.314\times294.5}\times(-5.10)\times10^{-3}$$
$$=3.1\times10^{-6}\text{摩尔}\cdot\text{米}^{-2}=4.65\times10^{-4}\text{克}\cdot\text{米}^{-2}$$

7.4　液体在另一液面上的展开

一种液体能否在另一种液体表面上铺开，这个问题与液体的粘附功和内聚功有着密切的关系，其结果要看展开后表面自由焓是否降低来确定。

7.4.1　粘附功和内聚功

介于两种互不相容的液体之间的粘附功，等于将单位面积的液-液界面分离开来，并形成两个互相脱离的气-液界面所做的功W_a，如图7-13所示，它们之间的关系就是Dupre公式。

$$W_a=\sigma_O+\sigma_W-\sigma_{OW}$$

式中：σ_O：液体O的表面张力；σ_W：液体W的表面张力；σ_{OW}液体O与液体W的界面张力。显然，粘附功越大，两相界面结合越牢固，即粘附功是两相分子相互作用大小的表征。

纯液体的内聚功，等于将单位面积的纯液体柱拉开，形成两个气-液界面所做的功W_C，如图7-14所示，其关系为：

$$Wc=2\sigma$$

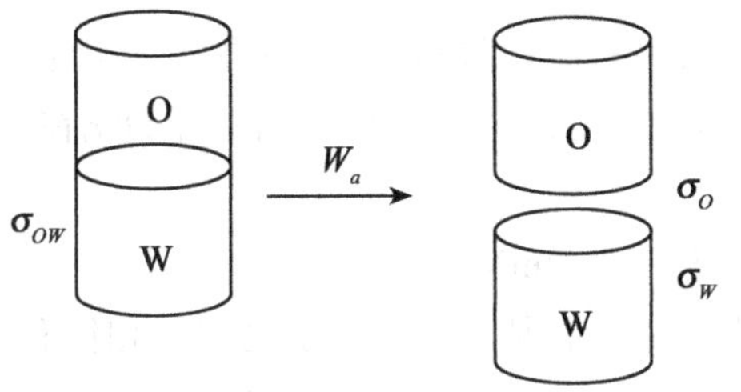

图7-13　粘附功

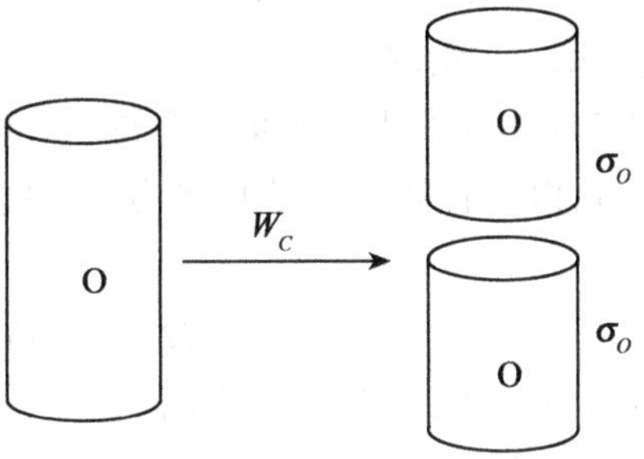

图7-14　内聚劝

粘附功、内聚功在平印中对产品的质量有较大影响，如油墨 W_C 过大，则油墨不易转移，易堵墨；如润湿液附着于图文部分的粘附功大，则能阻碍油墨的传递，或者油墨附着在空白上的粘附功大，则易造成粘脏。

7.4.2 液体在另一种液面上的展开

当一滴不溶性的油滴在水表面上时，可发生三种不同的情况：

① 油滴的形状就像一个凸透镜那样，如图 7-15 所示，漂浮在水面上，毫无展开的现象；

② 油滴在水面上铺成一层薄油膜，由于油膜的厚度各处不同，常显示出彩色的干涉花纹，直到均匀分布在水面上，在这种场合下，油膜形成了油-水和油-气两种界面；

③ 展开成一个单分子膜，并与剩余的油滴相平衡，如图 7-16 所示。

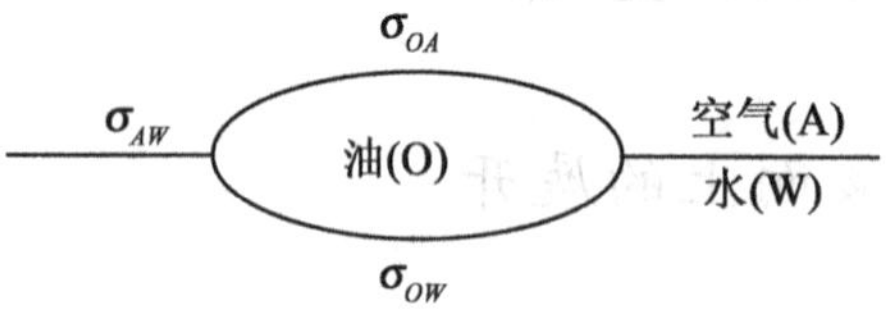

图 7-15　水面上的油滴

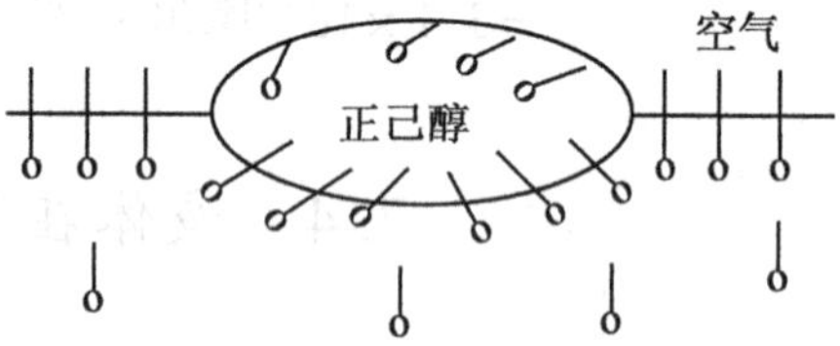

图 7-16　正己醇在水面展开示意图

油能否在水上展开，得看过程的表面自由焓变：

$$\Delta G = (\sigma_O + \sigma_{OW} - \sigma_W)\,\mathrm{d}A$$

由于 $\mathrm{d}A > 0$，所以：$\sigma_O + \sigma_{OW} - \sigma_W < 0$ 时，过程为自发的，即油能自发地在水面上展开。为方便起见，Harkins（哈肯斯）于 1992 年提出了铺展系数（S）的概念：

$$S = \sigma_W - (\sigma_O + \sigma_{OW})$$

其中各个界面张力都是在油与水互相饱和之前测定的，因此油滴或其它液体最初展开的条件是：$S > 0$。反之，若 $S < 0$，则油滴不能展开。

将铺展系数与粘附功、内聚功联系起来，则：

$$S = W_a - W_C = \sigma_W + \sigma_O - \sigma_{OW} - 2\sigma_O = \sigma_W - (\sigma_O + \sigma_{OW})$$

该式表明：只有当油与水的粘附功大于油本身的内聚功时，油才能自发铺展在水面上。

表 7-4 列举了几种有机物在水面上的铺张系数。苯、长链的醇、酸、酯等都能在水面上展开，属于第二种情况。而二硫化碳和二碘甲烷等不能在水面上展开，只能形成透镜状油滴，属于第一种情况。

表 7-4 是纯液体在水面上的展开系数，若令两种液体长时间接触，还会发生相互溶解而逐渐达到相互饱和，引起表面张力的变更，展开系数也随之而异。例如当苯开始滴在水面上时

$$S_{初} = 72.8 - (35.0 + 28.9) = 8.9\mathrm{mN \cdot m^{-1}}$$

由于 $S_{初} > 0$，所以能在水面上展开，呈上述第二种情况。但苯与水之间互相饱和之后，σ_W 已降低到 $62.4\mathrm{mN \cdot m^{-1}}$，$\sigma_O$ 则降至 $28.8\mathrm{mN \cdot m^{-1}}$，故最终的展开系数为：

表 7-4　**20℃时在水面上的展开系数**

化合物	S	化合物	S
异戊醇	44.0	硝基苯	3.8
正辛醇	35.7	己烷	3.4
庚醇	32.2	邻溴甲苯	-3.3
油酸	24.66	二硫化碳	-8.2
苯	8.8	二碘甲烷	-26.5

$$S_{终}=62.4-(35.0+28.8)=-1.4\mathrm{mN}\cdot\mathrm{m}^{-1}$$

因此已展开的苯又重新聚集在一起，形成透镜状液滴，在其余的水平面上则覆盖着苯的单分子层，如上述第三种情况。所以只要测得表面张力的数据，即可根据 Harkins 公式来判断能否展开。一般说来，低 σ 的液体能在高 σ 的液体表面上展开，反之则不能展开。这就可以说明 σ 很高的表面为什么很容易被玷污，因为多数液体的 σ 远远小于 σ_{Hg}，所以都可以在汞表面上展开。研究液体展开的问题是有实际意义的，例如在涂布工艺中，就需要控制有关的界面，以达到均匀展开的目的。

第8章　固体的表面现象

固体表面与液体表面一样,表面上的原子或分子所受的力也是不对称的,同样具有表面能,它的性质只是在程度上或表现方式上与液体有所不同而已,一般说来固体的表面张力较液体的要大。

8.1　固体的表面

液体与固体的一个重要不同点是液体分子易于移动,而固体分子或原子则几乎是不会移动的,因而固体表面表现以下特点:

①固体表面不像液体那样易于缩小和变形,所以准确测定液体的表面能是可能的,而测定固体的表面能至今仍无可靠的方法。当然固体表面上的分子或原子不能够移动的现象并不是绝对的,在高压下几乎所有的金属表面上的原子都会流动;在接近熔点的金属晶体上,尖锐的棱、角会变得钝些,有时还有熔结现象,甚至两种相互接触的金属,可以相互扩散到彼此的内部等,只不过这种现象需要相当长的时间才能观察到。

②固体表面是不均匀的。固体表面通常不是理想的晶面,而是有台阶、裂缝、沟槽、位错和熔结等很不平坦的粗糙表面。如经过研磨加工的金属表面,从宏观看来已非常平滑,可是用放大镜观察,就会发现实际上是凹凸不平的。目前最精细的加工表面,其凹凸的高度仍有10^{-4}mm左右。固体表面的这种不平坦的性质常用所谓的粗度来表征,$R=\frac{1}{2}(h_1^2+h_2^2+\cdots)$,$h$为表面沟槽的深度。

③固体表面构造的多层次性。一个看起来比较干净的固体表面,实际上仍然覆盖着其它各种物质的膜层。例如,金属表面在原来的金属基体上大约覆盖着三层或四层其它物质的膜层(如图8-1)。

最外一层为普通脏污膜,包括手指油污,大气中的灰尘等,厚度一般为30nm;第二层为吸附分子膜,主要来自对大气中的某些气、液分子的吸附,其厚度一般约为0.3~3nm;第三层为金属氧化膜,它是由金属表面与空气中的氧发生作用而形成的,其厚度一般为10~20nm;第四层为加工变质层,它是由于切削或研磨而产生的,其硬度较基体的要大,又可分为两个部分,其一是表面的碎土状,为极细的结晶群,约为1nm厚,其二是结晶粒子的晶轴和磨光方向一致的纤维组织,厚度约为10^{-3}nm。因此实际使用的金属面并非具有亲水性,往往是疏水性的。但是通过一定的前处理,便能获得洁净的表面,例如机械研磨、电解研磨、洗涤以及其中几种组配的方法。

正因为固体表面的这些特点,使得固体表面的性质与液体表面有较大的不同。前已叙

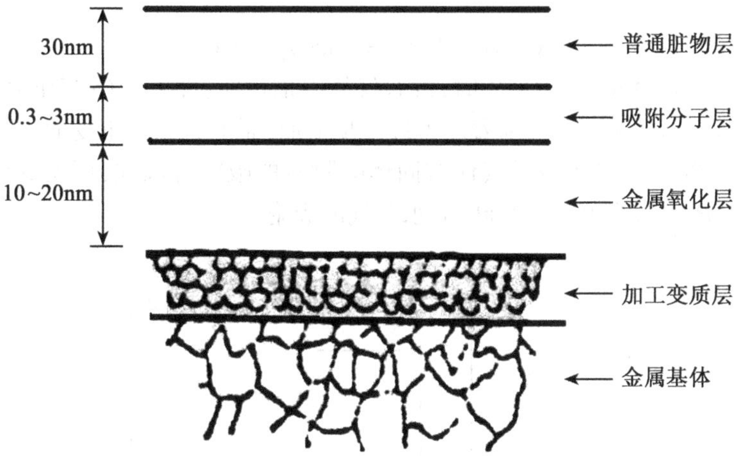

图 8-1　金属表面构造示意图

及液体降低表面张力的方式可通过表面吸附,也可通过缩小其表面积来实现。但对固体来说,一般只能通过表面吸附的途径来降低其表面张力,即当气相或液相中的分子(或原子、离子)碰撞固体表面时,受到固体表面的过剩力场的作用,使一些分子(或原子、离子)停留在固体表面上,造成这些分子(或原子、离子)在固体表面上的浓度比在气相或液相中的浓度大,这种现象即为吸附,通常称固体为吸附剂,被吸附的物质为吸附质。

吸附作用在生产和科学实验中均有广泛的应用,例如用活性炭吸附糖水溶液中的杂质使之脱色,用硅胶吸附气体中的水汽使之干燥,磨版过程中磨砂对油污的作用,印刷中纸张对油墨的作用,固体分散时其表面对所加的表面活性剂的作用……。当然,吸附作用也可以发生在液-液、气-液等界面上,本章将着重讨论固体的吸附作用,即固体对气体和液体的吸附。

8.2　固体表面对气体的吸附作用

8.2.1　固体与气体的作用

当固体与气体接触时,固体与气体间会发生一定的作用,引起气体分子的减少,但是作用的形式可能不同,有吸附、溶解(吸收)及化学反应,究竟属于哪一种形式,须根据其作用过程的不同规律来判断。实验表明,在一定温度下,固体对气体的溶解、化学反应或吸附的量与气体压力 P 有典型关系,如图 8-2 的 P-V 等温线所示。

(1)吸收:在图 8-2(a)中曲线表示气体被吸收的量(V)与压力成正比,如氢气溶解在金属钯中,$CaCl_2$ 吸收水蒸气等。就像 CO_2 溶解在水中一样,V 与 P 的关系遵循 Henry 定律(在一定温度下,气体在液体中的溶解度与其分压成正比例关系),同时被吸收的气相在固相中均匀分布。

(2)化学反应:图 8-2(b)中曲线表示气体与固体发生了化学反应,如 $CuSO_4$ 和 $H_2O(g)$ 的作用:

$$CuSO_4 + H_2O = CuSO_4 \cdot H_2O$$

当压力 P 小于固体的分解压 P_d 时,没有气体参加反应,即 $V=0$;当压力达到 P_d 时,水蒸气开始反应,且压力保持不变,随着压力进一步增加,而 V 仍为一不变的常数。

(3)吸附:图 8-2(c)曲线表示气体被固体吸附时的吸附等温线,可见低压下 V-P 为直线,稍高 P 时,V-P 为曲线关系,如硅胶对水蒸气的吸附。

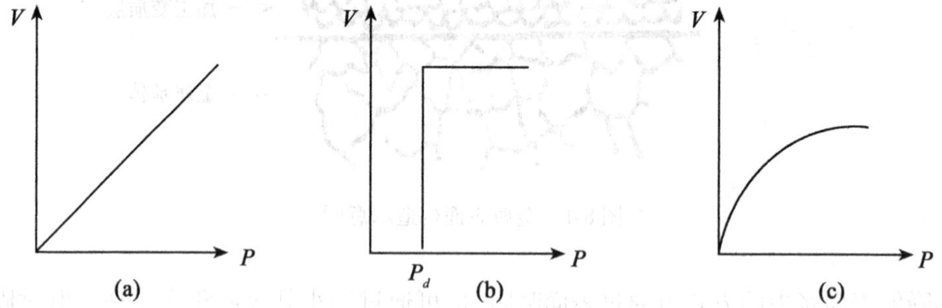

图 8-2 吸收、化学反应、吸附的 P-V 曲线

上述的三种作用彼此有联系也有区别,例如:吸附时被吸附的物质只停留在固体表面上,而吸收时气体分子可渗透到固体内部,且为均匀分布。当然吸附与吸收作用有时会同时发生,此时常用"吸着"二字称之。化学反应也与吸附(特别是化学吸附)很相近,均形成新的化合物,不过化学吸附仅在固体表面上作用,一般不易解吸,而化学反应的产物则易脱离表面,让其作用进行下去,即进行到表层以内。

8.2.2 物理吸附与化学吸附

固体对气体的吸附按其作用力的性质不同,可分为两大类:一类是物理吸附,即吸附剂与吸附质之间的作用是范德华引力;另一类是化学吸附,即吸附剂和吸附质的原子间形成化学吸附键,因而这两类吸附的性质和规律各不相同,现列表 8-1 作比较。

表 8-1 **物理吸附与化学吸附的区别**

吸附类别	物理吸附	化学吸附
吸附力	范德华力	化学键力
吸附热	较小,与液化热相似,一般小于 40kJ/mol	较大,与反应热相似一般大于 80 kJ/mol
选择性	无选择性	有选择性
吸附分子层	单分子层或多分子层	单分子层
吸附速度	较快,不需要活化能,不受温度影响	较慢,需要活化能,随温度升高吸附速度加快
吸附稳定性	会发生表面位移,易解吸,脱附物就是原来的吸附质	不位移,不易解吸,脱附物往往与原来的吸附质不同

当然,物理吸附和化学吸附常常不能截然分开,往往相伴发生。低温下,化学反应速度缓慢,所以物理吸附占优势。高温下,化学吸附速度随温度上升而迅速增加,所以高温下化学吸附占优势。另外,在同一吸附剂上也可同时发生这两类吸附。例如氧在金属钨表面上的吸附就有三种情况:①有的氧是以原子状态被钨吸附,属于化学吸附;②有的氧是以分子状态被吸附,属于物理吸附;③还有一些氧是以分子状态被吸附在氧原子上,也是物理吸附。所以情况是复杂的,要注意从实际环境和实验结果作综合的分析。所有过程都是放热过程,这可从热力学原理加以分析。根据 $\Delta G = \Delta H - T\Delta S$ 可知:在 T 一定时,吸附过程的 ΔS 必定小于零,因为被吸附分子由分散状态(三维空间中运动)变为聚集状态(二维空间上运动),这是一个混乱度减小的过程。而在给定的温度和压力下,吸附都是自动进行的,所以吸附过程的自由焓变化小于零,即 $\Delta G < 0$,则必然是 $\Delta H <$,这表示等温吸附过程都是放热的。正由于吸附是放热过程,所以升高温度会使吸附量降低。例如将 10^{-3}kg 的活性炭放入到 5.332×10^3 Pa 的 CO 气氛中,46℃时吸附 CO 约 4mol,0℃时吸附 CO 约 11mol。

通过吸附实验的测定(化学吸附和物理吸附),可以直接或间接地了解固体表面的性质和孔径结构。多种现代物理方法如红外光谱、核磁共振等,均可研究洁净表面及表面吸附层的微观结构。

8.2.3　吸附的研究方法

吸附研究的主要内容是吸附剂的吸附能力以及各种因素(T、P、浓度)对吸附量的影响规律。一般的研究方法是通过吸附量随 T、P 的变化曲线来探讨其规律。由于固体表面积往往难以测定,因此固体吸附剂的吸附量 Γ 通常以每克吸附剂所吸附的吸附质(气体)在标态下的毫升数或毫摩尔数来表示,即

$$\Gamma = \frac{V_{(S.P.T)}}{m} \quad 或 \quad \Gamma = \frac{n}{m}$$

式中 m 为吸附剂的克数, V、n 分别为吸附剂在标态下的毫升数或毫摩尔数,Γ 为吸附量($\mathrm{ml \cdot g^{-1}}$或 $n\mathrm{mol \cdot g^{-1}}$)。

对于给定的体系,Γ 应该是 T、P 的函数,即 $\Gamma = f(T, P)$,因此根据不同的目的,我们可以固定其中的一个变量,以研究其它两个变量之间的关系。例如温度不变,则 $\Gamma = f(P)$,称为吸附等温线;如压力不变,则 $\Gamma = f(T)$,称为吸附等压线;如吸附量不变,则 $P = f(T)$,称为吸附等量线。其中任一种曲线都可以用来表示它们的吸附规律的一个方面,但一般最常用的是吸附等温线。这三种吸附曲线是相互关联的,由于 Γ、T、P 中只有两个独立变量,所以可以从上述任意一组曲线作出另外两组吸附曲线。

8.2.4　影响吸附的因素

1. 吸附剂、吸附质之间的作用

吸附剂、吸附质之间的作用力的不同,会引起吸附的不同。如具有氧化表面的固体,倾向于吸附极性的吸附质;高温下石墨化的表面,则倾向于吸附非极性的吸附质。

2. 吸附剂的表面状态

对同一吸附剂来说,平滑表面与多孔表面对同一吸附质的吸附也是不同的。对于色散

力,在空洞面上吸附位能将大于在平面上的吸附位能。根据德博尔(Deboer)和卡斯特尔斯(Custers)的估算,位于洞腔中心的分子位能比平整表面上的位能的数值要大四倍,而毛细管底部的分子位能还要大,但在平面上凸起的峰顶上的分子位能则最低。对于离子晶体来说,则正好相反,峰顶位能最高,平面位能中等,孔洞中则最小。

3. 吸附质的浓度

纸张对水分的吸收,Vrquharts 认为水分在4%左右时,纸张对水分的吸收为单分子层吸附;当水分为10%左右时为多分子层吸附,在水分为70%以上则为毛细管凝结。

8.2.5 吸附的规律

在一定温度下,吸附量与平衡压力之间的定量关系,不仅可以用吸附等温线描述,也可用方程式来表示,即所谓的吸附等温式。

1. Freundlich(弗兰德里胥)等温式

Freundlich 根据许多实验事实,认为吸附等温式可表示成含有两个常数的指数方程式,即

$$\Gamma = kP^{\frac{1}{n}}$$

式中 Γ 为吸附量,P 是吸附达平衡时气体的压力,k 和 n 是常数,可通过实验求得。将上式写成对数形式。

$$\lg\Gamma = \lg k + \frac{1}{n}\lg P$$

该式为一直线方程,从直线的斜率可求得 n,从直线截距可求得 k,k 和 n 均与温度以及吸附剂和吸附质的种类有关。

实验证明:该等温式适用于中等压力的吸附,由于简单方便,应用较广,但不能从理论上阐明吸附机理。

2. Langmuir(朗格缪)单分子层吸附理论

根据实验,1918 年 Langmuir 提出了一个简单的固体表面吸附模型,从而导出单分子层的吸附理论。此模型的基本假定是:

① 固体吸附剂的表面是均匀的;

② 吸附为单分子层;

③ 被吸附的分子之间无作用力;

④ 平衡时吸附速率等于脱附速率。

设在某一瞬间,固体表面已发生吸附的面积占总面积的分数为 θ,则未发生吸附的面积占总面积的分数应为$(1-\theta)$。按照分子运动论,在固体单位面积上每秒钟碰撞的气体分子数,应正比例于气体的压力 P。因此,气体在固体表面上的吸附速率为:

$$v_1 = k_1 P(1-\theta)$$

式中,k_1 为比例常数,称为吸附速率常数。气体的脱附速率 v_2 应该正比例于已发生吸附的面积,则

$$v_2 = k_2\theta$$

k_2 成为脱附速率常数。

按基本假定④,则:

$$k_1P(1-\theta) = k_2\theta$$

$$\theta = \frac{k_1P}{k_2 + k_1P}$$

令 $b = \frac{k_1}{k_2}$,则

$$\theta = \frac{bp}{1+bp}$$

该式即为 Langmuir 吸附等温式。

θ 为吸附分子所覆盖的面积占总面积的分数,显然应与吸附分子数成正比。现设 Γ_∞ 为吸附剂面积全部被单分子层覆盖所需要吸附质的物质的量,Γ 为吸附剂在气体压力为 P 时吸附气体的物质的量,则:

$$\theta = \frac{\Gamma}{\Gamma_\infty}$$

则 Langmuir 吸附等温式又可改写为如下形式:

$$\Gamma = \Gamma_\infty \frac{bp}{1+bp}$$

式中 Γ_∞ 及 b 是反映吸附剂和吸附气体特性的常数。为了求算 Γ_∞ 及 b,上式可改写为如下的直线方程。

$$\frac{1}{\Gamma} = \frac{1}{\Gamma_\infty bp} + \frac{1}{\Gamma_\infty}$$

显然,$\frac{1}{(\Gamma_\infty b)}$为直线方程的斜率,$\frac{1}{\Gamma_\infty}$ 为直线方程的截距,通过实验可求得 Γ_∞ 和 b。

利用上述 Langmuir 吸附等温式能较好地解释单分子吸附中 Γ-P 曲线(图 8-3)。

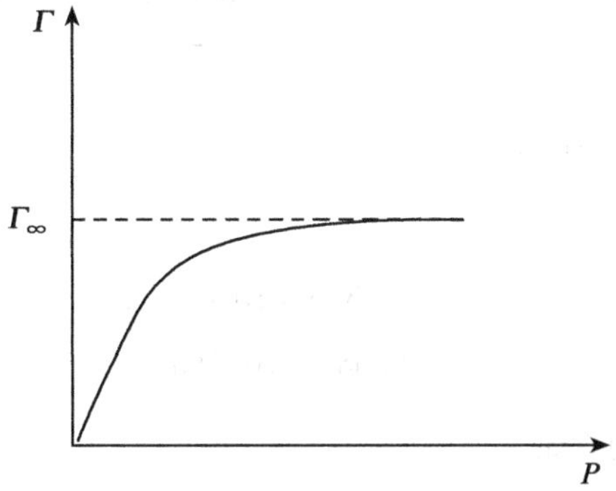

图 8-3　单分子吸附中 Γ-P 曲线图

在低压时,bp 可忽略,则 $1+bp \approx 1$ 。

$$\Gamma = \Gamma_{\infty} bp$$

说明 Γ 正比于 P,反映为图中吸附曲线的下半部。

在高压时, $1 + bp \approx bp$,则:

$$\Gamma = \Gamma_{\infty}$$

因此,当 P 增加到一定程度后,吸收达极限,反映为图中的水平段。

在中等压力时,反映为图中的曲线部分,即为:

$$\Gamma = \Gamma_{\infty} \frac{bp}{1 + bp}$$

所以,Langmuir 单分子层吸附理论与实验是符合的。

例:0℃时,在不同压力下,1g 性炭吸附 N_2 的容积数(已换算成标准状态)列入下表:

$\frac{P}{\text{Pa}}$	524.0	1731	3058	5434	7497
$V/10^{-6}\text{m}^3$	0.987	3.04	5.08	7.04	10.31

试求 Langmuir 等温式中的常数。

解:因为

$$V = V_{\infty} \frac{bp}{1 + bp}$$

则

$$\frac{1}{V} = \frac{1}{V_{\infty} bp} + \frac{1}{V_{\infty}}$$

将题中的 P 及 V 换算成 $\frac{1}{P}$ 及 $\frac{1}{V}$。

$\frac{P^{-1}}{P_a^{-1}}$	1.91×10^{-3}	0.58×10^{-3}	0.33×10^{-3}	0.18×10^{-3}	0.13×10^{-3}
$V^{-1}/(10^{-6} \cdot \text{m}^3)^{-1}$	1.013	0.3289	0.1969	0.1420	0.0969

作 $\frac{1}{V} \sim \frac{1}{P}$ 关系图,如图 8-4 所示。

求得:

$$V_{\infty} = 33.3 \times 10^{6}\text{m}^3 \cdot \text{g}^{-1}$$

$$b = 5.688 \times 10^{-5}\text{Pa}^{-1}$$

3. BET 多分子层吸附理论

BET 理论是在 Langmuir 单分子层吸附理论的基础上推导出来的。该理论认为:吸附是多分子层;层与层之间都建立平衡关系,第一吸附层与固体表面质点间的作用力不同于其它各层分子间的作用力,因此,第一层的吸附热不同于其它各层的凝结热。

根据上述这些原则,在一定温度下,当吸附达到平衡之后,气体的吸附量应等于各层吸

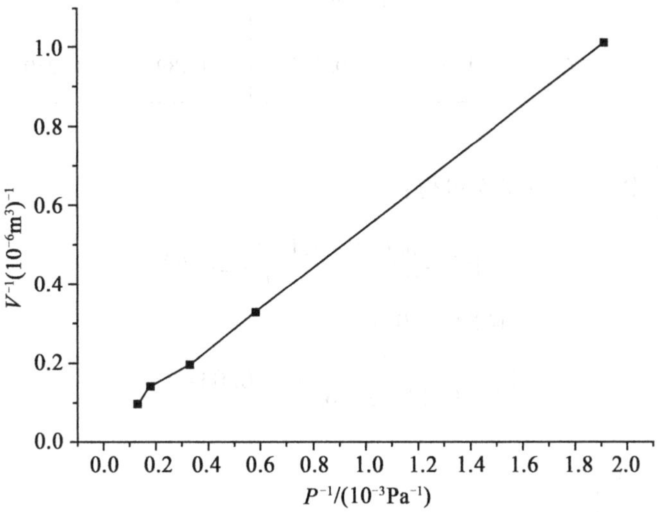

图 8-4　$\frac{1}{V}$-$\frac{1}{P}$的关系图

附量的总和。可以证明(从略),吸附量与平衡压力之间存在下列定量关系:

$$\frac{P}{V(P_0-P)}=\frac{1}{V_\infty C}+\frac{C-1}{V_\infty C}\cdot\frac{P}{P_0}$$

式中 C 是与气体的吸附热和凝结热有关的常数。显然,该式是以$\frac{P}{V}(P_0-P)$ 对$\frac{P}{P_0}$ 作图的直线方程,$\frac{C-1}{V_\infty C}$ 为直线的斜率,$\frac{1}{V_\infty C}$ 为截距,从这两个数据可算得。

$$V_\infty=\frac{1}{截距+斜率}$$

根据 V_∞ 以及每个分子的截面积,即可求得吸附剂的比表面(1kg 吸附剂的吸附面积),这是 BET 方程的重要用途之一。

例:80.6K 时,用硅胶吸附 N_2气,在不同的平衡压力下,1kg 硅胶吸附的 N_2在标准状态下的容积如下:

$\frac{P}{Pa}\times10^3$	8.89	13.93	20.62	27.73	33.77	37.3
$\frac{V}{(10^{-3}\cdot m^3\cdot kg^{-1})}$	33.55	36.56	39.80	42.61	44.66	45.92

已知 80.6K,$Po(N_2)=1.47\times10^5Pa$, N_2的截面积 $Am=1.62\times10^{-19}m^2$时,求硅胶的比表面 Aw。

解:计算 $\frac{P}{V(P_0-P)}$ 及$\frac{P}{P_0}$

$\frac{P}{V(P_0-P)}$	1.917	2.863	4.099	5.454	6.675	7.402
$\frac{P}{P_0}$	0.06	0.095	0.140	0.189	0.230	0.254

以$\frac{P}{V(P_0-P)}$对$\frac{P}{P_0}$作图，如图8-5可得：

$$斜率=\frac{6.675-4.099}{0.230-0.140}=28.62$$

$$截距=0.13$$

$$V_\infty=\frac{1}{0.13+28.62}\text{m}^3=0.0347\text{m}^3$$

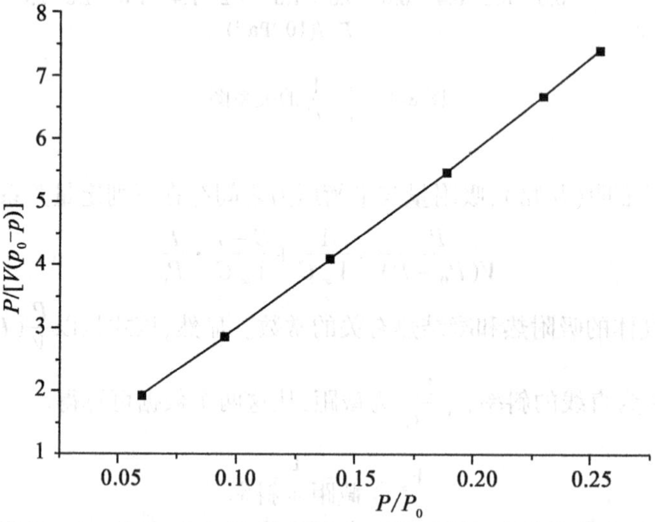

图8-5 $\frac{P}{V(P_0-P)}$-$\frac{P}{P_0}$关系图

铺满单分子层所需的分子数：

$$N=\frac{PV_\infty}{RT}N_o=\frac{101325\text{N}\cdot\text{m}^{-2}\cdot0.0347\text{m}^3}{8.3145\text{J}\cdot\text{mol}^{-1}\cdot\text{K}^{-1}\times273\text{K}}\times6.02\times10^{23}\text{mol}^{-1}=9.33\times10^{23}$$

已知每个N_2的截面积Am为$16.2\times10^{-20}\text{m}^2$，则1kg硅胶的比表面积为：

$$Aw=N_\infty\cdot Am=9.33\times10^{23}\times16.2\times10^{-20}\text{m}^2=1.51\times10^5\text{m}^2$$

由于BET多分子层吸附理论能求出吸附剂的比表面积，因此颜料的亲水性、亲油性的大小可通过此法(表面积法)来测定：

当颜料吸附的气体为N_2时，一般认为固体(颜料)微粒表面都已被覆盖，因此根据N_2所算出的比表面积S为：

$$S_{N_2}=\left(\frac{V_{mN_2}}{22.4}\right)N_AA_{N_2}$$

当颜料与水蒸气接触时,颜料表面上极性较强的部分才吸附水蒸气,设表面被水分子单分子膜覆盖时的吸附量为 V_{mH_2O},则被水分子覆盖的面积为:

$$S_{H_2O}=\left(\frac{V_{mH_2O}}{22.4}\right)N_A\cdot A_{H_2O}$$

上述的 S_{N_2} 或 S_{H_2O} 就能评价颜料或粉末等表面的亲油性、亲水性。即亲水度为:

$$亲水度=\frac{S_{H_2O}}{S_{N_2}}=\frac{V_{mH_2O}\cdot A_{H_2O}}{V_{mN_2}\cdot A_{N_2}}$$

8.3　固体表面对溶液的吸附

固体吸附剂从溶液中吸附溶质,是一个应用广泛而又重要的现象。例如,制糖和制药工业中,应用白土、活性炭和硅藻土脱色,应用色谱法分析物质,以及机械加工过程中防止金属磨损而使用润滑剂和金属切削液。印刷中纸张对油墨的吸附,版面对油墨及水斗液的吸附,颜料的分散等,这些都应用了固体表面对溶液吸附的原理。同时,研究固体自溶液中的吸附规律,除了可以帮助解决吸附剂对各种物质的吸附能力及影响因素外,还对固体界面的润湿、渗透和铺展等有关问题也具有指导性的意义。但是这一类的吸附规律比较复杂,因为溶液中除了溶质被吸附外,溶剂也有被吸附的可能,也就是说不可能测定出固体对溶质或溶剂吸附的绝对量,因此固体自溶液中的吸附理论不够完整,至今仍处于初始阶段。

固体自溶液中的吸附,至少要考虑三种作用力,即在界面层上固体与溶质之间的作用力、固体与溶剂之间的作用力、溶剂与溶质之间的作用力。在固体放入溶液后形成的固液界面上,总是被溶质和溶剂的两种分子所占满,换句话说,溶液中的吸附是溶质和溶剂分子争夺表面的结果。若表面上的溶质浓度比溶液内部的大,就是正吸附;若表面上的溶质浓度比溶液内部的小,就是负吸附。显然,当溶质是正吸附时,溶剂就是负吸附,溶质是负吸附时,溶剂就是正吸附。

从吸附速度来看,溶液中的吸附速度一般比对气体吸附的速度要慢得多,这是由于吸附质在溶液中的扩散速度要比在气体中的慢。另外在溶液中,固体表面有一层溶液膜,溶质必须透过这层膜,才能被固体吸附,再加上孔的因素就更减慢了吸附速度。例如,用小孔的活性炭吸附水溶液中的有机酸,甚至在几百小时之后仍未达到平衡。

溶液中的吸附虽然比气体吸附复杂,但测定吸附量的实验方法却比较简单,只要将一定量的固体放入一定量的已知浓度的溶液中,不断振荡以缩短扩散时间,待达到平衡后测定溶液的浓度,从浓度的变化就可计算每克固体吸附了多少溶质。设 C_o 和 C 分别为吸附前后溶液的浓度,V 是溶液的体积,m 是吸附剂的重量,则溶质的吸附量是:

$$\Gamma=\frac{x}{m}=\frac{(C_o-C)}{m}\cdot V$$

必须指出,这种计算并没考虑溶剂的吸附,通常称为表观吸附量,由于溶剂或多或少地被吸附了,因此该表观吸附量总是低于实际吸附量。

固体自溶液中吸附,通常分为非电解质溶液中的吸附和电解质溶液中的吸附两大类,前者又可分为稀溶液和浓溶液两种,在电解质溶液中的吸附,主要是固体表面上的静电吸附及离子交换吸附,下面分别加以叙述。

8.3.1 对非电解质溶液的吸附

1. 对理想的非电解质稀溶液的吸附

固体自非电解质稀溶液中的吸附,常见的吸附等温线有三种类型:一种是单分子层吸附等温线,如糖炭自水中吸附苯胺、酚、丁醇、戊醇、己酸等的等温吸附。另一种是指数型的吸附等温线,即符合 Freundtich 公式的吸附,如血炭从溴水溶液中吸附溴;血炭从异戊醇、酚等的吸附等温线均属此类。还有一种是多分子层吸附等温线,如硅胶在水的己醇溶液中对水的等温吸附。从曲线的表现形状来看,大多数与气体吸附相似。所以,对于大多数的理想稀溶液,Freundtich 和 Langmuir 吸附等温式仍可使用,只要将等温式中的压力 P 换成浓度 C,即可:

$$\Gamma = \frac{x}{m} = kC^{\frac{1}{n}}$$

$$\Gamma = \Gamma_{\infty}\frac{b'c}{1 + b'c}$$

两式中常数的求法也与前相同。

2. 对非电解质浓溶液的吸附

假设浓溶液为 A、B 二组分型的溶液,则 A、B 可以按任何比例互溶。我们所研究的浓度范围,可以从纯液体 A 到纯液体 B。在这样浓溶液的体系中,溶质和溶剂的概念是相对的,所以只指明讨论任意一个组分的规律就可以。图 8-6 所示为 20℃时苯和乙醇的混合物被木炭吸附的等温线。由图 8-6(b)可知:开始时吸附量随浓度的增加而上升,达到最高点后逐渐下降,经零点而变为负值。这是由于溶剂和溶质均发生吸附的结果。在稀溶液中可以不考虑溶剂的吸附,而当溶液浓度较大时,少量溶剂的被吸附对浓度的计算会造成很大的影响。图中所示的吸附量为零,并不是不发生吸附,而是表示吸附后溶液的浓度与原始溶液的相同。表观吸附量为负,则是由于溶剂的被吸附反而使溶液的浓度增加所致。图 8-6(a)中表示每一组分(苯或乙醇)的真正吸附量随浓度变化的情况。由图可见:各组分的真正吸附量均随其摩尔分数的增加而升高,但是要在溶剂和溶质同时被吸附的情况下测定吸附量的绝对值是比较困难的。

3. 影响溶液中吸附的因素

研究影响因素时必须同时考虑溶剂、溶质及吸附剂三个方面的效应,有下列经验规律:

(1)吸附剂、溶质、溶剂的极性对吸附量的影响

实验表明:极性的吸附剂自非极性的溶剂中,优先吸附极性强的溶质;非极性的吸附剂自极性的溶剂中优先吸附非极性强的溶质。例如活性炭自水溶液中吸附脂肪酸,由于溶质的极性为甲酸 > 乙酸 > 丙酸 > 丁酸,所以活性炭对它们的吸附量大小的次序正好相反。同样可以理解,硅胶自甲苯溶液中对各种脂肪酸的吸附量大小的次序为:乙酸 > 丙酸 > 丁酸 > 辛酸。

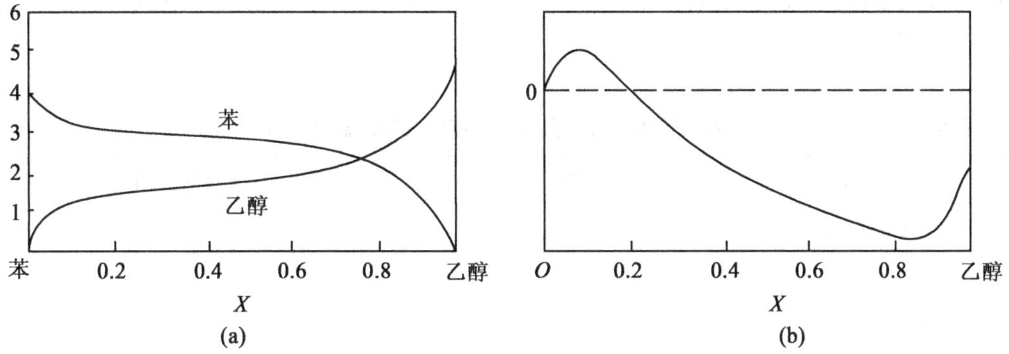

图 8-6　木炭对苯和乙醇体系的吸附

(2)溶质的溶解度对吸附量的影响

实验表明:溶解度越小的溶质,越容易被吸附。因为溶解度越小,说明溶质与溶剂之间的作用力越小,则被吸附的倾向就越大。例如脂肪酸的碳氢链越长,在水中的溶解度就越小,被活性炭吸附也就越多。反之,在四氯化碳溶剂中,脂肪酸的碳氢链越长,溶解度越大,被活性炭吸附的越少。

苯甲酸在四氯化碳中的溶解度远大于在水中的溶解度,但硅胶在这两个溶剂中对同浓度的苯甲酸溶液(约 0.01mol/L)吸附时,自四氯化碳中的吸附量却远比自水中吸附的大。这是因为硅胶是极性吸附剂,而水的极性比苯甲酸强,硅胶对水有强烈的吸引力,因而苯甲酸分子很难将硅胶表面上的水分子顶走,结果硅胶对苯甲酸的吸附量就少了。反之,硅胶与非极性的四氯化碳分子的吸引力较弱,所以苯甲酸较容易将四氯化碳自硅胶表面顶走,因而吸附量较大。所以溶解度只是影响吸附的一种因素,而不是决定性因素。

(3)温度对吸附量的影响

大多数吸附是放热过程,所以提高温度吸附量往往下降。同时,温度对溶解度的影响也是很明显的,在一般情况下,提高温度溶解度就增加,因而使吸附量降低。但是有时升高温度却使一些溶质的溶解度反而下降,例如丁、戊、己、庚、辛醇等在水中的溶解度就是随着温度升高反而下降,因此这一类吸附随温度上升而增加,尤其在接近饱和浓度的溶液中吸附,这种影响更显著。

(4)吸附剂的表面状态及孔结构对吸附量的影响

这方面的影响可看做是吸附剂的制备方法不同所造成的。例如:多数活性炭的表面有部分被氧化,它对醇的吸附超过对苯的吸附,但把它加热到 2700℃,可得到表面半石墨化的状态,就变成对苯的吸附强于醇。又如纯净活性炭表面的性质,可因活化条件不同而异。如表 8-2 所示。

另一方面,孔结构的不同,也会影响吸附能力。例如,5A 分子筛容易吸附正己烷,不能吸附苯,而 10X、13X 分子筛就能很强地吸附苯。至于活化条件,不仅影响吸附剂表面性质,也影响孔的大小。例如,活性炭是非极性吸附剂,通常自水溶液中吸附脂肪酸的次序是丁酸 > 丙酸 > 乙酸 > 甲酸。但是若将活性炭在 800℃ 下短时间内活化后,则它对脂肪酸的吸附结果为:在低浓度范围内的吸附量的次序仍是丁酸 > 丙酸 > 乙酸 > 甲酸,但在高浓度范围内吸附量的次序恰恰相反,这是由于活化时,活性炭表面产生了许多小孔,这些小孔的大小与分子大小同数量级,吸附质分子越大,就越难进入孔中,所以和低浓度范围内吸附量的次序正好相反。

表 8-2　**活化条件对活性炭自水溶液中吸附酸碱的影响**

活化条件	酸的吸附	碱的吸附
空气 1000℃	+	−
空气 800℃	+	−
空气 400℃	−	+
O_2 1000℃	+	−
O_2 1000℃后 400℃	−	+
CO_2 1000℃	−	+
H_2 1000℃	−	+

表中"+"表示吸附,"−"表示不吸附。

综上所述:固体自溶液中的吸附,显然是一个较为复杂的过程,当运用上述规律估计各种吸附情况时必须具体问题具体分析,才能得到正确的判断。最后还应注意,固体自溶液中吸附,也会有化学吸附,如脂肪酸在金属表面的吸附,可能就是由于它与金属表面的氧化膜形成了盐。

在印刷工艺中,固体对非电解质溶液的吸附有许多,了解其规律对于印刷适性的掌握是有好处的,例如,纸张对油墨的吸附,若纸张的吸墨性过高,连接料过多被吸收,颜料粒子会悬浮于纸面上,使印品缺乏光泽,严重时会出现粉化或油墨渗透至背面形成透印;若吸墨性过小,则干燥慢,造成背面粘贴。

8.3.2　对电解质溶液的吸附

固体自电解质溶液中的吸附可分为两类,一种是电解质的正、负离子都被吸附,如离子晶体对溶液中电解质的吸附。另一种是离子交换吸附,如离子交换树脂、粘土、沸石、分子筛等,在溶液中都会产生离子交换吸附。

1. 离子晶体表面对溶液中电解质的吸附

离子晶体表面对溶液中的电解质的吸附总是某种电荷的离子(正离子或负离子)较多地被吸附在其表面上,与吸附离子相反电荷的离子则较多地分布在表面附近,造成固体表面附近正负电荷不重合,形成了"双电层"。究竟哪种离子较多地吸附在固体表面上,这将取决于固体和电解质的种类和性质。一般来说,晶体表面将选择吸附可形成难溶盐或难电离的化合物的离子。例如:由 $AgNO_3$ 和 KBr 溶液混合后制得 AgBr 沉淀,若 KBr 溶液过量,则 AgBr 晶体表面将选择吸附 Br^- 离子,而不是其它离子,所以这时 AgBr 带负电。若 $AgNO_3$ 溶液过量,则 AgBr 吸附 Ag^+,这时 AgBr 沉淀带正电。显然在这些情况下,化学作用力起主要作用。当然,也有些情况是静电吸引起主要作用,如电解质溶液对胶体的聚沉作用,胶体粒子对离子的吸附强弱将随其价数的增加而增强。但是也经常遇到静电吸引与化学作用两者都起作用的情况。离子在固体表面上的吸附是 Langmuir 型吸附,即单离(分)子层的吸附。

如果吸附剂是非极性,则吸附情况与吸附剂化学组成以及表面处理有关。例如活性炭在电解质溶液中的吸附规律与其灰分以及表面上所吸附的气体有很大关系。无灰分和未吸附气体的活性炭对于强酸和强碱都不吸附。如果其表面上吸附了一些氧,表面上一个氧离子与一个水分子反应。在活性炭表面上生成两个氢氧离子,因此能吸附强酸而不能吸附强碱。如果遇到中性盐,这种炭能使之水解,水解生成的酸被吸附掉一些,水解生成的碱留在溶液中,结果使溶液的 pH 值增大。如果活性炭上吸附了一些氢,则表面上就形成一层氢离子,因此它能吸附强碱而不能吸附强酸。遇到中性盐时,也会发生水解吸附,活性炭能吸附水解的碱,而将酸留在溶液中,使溶液的 pH 值降低。

2. 离子交换吸附

离子交换吸附是指离子交换剂与电解质溶液接触后,离子交换剂上可交换的离子与溶液中相同电性的离子进行化学计量的交换反应,所以它与固体的吸附或吸收现象不同。离子交换剂上若带有可交换的阳离子则称为阳离子交换剂,反之称为阴离子交换剂。离子交换可用下列式子表示。

阳离子交换剂:

$$2NaX(固) + CaCl_2(液) = CaX_2(固) + 2NaCl(液)$$

阴离子交换剂:

$$2XCl(固) + NaSO_4(液) = X_2SO_4(固) + 2NaCl(液)$$

式中 X 表示离子交换剂的母体,目前最常用的是用苯乙烯与二乙烯苯合成的具有网状结构的高聚物,网状结构形成之后,进行磺化反应就得到磺酸型正离子交换树脂;若将网状结构进行氯甲基化,再与胺作用,可得到氮基型负离子交换树脂。

离子交换吸附的应用非常广泛,如工业上常用这种离子交换吸附作用来提纯原料或产品。可使硬水软化、海水淡化和制得无离子水等。在农业上向土壤施肥时,土壤中的粘土就是通过离子交换将植物所需要的肥料储存在土壤中而不致损失,其交换过程可表示为:

$$粘土 \cdot Ca + 2NH_4^+ \rightarrow 粘土 \cdot 2NH_4 + Ca^{2+}$$

影响离子交换吸附因素很多,主要有三个方面:离子交换剂、交换离子的本性以及实验条件。

(1)离子交换剂的本性

不同交换剂对同离子的交换能力,决定于交换剂上活性基团的特性和交换剂表面的大小等。各种交换剂的交换能力,通常用交换容量来表征。每千克干燥离子交换剂所能交换离子的物质的量,称为该种离子交换剂的交换容量,它是离子交换剂的重要特征之一。

(2)交换离子的本性

同一交换剂对不同离子的交换能力,决定于交换离子的本性,如离子的大小、离子的电荷等。在室温及稀水溶液的条件下,有如下经验规律:

阳离子的交换能力,随离子价数的增大而增加。对同价阳离子则随原子序数的增大(或水化半径的减小)而增加。例如:

$$Fe^{3+} > Al^{3+} > Ca^{2+} > Mg^{2+} > K^+ > Na^+$$

$$Cs^+ > Rb^+ > K^+ > NH_4^+ > Na^+ > H^+ > Li^+$$

阴离子的交换能力按下列顺序依次减小。

$$I^- > HSO_4^- > NO_3^- > CN^- > SO_4^{2-} > Cl^- > HCO_3^- > H_2PO_4^- > HCOO^- > F^- > OH^-$$

(3)溶液中被交换离子的浓度

离子交换吸附是一种“可逆过程”,根据平衡移动原理,若溶液中被交换离子的浓度增加,则平衡向吸附的方向移动,因而使交换量增加。

(4)介质的 pH 值

对于弱酸性或弱碱性交换剂来说,溶液 pH 值的改变将影响交换剂上的活性基团的电离度,从而影响交换量。显然,对阴离子交换剂来说,pH 值愈小则交换量愈大;而对阳离子交换剂来说,则恰好相反。

8.4 固体分散度对物性的影响

固体的分散度通常用比表面 A_s 表示,其定义为:每单位体积的物质所具有的表面积。即

$$A_s = \frac{A}{V}(\mathrm{m}^{-1})$$

式中 A 代表体积为 V 的物质所具有的表面积。对于边长为 L 的立方体颗粒,其比表面可用下式计算:

$$A_s = \frac{A}{V} = \frac{6l^2}{l^3} = \frac{6}{l}(\mathrm{m})^{-1}$$

例如将一个体积为 $10^{-6}\mathrm{m}^3$ 的立方体分割成边长为 10^{-9}m 的小立方体时,其表面积增加一千万倍。

对于松散的聚集体或多孔性物质,其分散程度常用单位质量所具有的表面积 A_w 来表示,对于边长为 L 的立方体颗粒:

$$A_w = \frac{6L^2}{\rho L^3} = \frac{6}{\rho L}(\mathrm{m}^2 \cdot \mathrm{kg}^{-1})$$

式中:ρ 为密度($\mathrm{kg \cdot m^{-3}}$),L 为立方体每边的长度(m)。

由此可见,对于一定量的物质,颗粒愈小,总面积就愈大,物系的分散度就愈高。

Kelvin 公式表明:液滴愈小,其饱和蒸气压愈大。对于晶体物质,也可以得到同样的关系式和结论。即晶体颗粒愈小(分散度愈大),其饱和蒸气压愈大。由于晶体的熔点和溶解度等性质均与蒸气压有关,所以晶体的熔点和溶解度也会因分散度不同而有区别。

8.4.1 分散度对熔点的影响和过冷液体

分散度对熔点的影响可用蒸气压曲线图作定性的说明,如图 8-7 所示。

图中 BD 及 B′D′分别表示不同粒度小晶粒的蒸气压曲线(B′D′所属晶粒小于 BD),AO 表示普通晶粒的蒸气压曲线,D′C 表示液相的蒸气压曲线。D′、D 及 O 分别代表不同粒度的

晶粒与液相的平衡点，各点所对应的温度 t_0、t_1 及 t_2 分别为各种粒度晶粒的熔点，显然 t_2 低于 t_1，t_1 低于 t_0，说明晶粒愈小，熔点愈低。

当液体冷却时，其饱和蒸气压沿 CD′曲线下降到 O 点，这时与普通晶体的蒸气压相等，按照相平衡条件，应当有晶体析出，但由于新生成的晶粒（新相）极微小，其熔点较低，此时对微小晶体尚未达到饱和状态，所以不会有微小晶体析出。温度必须继续下降到正常熔点以下如 D 点，液体才能达到微小晶体的饱和状态而开始凝固。这种按照相平衡的条件，应当凝固而未凝固的液体，称为过冷液体，例如纯净的水，有时可冷却到 -40℃ 仍呈液态而不结冰。在过冷的液体中，若加入小晶体作为新相种子，则能使液体迅速凝固成晶体。

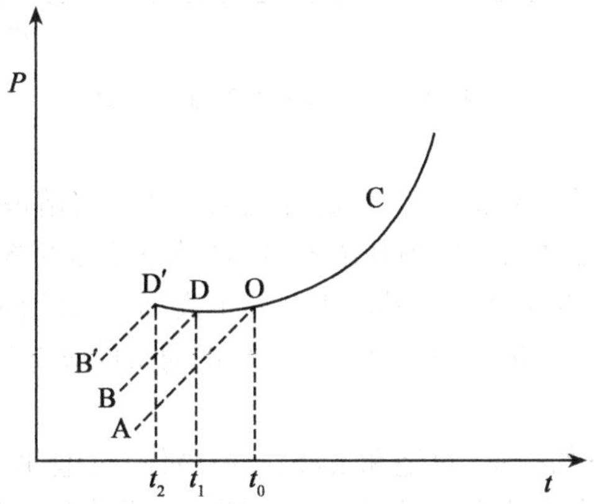

图 8-7　分散度对熔点的影响

8.4.2　分散度对溶解度的影响和溶液的过饱和现象

分散度与溶解度的关系可以近似用 Kelvin 公式表示。这里在溶液结晶的情况下，可以用活度比 a_r/a 来代表 P_r/P_0，a_r 与 a 分别为溶液饱和了曲率半径为 r 的微小晶体与大晶体时溶质的活度，如为稀溶液，活度可用浓度代替，故得下式：

$$\ln \frac{Cr}{C} = \frac{2\sigma_{\text{晶-液}} M}{\rho_{\text{晶}} RTr}$$

式中 C_r 为曲率半径相当于 r 的微小晶体的溶解度；C 为大晶体的溶解度；ρ 为晶体的密度；M 为溶质的摩尔质量；$\sigma_{\text{晶-液}}$ 为晶体与液体界面上的界面张力。上式表明：微小晶体的溶解度大于大晶体的溶解度。该结论同样可用蒸气压曲线来定性说明，如图 8-8 所示。

图中曲线 AO 表示大晶体的蒸气压随温度而变化的关系，曲线 BD 则表示微小晶体的蒸气压随温度而变化的关系；曲线 1、2、3、4 则分别表示不同浓度（浓度为：4 > 3 > 2 > 1）溶液的蒸气压随温度而变化的关系。在某一温度时，曲线 AO 和 BD 分别与某一浓度溶液的蒸气压曲线相交，此时该浓度溶液与晶体呈平衡，故对应的浓度就是晶体在温度 t 时的溶解度。显然若曲线 BD 离开曲线 AO 越远，也就是晶体越小，则相应于交点时该物质的溶解度越大，如果在饱和溶液中有大小不同的晶体，则由于微小晶体比大晶体的溶解度大，所以微小晶体要溶解，而较大晶体就会自动长大。在感光乳剂的成熟过程中，就应用了此原理使卤化银颗粒变得大而均匀，提高感光性能。

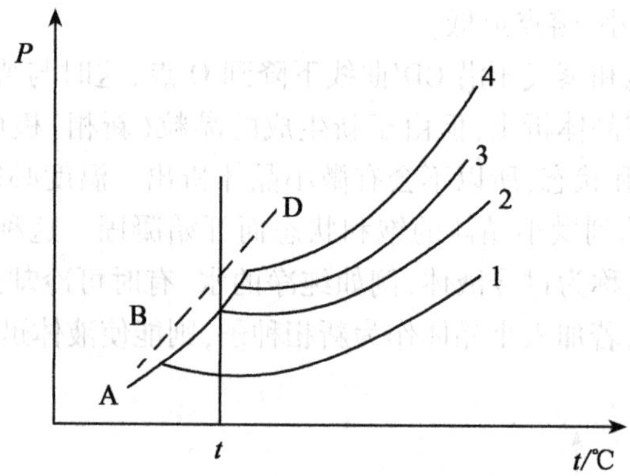

图 8-8　分散度对溶解度的影响

在一定条件下,晶体的颗粒愈小,其溶解度愈大。所以将溶液进行恒温蒸发时,溶质的浓度逐渐加大,达到普通晶体溶质的饱和浓度时,对微小晶体的溶质却仍未达到饱和状态,不可能有微小晶体析出。为了使微小晶体能自动生成,需要将溶液进一步蒸发达到一定的过饱和程度,晶体才可能不断地析出。这种按相平衡的条件应有晶体析出而未析出的溶液,称为过饱和溶液。

上述各种饱和状态下的物系(过饱和溶液、过冷液体、过饱和蒸气、过热液体)都不是处于真正的平衡状态,从热力学的观点讲,都是不稳定的,常称为亚稳(或介安)状态,不过它也能维持相当长时间不变,其原因正是因为新相种子难以生成造成的。

第9章　表面活性物质

第二次世界大战后，随着石油化学工业的迅速发展，产生了一种新型化学品——表面活性物质，它作为家用肥皂、合成洗涤剂、洗涤剂添加剂、洗净剂、纤维柔软剂、精制剂、乳化剂、浸透湿润剂、发泡剂、泡沫稳定剂、分散剂、增溶剂、润滑剂、防水剂、防腐剂、防锈剂、防静电剂、纸张上浆剂等，曾大量用于纤维方面，后相继开拓了纸浆、印刷、化妆品、食品、医药、农药、金属加工、土木建筑、冶炼、采矿、石油、煤炭等方面的新市场，应用极为广泛，其中石油的二次、三次、四次以及煤油混合燃料的添加剂方面，具有极大的前景。那么何为表面活性物质呢？

实验证明：物质溶于水，对水的表张力的影响大致有三种情况，如图9-1所示。第一类是溶液的表面张力随着溶液浓度的增加而略有上升（曲线1），如无机盐、碱、酸以及蔗糖、甘露糖等多羟基有机物等。第二类是随着溶液浓度的增加表面张力逐渐下降（曲线2），如羧酸、低级醇等有机化合物。第三类是随着溶液浓度的增加，溶液的表面张力先是急剧下降，到一定浓度后，表面张力就不再变化（曲线3），肥皂中的硬脂酸钠，洗衣粉中的烷基苯磺酸钠等都属于第三类。曲线3中有时发现虚线部分，这可能是由于某种杂质的存在而引起的。这些在很低浓度时，就能显著降低水的表面张力的物质，如表9-1中的烷基硫酸盐等，称为表面活性物质或表面活性剂。

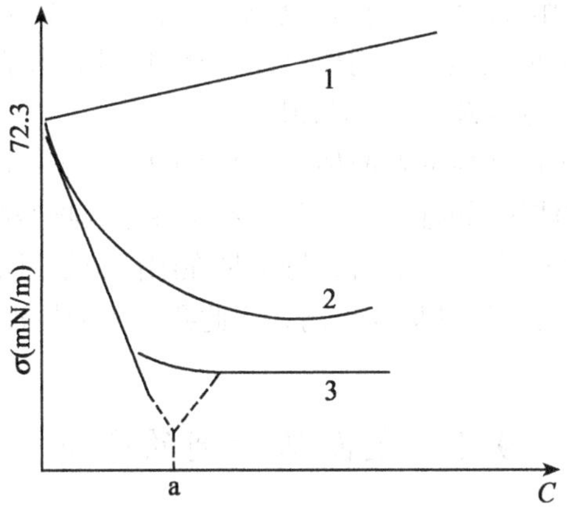

图9-1　水溶液浓度与表面张力的关系

当然，不能只从降低表面张力的角度来定义表面活性物质，因为实际使用有时并不要求一定降低表面张力，例如对乳状液的乳化和破乳，对起泡和消泡等，对这类物质我们也称为表面活性剂。所以广义来讲，凡是能够使体系的表面状态发生明显变化的物质都称为表面活性剂。

表 9-1　　在水中加入物质后的 σ

	T℃	加入量	σ(mN/m)
纯水	20		72.75
乙醇	18	0.0156	66.1
十八烷基硫酸钠	40	0.0156	34.8
十二烷基硫酸钠	60	0.0156	30.4

同时,表面活性物质的这种性质具有一定的相对性,不同的目的、不同的体系所用的表面活性剂是不同的。如钠皂是水的表面活性剂,而不是液态铁的表面活性剂,S、C 是液态 Fe 的表面活性剂。一般说来,非特别指明,表面活性剂都是对水而言的。

表面活性剂一般都是线型分子,它是由两种不同性质的原子基团组成的,一种是亲水基团,与水分子的作用力较强;另一种是亲油基团,它与水分子不易接近,却容易与"油"性(如烷烃)分子接近。以硬脂酸钠为例:在 $C_{17}H_{35}COONa$ 中,$C_{17}H_{35}$—为"亲油基",—COONa 为"亲水基"。所以,表面活性剂的分子的结构一般表示为"—O",前部分表示亲油部分,后部分表示亲水部分。从分子结构上看,它是两亲分子,但是具有两亲结构的物质,并不一定都是表面活性剂,例如脂肪酸钠盐,当含碳原子数较少时(如甲、乙、丙、丁酸钠盐),虽然也具有亲油和亲水两部分结构,但溶解度太大,所以不是有效的活性剂,只有当碳原子的数目达到一定数目后,脂肪酸钠才表现出明显的活性。可是,当碳原子数目超过一定数目以后,由于变成不溶于水的化合物,又失去了表面活性的作用,所以对于脂肪酸钠盐来说,含碳原子数在 3 ~ 20 之间,才有明显的活性剂特征。

至于哪些基团适合于作表面活性剂的亲水基、亲油基,则需要随所用的溶剂、应用条件及应用效果而定。例如:对极性强的溶剂如水,高极性基团的离子为亲水(溶剂)基团,但对非极性溶剂如辛烷,此离子则为疏油(溶剂)基团。

需要说明的是,尽管表面活性剂普遍使用,但由于环境的压力,部分活性较佳的表面活性剂已被禁止使用或限制使用,如排放的烷基苯乙氧基化合物经废水处理系统处理后,产生的生物降解无例外地转化为更毒的化合物,特别是在细菌分解过的废水污泥中,其产物比母体持久性更大,亲脂性更高,生物富集性更高。因此我们应使用那些环保型的表面活性剂。

9.1 表面活性剂的分类

表面活性剂的种类繁多,应用也极其广泛,因此要按它的应用或作用来分类,既十分困难,又不能概括其全貌,因为一种活性剂往往兼备有几种功能。所以目前普遍认为,以它的结构来分类比较合适。这种分类是以亲水基团是否离子型及其类别为主要依据,通常可分为五大类。

9.1.1　阴离子型活性剂

它可以在水中离解，而且起活性作用的部分为阴离子，如羧酸钠盐，在水中按下式离解：

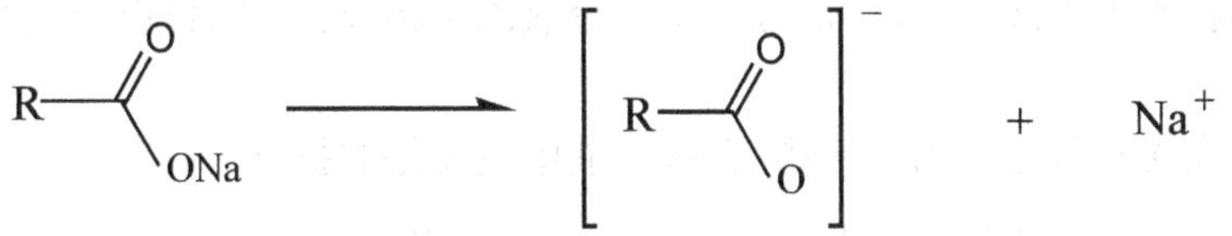

由于起活性作用的是阴离子基团：[R—COO⁻]，故称为阴离子活性剂，它又可以再分为两种类型：

1. 盐类型

由有机酸根与金属离子组成，如：

羧酸盐型：

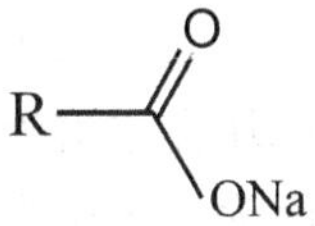

磺酸盐型：

RSO_3Na

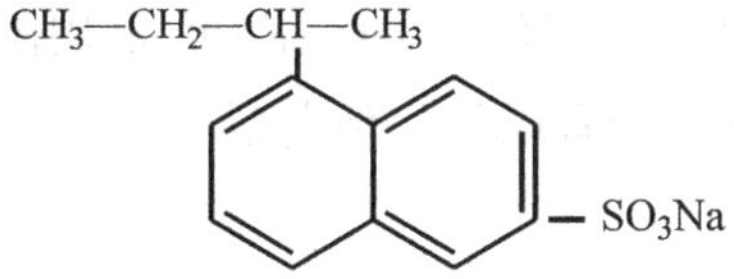

2. 酯盐类型

它的分子中既有酯的结构又有盐的结构，如：硫酸酯盐（$ROSO_3Na$），磷酸酯盐（$ROPO_3Na$）等。这类活性剂大多数去污力强，生物降解能力低，毒性低，价格便宜，广泛用作洗涤剂，化妆品，特别是烯基磺酸盐。α－磺化脂肪酸酯在目前的低磷无磷浪潮中备受青睐。少量用作起泡剂、乳化剂等，是目前产量最高，品种最多的表面活性剂。

9.1.2　阳离子型活性剂

在水中能离解，起活性作用的部分是阳离子，因此称为阳离子表活性剂，它又可分为四种类型：

1. 胺盐型：$[RNH_3]Cl$，即 RNH_2HCl
2. 季铵盐型：$[(R_1)(R_2)(R_3)(R_4)N]^+Cl^-$
3. 吡啶盐型：

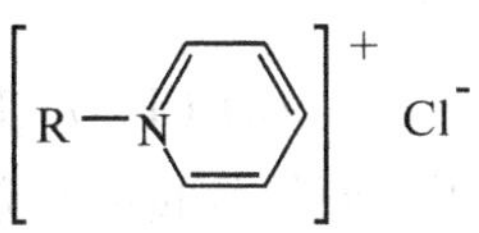

4. 多乙烯多胺盐型 $RNH[CH_2—CH_2—NH]_n—H \cdot mHCl(m < n+1)$，这类活性剂一般为胺盐或铵盐，多数用于杀菌、缓蚀、防腐、匀染、抗静电、石油的破乳等方面。

9.1.3 非离子型活性剂

该活性剂在水中不离解，极性部分大多为聚氧乙烯构成，亲水性能由所含的氧乙烯基的数目来决定。

聚乙烯基在无水状态下为锯齿型，在水溶液中主要是曲折型。

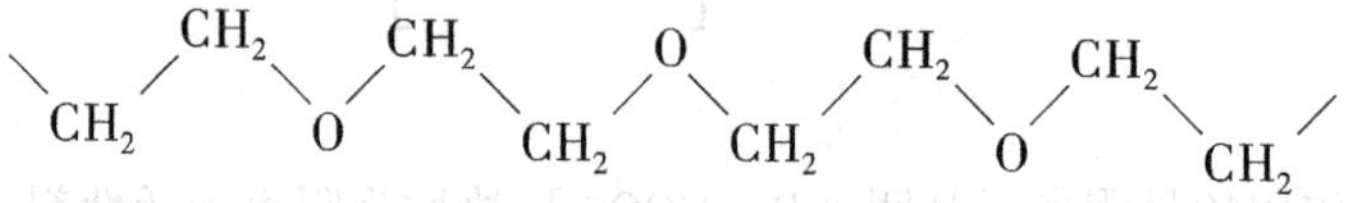

锯齿型(无水状态)

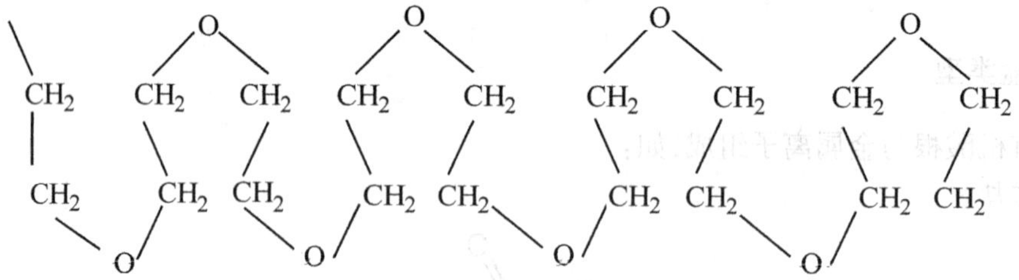

曲折型(在水溶液中)

聚乙二醇链之所以具有亲水性，是因为分子中醚键的氧与水中的氢以微弱的化学力结合，形成氢键，因而增大在水中的溶解度。当它一旦溶于水成为曲折型时，亲水性的氧原子被置于链的外侧，憎水性的 $—CH_2—$ 基位于里面，因而，链周围变得容易与水结合，显示出较大的亲水性。这类非离子型活性剂有以下几种类型：

1. 酯型

(1) 失水山梨糖醇脂肪酸酯[斯盘(Span)型]

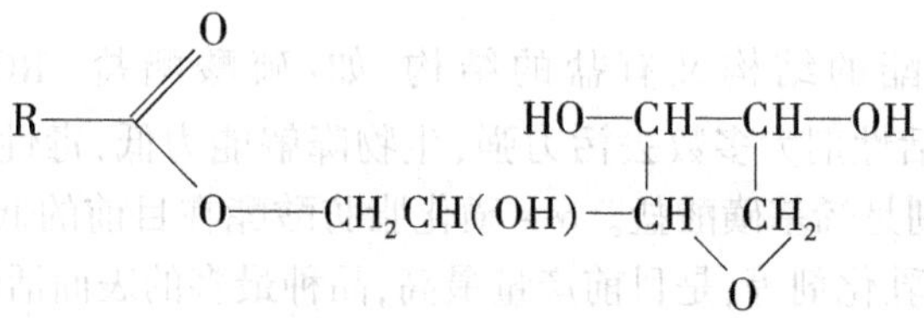

(2) 聚氧乙烯脂肪酸酯

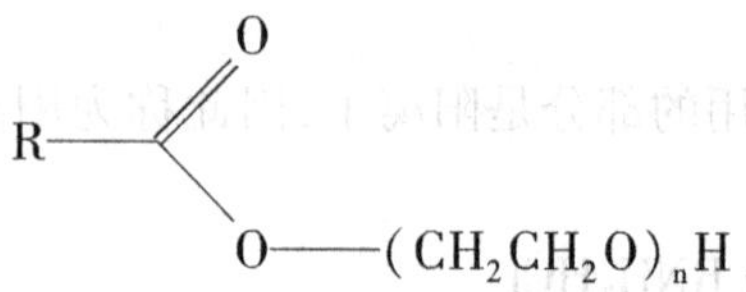

2. 醚型

(1) 聚氧乙烯烷基醇醚[平平加型]

$$R—O—(CH_2CH_2O)_nH$$

(2) 聚氧乙烯烷基苯酚醚[OP 型]，商品名 Igepal 或“TX”

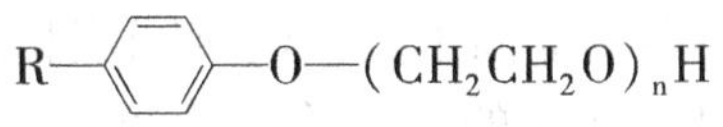

3. 胺型

聚氧乙烯脂肪胺

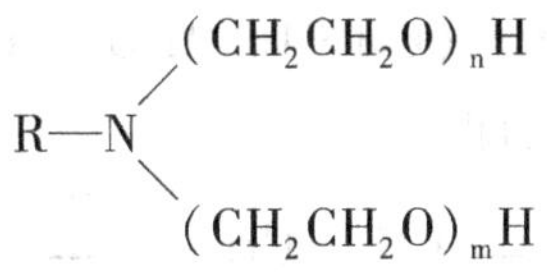

4. 酰胺型

聚氧乙烯基酰胺（尼诺尔）

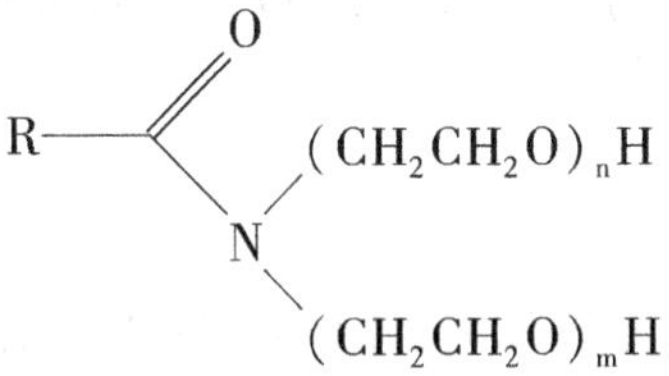

有些非离子型活性剂是混合型的，如吐温（Tween）类是失水山梨糖醇脂肪酸聚氧乙烯醚，它既属于酯型，也属于醚型。这类活性剂的原料来源方便，性质稳定，不受盐类及溶液的pH值影响，主要用在洗涤、乳化、润湿、扩散、渗透、消泡、破乳、食品、化妆、医药等多方面，是一类有发展前途的表面活性剂。

9.1.4　两性活性剂

例如聚氧乙烯烷基醇醚硫酸酯钠盐，在水中可按下式离解：

$$RO(CH_2CH_2O)_nSO_3Na \longrightarrow RO(CH_2CH_2O)_nSO_3^- + Na^+$$

起活性作用的部分既含有阴离子部分又含有非离子部分，故称为两性活性剂。

两性活性剂可分为非离子-阴离子型、非离子-阳离子型，阴离子-阳离子型三类。非离子-阳离子型的实例为：二聚氧乙烯基烷基甲氯化铵。

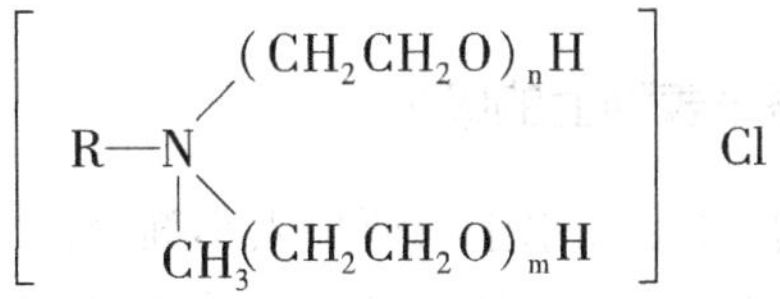

属于阴离子-阳离子型的活性剂为烷基二甲基铵丙酸内盐。

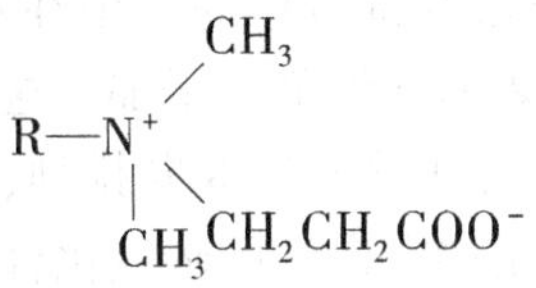

这类活性剂去污能力好，刺激性小，生物降解力强，具有宽广的pH值稳定性，优良的泡沫性和润湿性。

9.1.5　高分子型活性剂

这类活性剂其分子结构的特点是分子量大（往往在几千以上，有时高达数十万），并同时具有极性和非极性部分，又可分为非离子型、离子型、两性型等几种，如聚氧乙烯聚氧丙烯二醇醚（即4411类）就是一种非离子型的高分子表面活性剂，它是著名的原油破乳剂，分子式为：

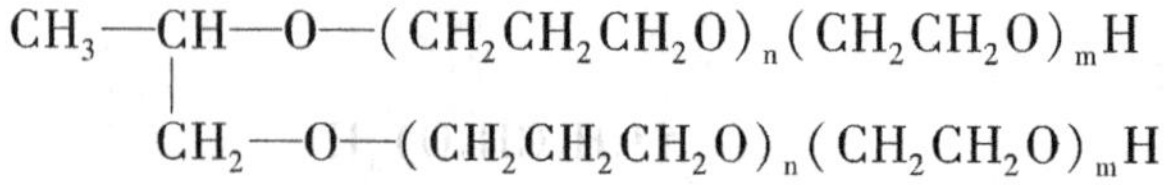

又如，聚酯丙烯酸钠是阴离子型的，即：

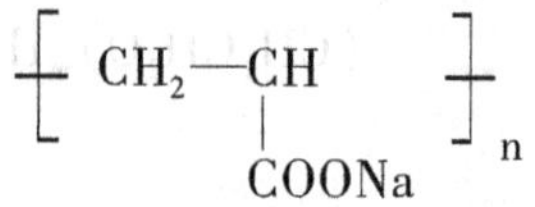

常用水溶性高分子，如羧甲基纤维素钠盐、聚丙烯酰胺、聚乙烯醇等，都属于高分子活性剂，高分子活性剂常用于悬浮体的絮凝和稳定，以及乳状液的稳定和破乳等，但更多的是用数种活性剂复配的多组分活性剂。

9.1.6 特殊结构型

这类是指分子中含有像硅、氟等元素，且有一些特殊性质的活性剂。近二十年发展起来的疏水基为C-F，C-Si，它们除有C-H的润湿、乳化、起泡、扩散外，还有优良的热稳定性和化学稳定性，温度可达250℃，在强H^+、OH^-、氧下不分解，且用量少，活性高。例如含氟表面活性剂全氟辛酸钾[$CH_3(CF_2)_6COOK$]，化学性质极稳定，耐强酸、强碱、氧及高温等，能使表面张力降低到$20mN \cdot m^{-1}$以下。又如以含氟烯烃为原料制的$C_nF_{2n-1}(OCH_2CH_2)_nOH$的非离子型表面活性剂可用作疏松纤维表面（纺织品、纸张、皮革）的整理，含氟非离子活性剂也可作为氟碳代血液的乳化剂。还有含硅的表面活性剂，如硅油等，憎水性非常强，浓度仅为$10^{-6}g \cdot dm^{-3}$时就能使水的表面张力降到$21mN \cdot m^{-1}$。

9.2 表面活性剂在溶液表面上的吸附和临界胶束浓度

9.2.1 表面活性剂在溶液表面上的吸附

表面活性剂的一个重要特征是在水中只要加入小剂量，水的表面张力就会显著地降低。这是因为活性剂分子是由亲水的极性部分和亲油的非极性部分组成。当它溶入水中后，根据极性相似相溶规则，活性剂分子极性部分倾向于留在水中，而非极性部分倾向于超出水面，或朝向非极性溶剂中。每一个表面活性剂分子都有这种倾向，必然造成多数表面活性剂分子倾向于分布在表面（或界面上），并整齐地取向排列，形成一吸附层。此时的表面已不再是原来纯水的表面，而可以看做是掺有亲油的碳氢化合物分子的表面，由于极性与非极性分子之间相互排斥，所以加有表面活性剂的水溶液其表面（或界面）张力下降。

关于表面张力随活性剂在表面层浓度的变化规律，可以用Gibbs吸附公式来表达：

$$\Gamma = -\frac{C}{RT}\frac{d\sigma}{dC}$$

如前所述，Γ是指表面过剩量，但是对表面活性剂来说，当浓度很稀时，表面过剩量远大于内部浓度，因此，吸附量可近似地看做表面浓度。

应用 Gibbs 公式从 σ-C 曲线算出相应的 Γ 后，可以绘制 Γ-C 曲线。一般情况下，Γ-C 曲线的形状如图 9-2 所示。

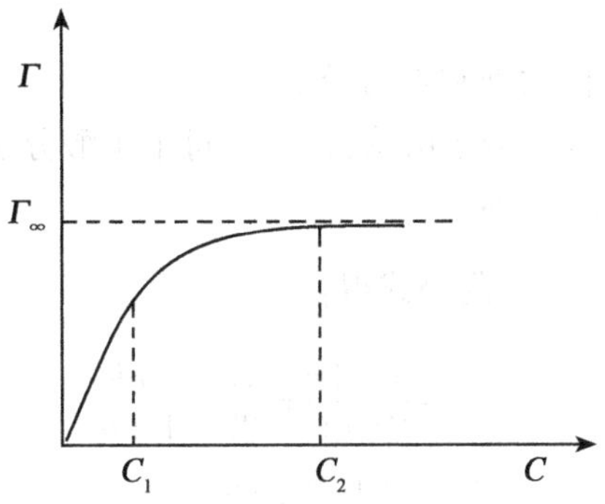

图 9-2　Γ-C 曲线示意图

吸附量有一极限值 Γ_∞，这表示吸附已达饱和，所以 Γ_∞ 称为饱和吸附量，可以用 Langmuir 型的经验公式表示：

$$\Gamma = \Gamma_\infty \frac{kC}{1 + kC}$$

式中 k 是经验常数，与表面活性剂性质有关。当浓度很稀时，$1 + kC$ 接近于 1，则

$$\Gamma = \Gamma_\infty kC$$

这时吸附量与浓度呈直线关系，在图 9-2 中是浓度小于 C_1 的范围；当浓度很大时，$1 + kC$ 接近于 kC，则：

$$\Gamma = \Gamma_\infty \frac{kC}{kC} = \Gamma_\infty$$

吸附量恒定，与浓度无关，这是饱和吸附的情况。

当吸附达到饱和时，每个吸附分子所占的面积 S_∞ 应当是

$$S_\infty = \frac{1}{\Gamma_\infty N}$$

式中 N 是阿佛伽德罗常数。试验结果表明：对直链脂肪酸、醇、胺来说，只要含碳数目不大于 8，不管链长度如何（如 C_2H_5-COOH 和 $C_6H_{13}COOH$ 的链长之比为 1∶2），Γ_∞ 的值总是相同的。因此可以求出醇类的 $S_\infty = 0.274 \sim 0.289 nm^2$，RCOOH 的 $S_\infty = 0.302 \sim 0.310 nm^2$，$RNH_2$ 的 $S_\infty = 0.270 nm^2$，这些结果表明，达到饱和吸附时，表面上的吸附分子应该是定向排列的，否则就无法解释不管碳链长度如何，每个分子所占面积几乎都是相同的这一事实。

由于饱和吸附层中表面活性分子是定向排列的，显然对直链饱和脂肪族同系物来说，链长增加时，其厚度（也可看作分子的高度）也应该是有规则地同步增加的，由实验结果得知，在同系物中的饱和碳链上，每增加一个 $—CH_2—$ 基时，δ 值约增加 0.13 到 0.15nm，这与 X 光分析所得结果是一致的。

例:在19℃时,丁酸溶液的表面张力与浓度的关系为:$\sigma = \sigma_o - aLn(1+bC)$,其中$\sigma_o$为纯水的表面张力,$C$为丁酸的浓度,$a$、$b$为常数。

1. 试求该溶液表面吸附量Γ和浓度C的关系式。

2. 若已知$a=13.1\times10^{-3}\text{N}\cdot\text{m}^{-2}$,$b=19.62\text{L}\cdot\text{mol}^{-1}$,试计算$C=0.2\text{mol}\cdot\text{L}^{-1}$时的$\Gamma$。

3. 试计算丁酸在溶液表面的饱和吸附量Γ_∞。

4. 设此时表面层上丁酸成单分子吸附,试计算每个丁酸分子的横截面积。

解:1. 已知:$\sigma = \sigma_o - aLn(1+bC)$

则:$\dfrac{d\sigma}{dC} = \dfrac{ab}{1+bC}$,代入Gibbs吸附公式得:

$$\Gamma = -\frac{C}{RT}\frac{d\sigma}{dC} = \frac{C}{RT}\times\frac{ab}{1+bC}$$

2. 当丁酸浓度$C=0.2\text{mol}\cdot\text{L}^{-1}$时,表面吸附量

$$\Gamma = \frac{Cab}{RT(1+bC)} = \frac{0.2\times13.1\times10^{-3}\times19.62}{8.314\times292.2(1+19.62\times0.2)} = 4.3\times10^{-6}\text{mol}\cdot\text{m}^{-2}$$

3. 从1解得

$$\Gamma = \frac{C}{RT}\times\frac{ab}{1+bC}$$

当浓度C较大时$bC \gg 1$,$1+bC \approx bC$

则:$\Gamma_\infty = \Gamma = \dfrac{C}{RT}\cdot\dfrac{ab}{bC} = \dfrac{a}{RT} = \dfrac{13.1\times10^{-3}}{8.314\times292.2} = 5.39\times10^{-6}\text{mol}\cdot\text{m}^{-2}$

4. $S = \dfrac{1}{\Gamma_\infty N} = \dfrac{10^{-18}}{5.39\times10^{-6}\times6.02\times10^{23}} = 0.308\text{nm}^2$

9.2.2 表面活性剂的临界胶束浓度

1. 表面活性剂的临界胶束浓度

在图9-1的曲线中,表面活性剂的浓度与表面张力关系曲线上有一个特征点a,过了a点以后浓度虽然继续增加,但溶液表面张力也不会再明显变化。以十二烷基硫酸钠为例,这个特征浓度大约为$0.003\text{mol}\cdot\text{L}^{-1}$。从图9-3中还可以看出,在这一点附近,十二烷基硫酸钠溶液的其它物理化学性质也都有一个突变现象。实验证明:几乎所有表面活性剂都有这一浓度,凡是浓度低于此值的,其当量电导、渗透压等性质基本上与一般强电解质差不多。这是因为十二烷基硫酸钠在水中离解为钠离子和十二烷基硫酸根离子。过了a点以后,即使增加活性剂的浓度,溶液的渗透压也不会有明显升高,这就意味着离子数目不再增加。这个现象可以简单解释为:当溶液中表面活性剂浓度增加时,这种具有憎水和亲水基团的活性离子,就会被吸附到气-液界面。活性离子在表面上聚集的结果,使表面张力降低。当溶液浓度增加到一定值时,表面就被一层活性离子所覆盖,这时,即使再增加浓度,表面上也不能再容纳更多的活性离子,表面浓度达到最大值(Γ_∞),因此表面张力不会再降低。但此时溶液内部活性离子却不断增多,将出现成团物,这是一种缔合胶体,是由活性离子的憎水基团互相缔合形成的,亲水基团则留在缔合体的表面,与水相接触,可使界面能降到最低,这种成

团结构称胶束。开始形成胶束的浓度称为临界胶束浓度，用 CMC 表示，这一浓度与在溶液表面上形成饱和吸附层所对应的浓度是一致的，即图 9-1 曲线 3 上的转折点 a 所对应的浓度。表面活性物质的临界胶束浓度都很低，一般在 0.001 至 0.02mol · L^{-1}，即在 0.02% ~ 0.4%。

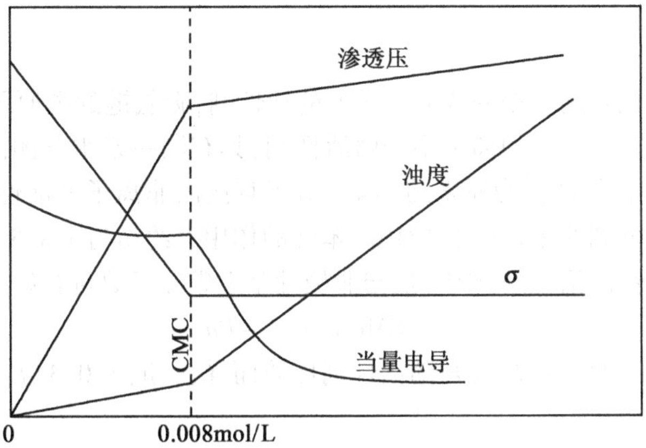

图 9-3　十二烷基硫酸钠溶液的物理性质示意图

有时实验结果会出现一最低点，即在 CMC 以上仍有 σ 的微小变化，这是因为微量的杂质存在时，由于杂质也具有一定的活性，它加溶到胶团中产生这种现象。

胶束的理论是从研究离子型表面活性开始的，现已证明非离子型表面活性剂也可以形成胶束。只是离子型表面活性剂是由离子缔合而成的，是带电的，而非离子型表面活性剂胶束则是由分子缔合而成，是不带电的。

胶束的结构有球形、圆柱形、层状三种，见图 9-4。现在一般认为当活性剂浓度较稀时，胶束为球形结构。随着浓度增加，逐渐变为圆柱形结构。在高浓度（至少为 10%）时，为层状结构。

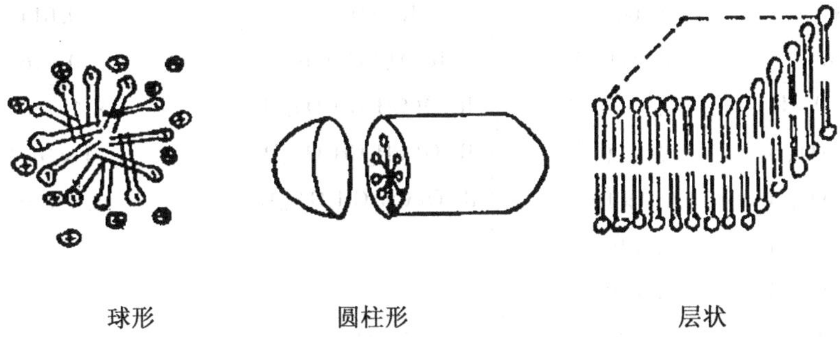

图 9-4　胶束的结构示意图

2. 影响 CMC 的因素

临界胶束浓度可以通过各种物理性质的突变来确定，但是由于试验方法的不同，所得 CMC 值往往难以完全一致，但是突变点总是落在一个很狭的浓度范围内。表 9-2 是几种类型的表面活性剂相互比较的 CMC 值，可以看出：CMC 值与活性剂的结构有一定的联系，可以得出以下几个规律。

(1) 亲油基团

在同系物中，不论是离子型的或非离子型的活性剂，碳氢链的碳原子数目越多，CMC 值就越低。可以看出，对于直链的离子型表面活性剂，具有同一亲水基团的同系物，烃链每增加两个碳原子，CMC 值约降低为原来的 1/4。对于直链的非离子型活性剂的 CMC 值，每增加两个碳原子，约降低到原来数值的 1/10。苯环的作用大约相当于 3.5 个 CH_2 基的作用，根据经验总结，对于直链的活性剂，CMC 值与非极性基上碳原子数目有如下经验公式：

$$\lg[\mathrm{CMC}] = A - Bn$$

式中 n 为碳原子的数目，常数 B 随活性剂性质而异，一般为 0.3(离子型)，0.5(非离子型)，A 约为 1.5。

(2) 亲水基团

无论是离子型的，或是非离子型的表面活性剂，只要有相同数目的碳氢链的链段，不同亲水基团对 CMC 值影响较小。从表 9-2 可见，三种负离子亲水基的 CMC 值有一定差别，其大小顺序为：

$$—COO^- > —SO_3^- > —OSO_3^-$$

表 9-2　**某些表面活性剂的临界胶束浓度($mol.L^{-1}$)**

表面活性剂	CMC	表面活性剂	CMC
R_8SO_4Na	0.136	$R_{12}COOK$	0.0125
$R_{12}SO_4Na$	0.00865	$R_{12}SO_3K$	0.01
$R_{14}SO_4Na$	0.0024	$R_{12}SO_4K$	0.00865
$R_{16}SO_4Na$	0.00058	$R_{12}NH_3Cl$	0.014
$R_{18}SO_4Na$	0.000165	$R_{12}N(CH_3)_3Br$	0.016
$R_8O(CH_2CH_2O)_6H$	9.9×10^{-3}	$R_{12}O(CH_2CH_2O)_6H$	8.7×10^{-5}
$R_{10}O(CH_2CH_2O)_6H$	9×10^{-4}	$R_{12}O(CH_2CH_2O)_8H$	1×10^{-4}
$R_{12}O(CH_2CH_2O)_6H$	8.7×10^{-5}	$R_{12}O(CH_2CH_2O)_{10}H$	1.4×10^{-4}
$R_{14}O(CH_2CH_2O)_6H$	1×10^{-5}		
$R_{16}O(CH_2CH_2O)_6H$	1×10^{-6}		
$C_8H_{17}CH_2COOK$	0.01	$R_{16}SO_4Na$	5.8×10^{-4}
$C_8H_{17}CH(COOK)_2$	0.35	$R_{12}CH(SO_4Na)R_3$	1.74×10^{-3}
$C_{10}H_{21}CH_2COOK$	0.025	$R_{10}CH(SO_4Na)R_5$	2.35×10^{-3}
$C_{10}H_{21}CH(COOK)_2$	0.13	$R_8CH(SO_4Na)R_7$	4.25×10^{-3}

[注]：表中 R 代表烷烃基，下注数字代表碳原子数。

非离子型的聚氧乙烯基对 CMC 值影响更小,从表中可见,具有相同碳原子的烃基,聚氧乙烯基团数的增加,仅使 CMC 值略有升高。

如果用离子型极性基团来取代氢,以此来增加亲水基团数目,那么 CMC 值的增加就很显著,多一个离子型亲水基团,CMC 值可以增加好几倍。

(3)活性剂的极性

在碳原子数目相同的情况下,直链的非离子型的 CMC 值比直链的离子型要低很多,约低 100 倍左右。

(4)支链化

相同的亲水基团,亲油基团中的碳原子数目也相同,如支链越多,其 CMC 值越高。

(5)温度

众所周知,离子型表面活性剂在水中的溶解度随温度的升高而慢慢增加,但达到某一温度以后,溶解度迅速增大,这一点的温度称为 Kraft 点。一般说来,Kraft 点的温度越高,CMC 值越小,这是因为温度升高能使分子热运动加剧,不利于胶束的形成。因此,离子型表面活性剂的临界胶束浓度会随温度的增加而略有上升。这种增加率是不大的,只有在 T_k 以上温度时,离子型表面活性剂才能发挥最佳效果,因 T_k 以下不足以产生胶束。

对于非离子表面活性剂却不然,加热一个透明的非离子型的表面活性溶液,到达某一温度时,溶液会突然变浑,这就意味着温度升高会使溶解度下降,当溶液出现混浊时的温度,叫"浊点"。产生这个现象的原因是:非离子型表面活性剂的极性基团是羟基(—OH)和醚键(—O—),这些亲水基团在水中不解离,所以亲水性很弱。因此,在憎水基上加成的环氧乙烷分子数越多,醚键就越多,亲水性就越大,也就容易溶于水中。在水溶液中的聚氧乙烯基团呈曲折型,亲水的氧原子位于链的外侧,有利于氧原子和水分子通过氢键而结合。但是这种结合并不牢固,在升高温度或溶入盐类时,水分子就有脱离的倾向。因此,随着温度的升高,非离子型的亲水性下降,溶解度变小,甚至转为不溶于水的混浊液。在憎水基团相同时,聚氧乙烯基团越多,浊点就越高。例如:壬基酚聚氧乙烯醚(OP 型)的 2% 溶液,有 9 个氧乙烯基团的浊点约为 50℃,10 个氧乙烯基团的约为 65℃,11 个氧乙烯基团的在 75℃ 以上。因此,"浊点"可以衡量非离子表面活性剂的亲水憎水性。

从以上的讨论,可以看出非离子型表面活性剂的溶解度与离子型表面活性剂不同,是随着温度上升而下降,所以临界胶束浓度是随着温度的上升而下降。

(6)电解质

加强电解质于表面活性溶液中,能降低活性剂的临界胶束浓度。一般来说,对离子型活性剂的影响尤为显著。例如:在十二烷基硫酸钠的溶液中加入钠离子以后,lg[CMC]与 lg[Na]成直线下降,这是因为电解质与活性剂的活性离子有静电作用。所以电解质中起主要作用的是和活性离子带相反电荷的离子,也就是说,影响阴离子活性剂的 CMC 值是电解质的正离子,而影响阳离子活性剂的 CMC 值是电解质的负离子。一般认为,高价的离子要比低价离子影响大,在同价离子中,一价阳离子 CMC 值下降的强度次序为:$Li^+ > Na^+ > K^+ > Cs^+$,但差别不大。

目前已总结出下列关系式:

$$\lg CMC = -a\lg C_i + b \qquad (离子型)$$

a、b 常数取决于离子的本性与温度；C_i 为总的反离子（单价）浓度。

$$\lg CMC = -KC_s + B \qquad (两性、非离子型)$$

C_s 为电解质浓度；K、B 为与表面活性剂本质、电解质本性、温度有关的常数。

（7）有机物

少量有机化合物的存在，能使表面活性剂的 CMC 值明显改变，有的上升、有的下降，影响比较复杂。例如在十四烷基羧酸钾溶液内，加入三种醇，其结果见图 9-5，醇的碳原子愈多，对 CMC 值的影响越显著，当其长度与活性剂的亲油基接近时，降低的能力最大。其机理可能是：链较短的有机物，主要被吸附在胶团较外部分，而链长的有机物则靠近胶团内核，这样就削弱了离子型表面活性剂的胶团离子基团间的相互作用，使 CMC 值下降。但是醇类对非离子型表面活性剂的影响正好相反，例如 $C_{12}H_{25}O(CH_2CH_2O)_{23}H$ 的 CMC 值为 $9.1\times10^{-5}mol\cdot L^{-1}$，随着乙醇量的增加，它的 CMC 值上升。这是因为乙醇能破坏水的结构使水极化，从而增加了亲水基团的水化程度，不利于胶团化，使 CMC 值增加。如醇的浓度较高，则降低水的溶解度参数 δ，使表面活性剂的溶解度上升。

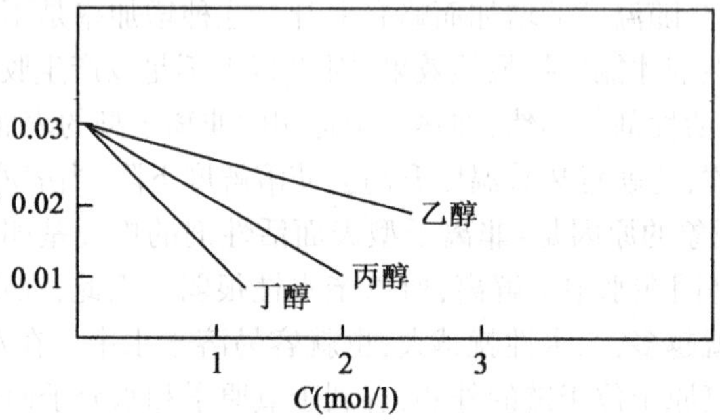

图 9-5　乙醇、丙醇、丁醇对十四烷基羧酸钾溶液的 CMC 值的影响

（8）pH 值

由于弱酸存在着以下离解：

$$RCOOH = RCOO^- + H^+$$

显然，加入 H^+ 会使 RCOOH 增多，亲水性变小，即 CMC 值会下降。反之，则 CMC 值会上升。

9.3　表面活性剂在固体表面上的吸附

9.3.1　吸附特点

表面活性剂在固体表面上的吸附，在实际应用中具有重要意义，例如洗涤、分散、印染、润湿等都与此现象相关。由于溶液吸附的一些规律在此仍然适用，所以本节着重讨论活性剂在固体表面上吸附的特殊性。

表面活性剂在固体表面上的吸附通常有三种类型，第一类为单分子层吸附，一般长链羧酸盐都属于这一类，正如表面活性剂在气-液界面上发生定向排列一样，活性剂在液-固界面上也是定向排列，其取向取决于液体分子和固体表面的结构和极性，以及该分子是否与固体表面形成新的化学键。例如在平版印刷的晒版过程中，由于硬化的铬胶、感光树脂、基漆及裸露的金属锌、铅表面都具有较弱的极性，所以油墨中的少量游离脂肪酸的分子很容易在版面上产生定向吸附。由于脂肪酸的羧基(—COOH)与版面紧密结合，而把非极性的烃基(—R)部分朝向空间，从而形成非极性区域，很容易接受油墨。另外阿拉伯树胶的分子与脂肪酸结构不同，它是天然有机高分子化合物，属多糖类，其结构复杂，一般认为是以半乳糖、葡萄糖、阿拉伯糖的钙、钾、镁盐为骨干，连接鼠李糖、阿拉伯糖的高分子碳水化合物。它溶于水后发生部分水解，生成阿拉伯酸(X—COOH)，其中 X 表示含有许多羟基的复杂结构部分，在与金属版面作用时，分子中的羧基即与金属版面紧密结合，而分子中的羟基或其它极性基团就具有很好的亲水疏油性，从而有效地防止油墨中的脂肪酸“浸入”而吸附到版面上。脂肪酸、阿拉伯酸分子在印刷版上的定向吸附的结合形式示于图 9-6。

图 9-6　脂肪酸、阿拉伯酸分子在印刷版上的定向吸附示意图

定向吸附作用在其它的生产实际中也有广泛的应用，如机械的润滑作用，即利用表面活性剂脂肪酸及其盐在机件表面产生定向吸附层，羧基与金属表面结合，烃基指向油中，以减小机件表面之间的摩擦力。矿石的浮选作用也是利用表面活性分子的极性基与矿石的吸附性造成矿石表面的憎水性，当通入气体，矿石就附在气泡上，升到液面被薄片刮走，矿渣则留在池底，以达到泡沫浮选矿石的目的。

第二类为多分子层吸附：吸附趋于平衡前，吸附曲线出现两次台阶，例如戊酸、己酸在石墨或炭黑上吸附，十二烷基氯化铵在炭黑上吸附，都属于这种形式。金属版面浸在活性剂的水溶液中，如活性剂的浓度在 CMC 附近，金属版面为疏水性(单分子层)，进一步增加活性剂的浓度，金属面能再度为液体所润湿(多分子层吸附)。

第三类吸附等温线比较复杂，如十二烷基硫酸钠和十二烷基羧酸钾在石墨上的吸附，开始为多分子层吸附形式，达到一定浓度后，吸附量却又下降。有人认为这种现象是由于表面活性剂浓度较大时，生成胶束的缘故，使其有效浓度相对减少，因此吸附量也逐渐降低。这种说法是有道理的，因为曲线开始下降时相应的浓度正好在 CMC 值附近，可是这种说法并没有为大家所接受。

9.3.2 影响活性剂体表面吸附的因素

1. 温度

对于离子型表面活性剂，当温度升高时，活性剂在固体表面的吸附量降低。这是由于表面活性剂的溶解度随温度的升高而增大，即活性剂分子从固-液界面上逃逸的数量增加。但是，对于非离子型表面活性剂正好相反，随着温度的升高，在固体表面的吸附量增加，这是由于非离子型表面活性剂的溶解度随温度的上升而下降，因而活性剂分子从液相跑到固-液界面上的趋势增加。

2. 表面活性剂的碳氢链的长度

不同长度的碳氢链的表面活性剂在固体表面上吸附量不同。一般而言，不论是离子型，或者是非离子型的，也不论吸附剂的本身性质如何，碳氢链长度较长的活性剂，其吸附量总是比较高。这个规律是相当普遍的，甚至有些固体表面的性质有很大差异时，仍然符合此规律。

3. 吸附剂的极性

在中性溶液中，氧化铝的表面上，阳离子型活性剂（如十二烷基氯化铵）比阴离子型活性剂（如十二烷基硫酸钠）的吸附量大，这是由于氧化铝表面是负电性的缘故。如果用硝酸钍溶液处理氧化铝，氧化铝吸附钍离子以后，表面变成带正电荷，因而吸附十二烷基硫酸钠的量要比吸附十二烷基氯化铵多。可是在炭黑表面上十二烷基硫酸钠和十二烷基氯化铵的吸附量相差甚微，而且吸附量也要比氧化铝低得多，这是因为炭黑为非极性固体。

4. 溶液的 pH 值和外加盐类

三氧化铝、铁钛矿等固体吸附剂，当 pH 值增加时，对阴离子型活性剂吸附量下降，而阳离子型活性剂正好相反。产生此现象的原因是与吸附剂在溶液中的界面性质有关，这些吸附剂在 pH 值高时，表面带负电，因此容易吸附阳离子型表面活性剂，在 pH 值比较低时带正电，容易吸附阴离子型表面活性剂。

无机盐的存在会使活性剂在吸附等温线上的平衡浓度下降，外加的无机盐浓度愈大，则等温线的移动距离也愈大，总是向活性剂浓度低处移动，这是由于外加的盐类会降低活性剂 CMC 值的缘故。

表面活性剂在固体表面上吸附的最大实际应用就是改变固体表面的亲水、亲油性能。如泡沫选矿石时就是利用表面活性剂在亲水的矿石表面上的吸附，使矿石表面由亲水性变为憎水性，喷洒农药时加入少量表面活性剂，则使憎水的农作物叶子的表面由憎水变为亲水性，叶子表面上能洒上一薄层均匀的药液，提高杀虫效率。同理，在晒版过程中，感光液中加些十二烷基磺酸钠就是使金属版面的亲水性大大提高，避免出现感光液涂布不匀的现象。

9.4　表面活性剂的作用及其原理

表面活性物质的基本性质，决定了它具有润湿、乳化、去乳、增溶、发泡、消泡以及匀染、消除静电、杀菌、防锈等效能，因此在许多生产部门和日常生活中被大量使用。有关这些具体应用，很多专著中皆有详细介绍，这里仅就主要的几个方面加以概述。

9.4.1　润湿作用

大家都有这样的经验，塑料雨衣遇水不湿，而脱脂棉、毛巾很易被水浸湿，这是润湿常见的现象。凡液体能附在固体上，称之"润湿"。严格地说，当液-固二相接触后，体系的表面自由焓降低，即谓润湿。单位面积自由焓降低的多少，即表示润湿程度的大小，以 $W_{S/L}$ 表示之。

$$W_{S/L} = \frac{\Delta G}{A}$$

润湿程度除与液、固的种类有关外，还与温度与加入润湿剂等因素有关。如厚的毛毯或棉絮放入冷水中，较难浸透，用热水或加入一些洗衣粉就容易润湿了。

1. 润湿的类型

润湿的类型有好几种，图 9-7 中举出了五种，这五种在印刷中都是很重要的。

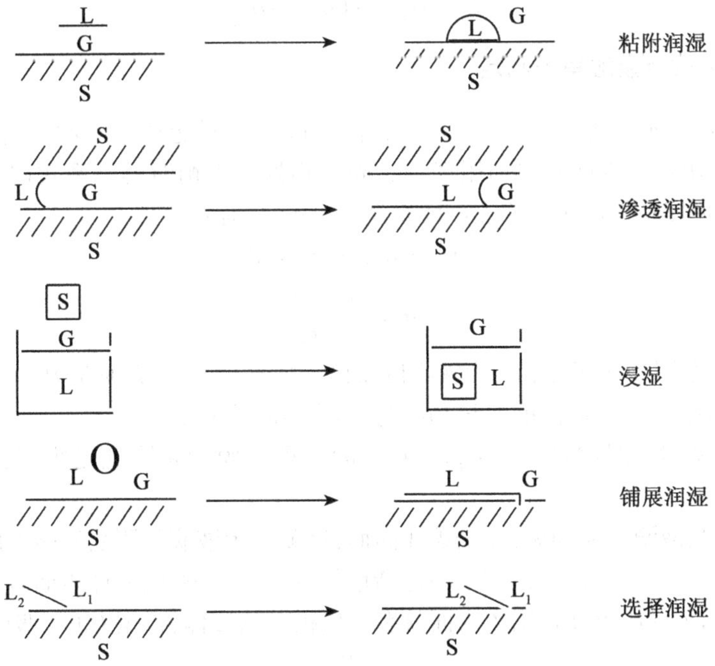

图 9-7　润湿类型示意图

(1)粘附润湿

原有的1 m^2固体表面和1 m^2液体表面消失,形成1 m^2固-液界面,称粘附润湿。如油墨从版面转移到承印物的表面时,每单位面积自由焓的变化$\triangle G$为:

$$\triangle G_a = \sigma_{LS} - (\sigma_L + \sigma_S)$$

(2)铺展润湿

一液滴在1 m^2固体面上铺展时,原有1 m^2的固面和一滴液体(面积忽略不计)均消失,形成1m^2固-液界面,称铺展润湿,如所有的涂布润湿。该过程的自由焓变为:

$$\triangle G_{SP} = \sigma_L + \sigma_{LS} - \sigma_S$$

(3)浸湿

1m^2固面浸入液体中时,原有1m^2固面消失,形成1m^2固-液界面,如油墨制造中颜料的分散。该过程的自由焓变为:

$$\triangle Gi = \sigma_{LS} - \sigma_S$$

(4)渗透润湿

液体渗透到毛细管内部时产生的润湿,如油墨在纸张上的干燥就与渗透有很大的关系。该过程的自由焓变为:

$$\triangle G_P = \sigma_{LS} - \sigma_S$$

(5)选择润湿

1m^2固-液(I)的界面更换为1m^2固-液(II)的界面。如平印生产中,由于滚筒的挤压,水斗液在线划部分产生了粘附润湿,但由于选择润湿,这些已吸附的水会被油墨顶替,即平印原理。该过程的自由焓变为:

$$\triangle G_{SP} = \sigma_{LIIS} - (\sigma_{LIS} - \sigma_{L_1L_{II}})$$

2. Young公式及接触角的测定

Young公式:根据热力学定律,从$\triangle G$的正负可以判断能否引起润湿,但一般情况下,σ_s、σ_{Ls}的值较难求出。因此必须利用气、液、固三相处于平衡时的关系式(Young公式),如图9-8所示,根据体系作用于三相点(O)的合力为零,应有:

$$\sigma_S = \sigma_{LS} + \sigma_L \cos\theta$$

$$\cos\theta = \frac{\sigma_S - \sigma_{LS}}{\sigma_L}$$

式中σ_S为气-固界面张力;σ_{LS}为液-固界面张力;σ_L为液-气界面张力;θ为接触角,即从三相接触点O沿液-气界面作切线,该切线与固-液界面的夹角。

这样一来,粘附润湿:$\Delta G_a = -\sigma_L(1+\cos\theta)$,即液膜的粘附愈是牢固,愈有利于液体(如油墨)的润湿。

铺展润湿:当液滴自动铺展,完全盖住固面,这就表示液滴与固面不能形成平衡状态,不能用Young公式。但可假设固体与压力逐渐增加的蒸气接触,则固体表面就吸附该蒸气,待压力增加达饱和蒸气压P_o时,固体表面就有一层极薄的液体,根据Gibbs吸附公式:

$$\Gamma = -\frac{P}{RT}\Gamma\frac{d\sigma}{dP}$$

$$d\sigma = -\Gamma RT\frac{dP}{P} = -\Gamma RT d\ln P$$

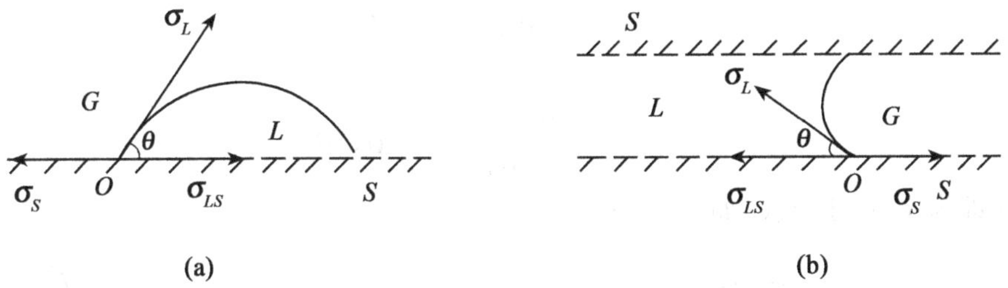

图 9-8　接触角和 Young 公式

$$\Delta\sigma = -RT\int_0^{p_0}\Gamma\mathrm{d}\ln P$$

$$\Delta G_{sp} = \Delta\sigma = \sigma_L + \sigma_{LS} - \sigma_S = -RT\int_0^{p_0}\Gamma\mathrm{d}\ln P$$

对浸透润湿、渗透润湿：

$$\Delta G_p = \Delta G_i = -\sigma_L\cos\theta$$

对选择润湿：

$$\cos\theta_{12} - \cos\theta_{21} = h$$

式中 θ_{12} 为油中水滴的接触角；θ_{21} 为水中的油滴的接触角。

综上所述，在实际应用中通常直接从接触角的大小来判断润湿的难易程度。习惯上，当接触角 $\theta=0°$ 时为完全润湿；如果 $90°>\theta>0°$ 则为部分润湿，液滴呈扁平状；如 $180°>\theta>90°$，则为不润湿，液滴成平底球状；如 $\theta=180°$，这种现象为完全不润湿，液滴倾向于形成完整的球体，但实际上这是一种理想的状况，因为液滴与固体之间总是或多或少存在相互吸引力，如水滴在涂蜡表面上的接触角不为 180°而约为 110°。当 $\cos\theta>1$，液体能在固体表面上铺展，液滴与固面间不存在平衡状态，无接触角之说。

另外，如在液体中加入表面活性剂，则 σ_L、σ_{SL} 均会降低，但降低的数值各不一样，这样就使得 Young 公式中右端值变大，必然导致 θ 值变小，即加入活性剂后，接触角会变小，润湿作用会增强。例如胶印中的水斗液中常加入 2080（聚氧乙烯聚氧丙烯醚）、6501（月桂酸酯二乙醇酰胺的缩合物）非离子型表面活性剂，以降低水斗液的表面张力，让其能在水辊等上均匀地形成一层尽可能薄的水膜。照相乳剂在涂布前加入 1292（琥珀酸二酯磺酸钠）就可改变片基的润湿性能。

3. 各种实际固体表面的润湿

上面的讨论都是假设表面为完全均一的平滑面（理想平面），实际上，固体表面总是多少有凹凸的粗糙表面，并且还经常会有固体间夹有空气的复合面、化学性质不均一的表面等等。下面讨论一下这些表面的实测（表观）接触角 θ_a 与理论接触角 θ_0 之间的关系及这些表面的润湿性。

（1）粗面的润湿

实际表面的粗糙程度通常用粗度 R（$1\mathrm{cm}^2$ 的平面按粗面计量时的面积）来表示。当表

面粗度为 R 时,Young 公式为:

$$R\sigma_S = R\sigma_{SL} + \sigma_L\cos\theta_a$$

则:

$$\cos\theta_a = R\frac{\sigma_S - \sigma_{SL}}{\sigma_L} = R\cos\theta_o$$

上式即为 Wenzel 公式,如图 9-9 所示。

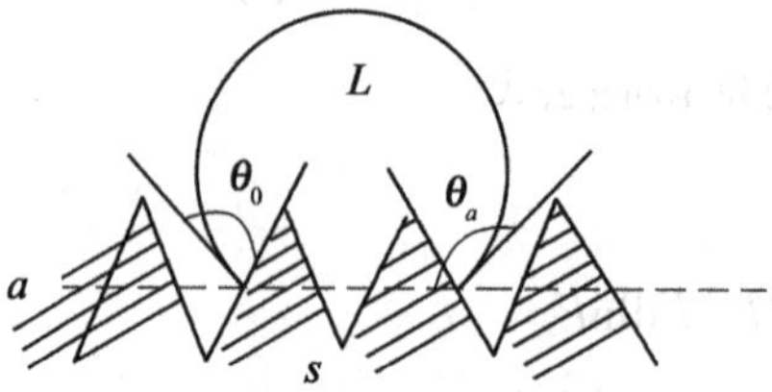

图 9-9 锯齿状表面上的表观接触角 θ_a 与理论接触角 θ_O

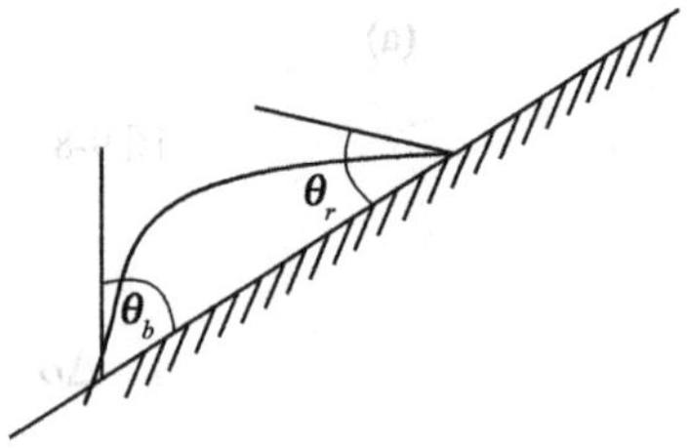

图 9-10 前进接触角 θ_b 退接触角 θ_r

根据该式可以知道实际平面 $R>1$,所以当 $\theta_o<90°$时,随着粗度 R 的增加,θ_a 值就变小;而当 $\theta_0>90°$时,θ_a 值就随着 R 的增加而增加。即:随表面粗度的增加,容易润湿的表面变得更容易润湿,而难润湿的表面变得更难润湿。但当粗度的重复单位(皱纹)的大小大于 0.5μm,则不出现此性质。这就是铝基版在涂布感光胶前要通过各种方法建立砂目的理由。

在此,θ_a 是平衡值,实际上由于动力学方面的原因,液滴在固体表面上前进时的接触角 θ_b 比实际接触角 θ_a 大;后退时的接触角 θ_r 比实测接触角 θ_a 值小(图 9-10)。即:

$$\theta_b > \theta_a > \theta_r$$

该现象称为接触角的滞后。滞后的大小($\theta_b-\theta_r$)与液滴的大小有关,一般来说,液滴小时滞后大;粗度越大滞后现象越严重。

当雨滴打在脏玻璃窗上就可以明显看到接触角的滞后现象。另外,在平印操作中总希望水辊上沾有的水斗液尺量少而均匀,这就要求后退接触角 θ_r 越小越好(即 θ_a 越小越好),实际操作中可通过增加滚筒表面的亲水性或降低水斗液的表面张力来实现。

为何会出现润湿滞后现象呢?一般认为有三种学说,其一是摩擦学说,其二是表面粗度学说,其三是吸附学说,由于篇幅有限,在此从略。

在生产平印所用的 PS 版时,首先必须对版基铝材进行粗化处理,即建立砂目。其目的是为了使铝版基材表面变成粗面,一方面提高感光胶在基材表面上的润湿性和附着力,另一方面提高润版液在铝版表面上的润湿性、保水性。目前常用的砂目技术有机械磨版、化学磨版、阳极氧化、电弧处理等技术,其中阳极氧化技术具有砂目细度高、均匀性好、吸附性能优,版基表面硬度高、耐磨损、化学稳定性好、易实现卷筒铝版的大规模批量工业化处理的优势,是人们普遍采用的处理方法。其基本原理是:

阳极 $2Al + 6OH^-(aq) = Al_2O_3 + 3H_2O + 6e^-$(主要)

$4OH^- = 2H_2O + O_2(g) + 4e^-$(次要)

阴极 $2H^+(aq) + 2e^- = H_2(g)$

铝版作为阳极时表面被氧化变成氧化铝氧化膜,这种阳极氧化膜的生长过程包括两个方面，一是阻挡层的形成，二是多孔性氧化膜的生长。在通电后的很短时间内，铝的表面形成了一层连续的、无孔的氧化膜，称之为无孔层或阻挡层。这些无孔氧化膜具有很高的电阻，障碍了电流的通过及氧化反应的继续进行。但由于电解液对氧化膜的溶解作用，使得氧化膜最脆弱的局部位置产生空穴，电解液和新的铝表面接触，电化学反应继续进行，氧化膜得到继续生长，同时电解液对氧化膜有溶解作用。由于孔底部的氧化膜的生成与溶解过程在不断进行，结果使得孔底逐渐向金属基体内部移动。随着氧化时间的延长，孔穴加深形成空隙，具有空隙的膜层便逐渐加厚形成了孔壁。这些孔壁和电解液也是相互接触的，所以孔壁表面的氧化膜也会被溶解，而且被水化成 $Al_2O_3 \cdot nH_2O$，从而使氧化膜成为可以导电的多孔性结构，即粗面结构。

(2)复合面的润湿

难润湿的粗糙表面，当"皱纹"加深时(图 9-11)，设倾角为 ϕ，当接触角 $\theta_o > 180° - \phi$ 时，液体不能渗入到皱纹中，便形成了复合面，即固体和气体同时接触液滴的表面。如某些织物、动物的羽毛就可能是复合面。又如凹凸的版面，当油墨浸润性不好时也可能形成复合面。这时，通常是采用一定的印刷压力来迫使油墨渗入而达到印刷的目的。

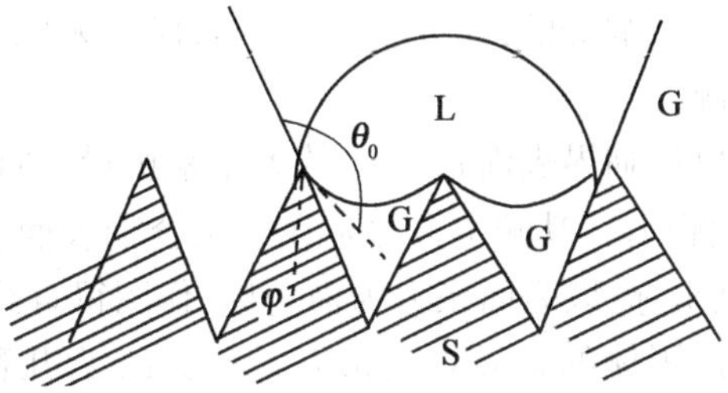

9-11　粗面为复合面的情况($\phi > 180° - \theta_0$)

复合面达到平衡时，接触角 θ_a，θ_o的关系如下：

$$\cos\theta_a = Q_1\cos\theta_0 - Q_2 \quad \text{(Cassie-Baxcer 公式)}$$

式中 Q_1、Q_2分别表示液体和固体、液体和气体的接触面的比例，显然，$Q_1 + Q_2 = 1$。从该式中可知，对于难润湿的面($\theta_0 > 90°$)来说，$\theta_a > \theta_0$，即由难润湿的固体表面和空气构成的复合面会格外难润湿。所以表面有大量凹凸物存在的防水衣或长有绒毛的芋头、菊花、荷叶之类的叶子是极难润湿的。

复合面的接触角也有滞后现象，其大小也与液滴大小有关，但从总体上来说，复合面的滞后现象比粗面小。

利用复合面的特性，人们已开发出了许多实用产品，如"自洁材料"。德国波恩大学的研究者用电子显微镜拍摄了荷叶的照片，发现其表面具有大量的均匀排列的微小凸起物，该表面与水接触可产生复合面，让水滴以球状的形式存在于其表面。Creavis 公司将这一现象设计应用到高分子自洁材料上(自洁交通路标、防藻建筑物、防污混凝土等)，其方法为：通过光辐照成像法制造具有这种结构的 50μm ~ 5mm 的镍箔，压到高分子表面上，然后通过冷却分离镍箔，即可得到表面类似荷叶荷花的高分子自洁材料。

(3)不均一面的润湿

表面化学组成不均一的固体表面称为不均一面。对于具有两种化学组成并以同心圆似地重复出现的不均一平滑面的平衡接触角 θ_a 和 θ_o关系如下：

$$\cos\theta_a = Q_1\cos\theta_1 + Q_2\cos\theta_2$$

式中 Q_1、Q_2表示具有理论接触角为 θ_1、θ_2这样二个面的比例。当 $\theta_2 = 180^o$时即为复合面。

实验证明，在不均一面上，接触角滞后现象比复合面大。液滴越小，滞后现象也越大。

(4)低能表面的润湿

从润湿的角度来考虑，可以把固体表面分为低能表面和高能表面两大类。所谓低能面就是水不能完全润湿的面($\theta > 0°$)，亦即固体的表面张力 σ_s 小于水的表面张力 σ_w，如一般的有机化合物固体的表面就属于低能面。而高能面就是水能完全润湿的面($\theta = 0^o$)，即 $\sigma_s < \sigma_w$，通常的无机氧化物、金属表面就属于高能表面。需要说明的是并非 $\sigma < \sigma_{高能面}$的液体都能润湿高能面，其原因是有机液体被吸附到高能面上，使之变成了低能面，以至于液体不能在本身的吸附膜上铺展，即所谓的自憎现象或自疏现象。可见润湿仅与相界面(表层分子)的性质有关，而与内部性质无关。

随着有机合成工业的发展，高分子材料层出不穷，可以说是日新月异，而且其性能特别，有些性质是无机材料无法与之媲美的，在许多场合下取代了无机材料，备受人们的青睐，在此我们仅讨论其润湿的情况。

低能表面的润湿难易可用临界表面张力 σ_c的大小来衡量，所谓固体的临界表面张力就是 $\theta = 0^o$时这种液体的表面张力。其测定方法是在某聚合物表面上测定一系列有机液体的接触角 θ，然后以 $\cos\theta$ 为纵坐标，以表面张力为横坐标，作图得直线，外推到 $\cos\theta = 1$，则与该点相对应的表面张力即为该固体的临界表面张力。图 9-12 为几种有机同系物的液体在聚四氟乙烯表面上的 θ 与 σ 的关系，可以看出三条直线在同一点与 $\cos\theta = 1$ 的直线相交，该点即为聚四氟乙烯的临界表面张力 σ_c，因为 σ_c与所接触的液体关系不大，只与所给固体有关，即仅是所给固体的特征值。

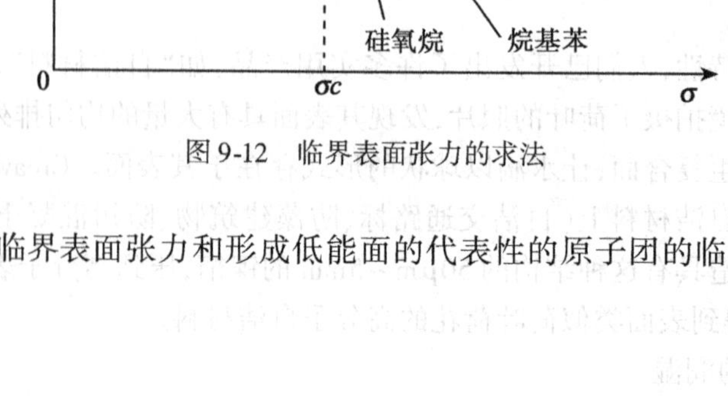

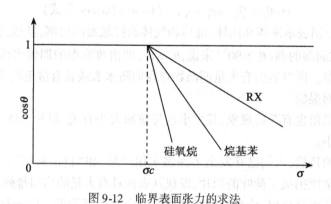

图 9-12　临界表面张力的求法

常见聚合物的临界表面张力和形成低能面的代表性的原子团的临界张力分别列于表 9-3 和表 9-4。

表 9-3　　**常见聚合物固体的临界表面张力 σ_c**

表　面	$\sigma_c \times 10^{-3} N \cdot m^{-1}$	表　面	$\sigma_c \times 10^{-3} N \cdot m^{-1}$
$—CF_2CF(CF_3)—$	16.2	$—CH_2CH(OH)—$	37
$—CF_2CF_2—$	18.5	$—CH_2CHCl—$	39
$—CH_2CF_2—$	25	$—CH_2CCl_2—$	40
$—CH_2CHF—$	28	涤纶	43
$—CH_2CH_2—$	31	羊毛	45
$—CH_2CH(C_6H_5)—$	33	尼龙 -66	46

表 9-4　　**形成低能面的代表性原子团的临界表面张力**

表面原子团	$\sigma_c \times 10^{-3} N \cdot m^{-1}$	表面原子团	$\sigma_c \times 10^{-3} N \cdot m^{-1}$
$—CF_3—$	6	$—CH_3—$	20 - 24
$—CF_2H—$	15	$—CH_2—$	31
$—CF_2—$	18		

一般来说,固体的临界表面张力的大小与分子的元素组成有关:F < H < CI < Br < I < O < N。

碳氟化合物 < 碳氢化合物 < 含杂原子的有机物 < 金属等无机物。固体临界表面张力的物理意义在于指出了只有表面张力小于 σ_C 的液体,才能对该固体完全润湿和铺展,否则不能铺展,会有一定的接触角,且 $\sigma_L - \sigma_C$ 愈大,接触角也愈大。并有下列经验公式:

$$\cos\theta = 1 - \beta(\sigma_L - \sigma_C)$$

β 值一般取 0.03 ~ 0.04,例如聚四氟乙烯、硫化后的硅橡胶,它们不但不易被水润湿,而且也不易被油、脂肪(σ 约为 $20 \sim 30 \times 10^{-3} N \cdot m^{-1}$)润湿,这就是无水印刷中空白部分采用硅质层的基本原因。又如甲基氯硅烷可使纸张织物的接触角变大,变为憎水性的,但是如对这些低能表面如合成树脂进行处理,就容易被润湿了。例如:将聚乙烯、聚氯乙烯、聚苯乙烯和丙烯腈的共聚物等置于臭氧环境中,或经由紫外线的照射,或于臭氧气氛中经紫外线或 γ 射线的照射,或使用化学药品如浓硫酸、铬酸、$KMnO_4$ 处理,使之表面生成—OH、> CO 或磺化等极性基因,则表面能上升,这样就能被某种液体所润湿,使之具有实际的应用价值。

低能面的表面能较低,如将其作为印刷承印物使用,会给印刷带来不利影响,如凹印中使用的塑料薄膜(PE、PS、PP、PEP、PVC、PT、PA 等)多为非极性材料,性质上呈化学惰性,表面能低,与油墨、粘合剂的亲和性差,印刷后的墨膜不牢固、易脱落。所以印刷薄膜要想达到理想的效果,必须事先对其进行表面处理,提高其表面能,从而提高其润饰性能、粘结性能。目前常用的表面处理方法主要有:①铬酸浸蚀法;②过氧化物浸蚀法;③表面涂敷法;④火焰法;⑤电晕法;⑥等离子体法。其中电晕法更常用,而等离子体法可能将成为今后的发展方向。上述处理方法同样适合低能面的粘接处理等工艺。

(5)带电面的润湿

若在带电表面上滴上液滴,测其接触角就可以发现:接触角随时间而上升,若除去液滴,再测定表面电位,则发现电位值降低了。因此接触角的改变可以认为是由于电荷转移到液滴中去而产生的,常采用外推到时间为零时的接触角作为某个电位时的接触角。

由表面电位的变化而产生的 θ_b、θ_r 变化的测定结果示于图 9-13。

从图 9-13 可得出以下几点结论:

①对任一曲线,接触角随所给的表面电位的增加而降低,变得容易润湿。

②对于平滑面来说,电位为零时没有滞后现象,若给以一电位,则 θ_b 就变为大于 θ_r 而出现了滞后。

③由于给予电位而产生的接触角的下降,在正负电位两侧大致是对称的。

④对复合面来讲,$\theta_b > \theta > \theta_r$。

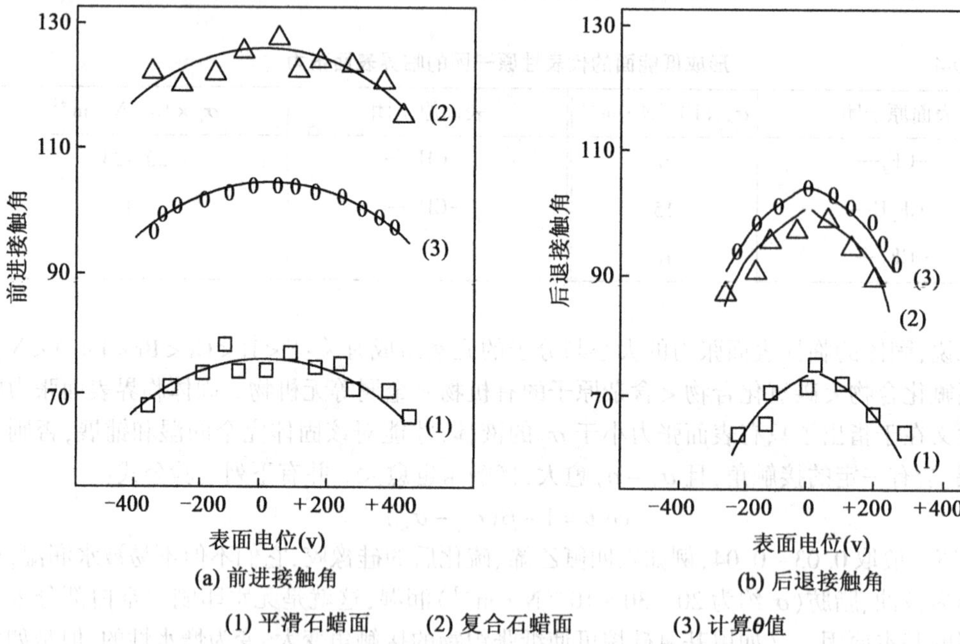

图 9-13 乙二醇接触角随表面电位的变化情况

故使用活性剂时,应注意其类型,例如:二氧化硅板由于表面氢的电离,在表面层形成负的电荷层,阴离子活性剂不能吸附到其表面上,因此不论在何种浓度下,均能被阳离子型表面活性剂的水溶液润湿,但如是阴离子型活性剂,则只有在浓度较高(接近临界胶束浓度)时才能被溶液润湿(发生了多分子层吸附),而在低浓度下不能润湿(单分吸附及表面电位下降)。

4. 影响润湿的因素

(1)分子结构

分子的结构对润湿起决定性作用,通过大量的试验,人们总结出了如下规律:晶体原子的化学键类型及电负性决定润湿性能,即晶体上原子的键合力为离子键时该晶体是亲水性晶体,能被水完全湿润,因为液体(水)-固体间的作用力为离子-偶极键偶极效应;如晶体上原子的键合力为共价键,则该晶体为疏水性晶体,因为液体(水)与固体间的作用力为色散力，但能为非极性液体润湿；如晶体为极性晶体，根据Paulin的电负性的差别，推导出构成晶体的原子的离子键合比例，以此来确定晶体能否润湿。此外Weyl还认为，在离子晶体中，如极化度大的负离子覆盖晶体表面，则极化度越大，其表面的疏水性越大，Hg_2I_2便是其例。这些结论可通过润湿热的测定结果来证明。但是上述观点不能说明亲水性固体被非极性的液体所润湿的情况。

(2) 杂质

如固体含有杂质，由于杂质的键合形式与固体不同，可能改变固-液间的作用力，从而影响润湿性。例如，石蜡中混有少量的十六醇或棕榈酸，浸入水中时，其θ_b与θ_r均变小，较纯石蜡的润湿性好。合成琥珀和胶木也随浸入水中的时间的增加而变得容易润湿。

液体中的杂质也能显著影响润湿，如微量的金属离子能显著影响硬脂酸表面的润湿。

(3) 液体的表面张力

一般来说，液体的表面张力越小，则它对固体的润湿性愈好，即$\sigma_S - a_L$越大，润湿效果越好，由此可见如液体中加入表面活性物质，则该溶液对固体的润湿能力变强，且在表面活性剂的CMC值附近效果最明显，不过加入过多的活性剂作用并不大。

(4)溶质的吸附

从氟化羧酸溶液对聚乙烯、聚四氟乙烯表面的润湿情况来看，如氟化羧酸溶液的表面张力为19×10^{-3}N·m^{-1}时，聚四氟乙烯能被润湿，而聚乙烯则须在21×10^{-3}N·m^{-1}时才能被润湿，前者接近正常润湿，而后者小于其临界表面张力$\sigma_C = 31 \times 10^{-3}$ N·m^{-1}，其原因是聚乙烯对氟化羧酸的吸附较聚四氟乙烯的强，从而引起了聚乙烯表面状态发生改变，润湿性能发生变化。人们通过实验总结出了如下的经验式：

$$\cos\theta = (\sigma_L + \sigma_W)(ca + \phi\Gamma)\delta_{WL}$$

σ_L、σ_W为液体、水的表面张力，a、ϕ为实验常数，Γ为溶质的吸附量。

从这个式子可以看出，接触角不仅与液体的表面张力有关，而且成为溶质吸附量的函数。

另外表面活性剂分子或离子的吸附对金属的润湿性也是一样，在低浓度的情况下，由于金属表面吸附了一层单分子膜，使得金属板面由亲水性变成疏水性。如活性剂浓度提高，在其CMC值附近，则发生多分子层吸附，金属板面又由疏水性变成亲水性。

(5)润湿剂的分子结构

很显然作为润湿剂的表面活性物质，应具有一定的分子结构，由于润湿剂的最大作用是降低了固液界面张力，因此首先谈谈活性剂分子结构与表(界)面张力的降低：

含水体系中表面张力的降低是由于表面的水分子被来自溶液内部的表面活性剂分子取代而产生的，当表面上表面活性剂达到饱和时，表面张力下降到最低值，因此表面张力降低的效率可用达到饱和吸附时，体系表面的表面活性剂浓度对溶液中表面活性剂浓度的比值来反映，即表面张力下降效率受到活性剂分子结构的制约。

①活性剂的疏水基长度：对于直链脂肪烃基，随着碳原子数目的增加，吸附效率直线上升，这是因为每个亚甲基在这些界面（液-气、液-液）上的表面自由焓为$\Delta G = -2928.21$ J·mol^1，因此表面张力降低的效率是随着疏水基链的增加而增大的。

②表面活性剂在表面上的面积：一个分子占有的面积越大，则在一定的表面上被吸附的活性分子数越少，其表面张力的降低效率就越小，即亲水基和疏水基的增大或支化都会降低

表面张力的效率。例如亲水基在活性剂分子中央,或用相同碳原子数的直链疏水烷基代替直链疏水烷基,都会降低表面张力下降效率。而且大的亲水基对表面活性剂在表面上占有面积的影响大于大的疏水基,如聚氧乙烯非离子型表面活性剂的亲水基,在表面上占有的面积随着聚氧乙烯单位的增加而增大,因此降低表面张力还要求亲水基结构小些为好。

③活性剂的带电性:离子型表面活性由于带有相同的电荷,彼此间会有斥力存在,降低了分子间表面迁移的趋势,使表面层的浓度与溶液内部的浓度比值下降,即表面张力的降低效率小,而在非离子型及两性活性剂中则不存在这种静电斥力,所以它们的效率大于离子型的。但是如在离子型活性剂中加入适量的电解质以中和电荷,则可增大表面张力的降低效率。

需要说明的是表面张力的下降效率除与表面吸附量有关外,还与活性剂在溶液内部形成胶束的难易程度有关,易成胶束的结构因素(如大的直链结构等)必然会使活性剂倾向于向溶液内部迁移,即会使表面张力的下降效率降低,所以在使用表面活性剂降低表面张力的时候,应同时考虑表面吸附和形成胶团的难易度,不同的结构因素对二者的影响不一样,例如支链越多,表面吸附及胶束化越难,但对胶束化的影响更明显。故只有二者的综合结果使得表面吸附量(C_s)最大时才是最佳的选择对象。

从上面的讨论可知,对于润湿剂除应具有大的活性剂外(降低固-液面张力),还应具有扩散快的特点,故优良的润湿剂常是支链化程度高(不易形成胶束)及分子量小(扩散快)的表面活性剂。

9.4.2 渗透作用

渗透系指液体在固体表面上润湿之后,由于固体表面毛细孔的作用,液体钻进固体内部的过程。

前已叙述,液体在简单的筒状毛细管中流动,存在着下列 Poiseuille 式子,即在半径为 r,长度为 L 的毛细管中加压力 P_o,淌流着粘度为 η 的流体,假设在单位时间里淌流了 du/dt 的流体,则:

$$\frac{\mathrm{d}u}{\mathrm{d}t}=\pi P_o\sigma^4/8\eta l$$

上式中 P 实际上是毛细管被润湿后,液面的附加压力,故

$$P_o=2\sigma\cos\theta/r$$

则渗透深度 h 可由 Lucas-Washburn 定律给出:

$$h=\sqrt{(r\sigma\cos\theta/2\eta)t}$$

如外部施加压力 P,则:

$$h=\sqrt{t(r\sigma\cos\theta+P_r)/4\eta}$$

渗透到毛细管中液体的量(V)为:

$$V=\pi r^2\sqrt{t(2r\sigma\cos\theta+P_r)/4\eta}$$

在凸印中,纸张对油墨的吸收除了毛细管作用外,主要是印压起作用,因此渗透到毛细管中的液体的 V 为:

$$V=\frac{\pi r^3}{2}\sqrt{\frac{Pt}{\eta}}$$

对一定的固体表面，如接触角小，则渗透深度深，因此加入表面活性物质，可增强液体对固体的润湿作用，达到增加液体渗透量的目的。例如在印刷过程中，常在油墨中加入硅油或表面活性剂以降低油墨的表面张力，提高油墨对纸张等承印物的润湿性能，增加油墨的渗透量，从而达到提高印品墨色浓艳、牢固度大的目的。当然油墨在纸张上的渗透与纸张毛细管孔径的分布（高斯分布）有关，请参阅有关文献。

总之，渗透作用和润湿作用比较近似，它们的区别在于前者是先作用在物体的表面，尔后作用到其内部，而后者则仅作用在物体的表面上，两者所用的表面活性剂一般也基本相同。

9.4.3　乳化作用

1. 乳浊液及其类型

两种互不相容的液体经过剧烈的搅拌后，一种液体（分散相）在另一种液体（连续相）中分散成细小液滴（约 1 ~2nm），这样的操作称为乳化，所产生的分散体系称为乳浊液。乳浊液的外观与颗粒大小的关系见表 9-5。

表 9-5　**颗粒大小对乳浊液外观的影响**

颗粒大小	乳浊液外观
大颗粒小球	二相可区别
>1nm	乳白色
1 ~0.1nm	蓝白色
0.1 ~0.03nm	灰色半透明
<0.05nm	透明

乳浊液按不同的分散状态可分为两类：一类是油（分散相）分散在水（连续相）中，简称水包油型，以 O/W 表示，如图 9-14（a），另一类是水分散在油中，简称油包水型，以 W/O 表示，如图 9-14（b）。

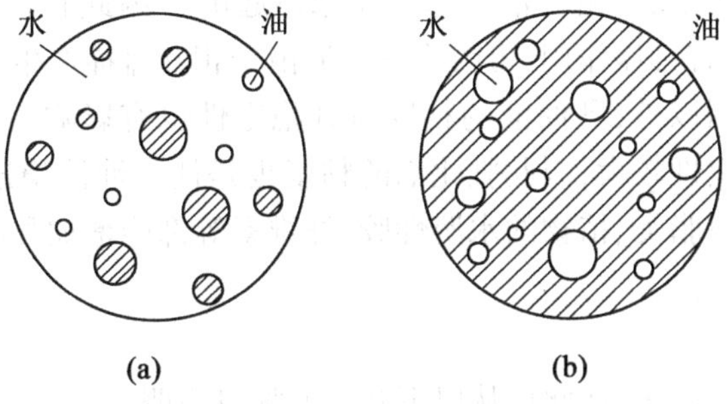

图 9-14　乳浊液的类型

2. 乳浊液稳定机理

一般来说,由于液体分散成细小液滴后,界面积变大,界面能变得很高,因此乳浊液是非常不稳定的,当液滴互相碰撞时,会自动聚集,降低界面能使体系处于稳定体系,即它会自动地分成两层。但是如果在其分层之前加入表面活性物质(乳化剂),就能使乳浊液易于生成并变得相对稳定。所以乳浊液一般是由两种互不相容的液体和乳化剂三者构成的一种热力学不稳体体系(亚稳体系)。

那么为什么乳浊液中加入乳化剂后就能提高其稳定性呢?一般认为有以下几个原因:其一是乳浊液中加入乳化剂后,乳化剂的分子会吸附在两相界面上形成吸附层,吸附层中乳化剂分子有一定的取向,极性基团朝着水,非极性基团朝着油,这样就降低了油水的界面张力,使高能的分散体系变成低能的分散体系,促使乳浊液相对稳定。

其二是由于表面活性剂分子一般具有一定的长度,在油-水界面上又是按一定的取向排列,因此形成的吸附膜较为坚固(如图 9-15),具有一定的机械强度,当分散液面相互碰撞时,这种保护膜能阻止液滴的聚集,使乳浊液变得稳定,这种保护膜的稳定作用是最重要的。例如胶印中的水斗液中的阿拉伯树胶活性并不高,但能形成坚固的保护膜,是常用乳化剂。

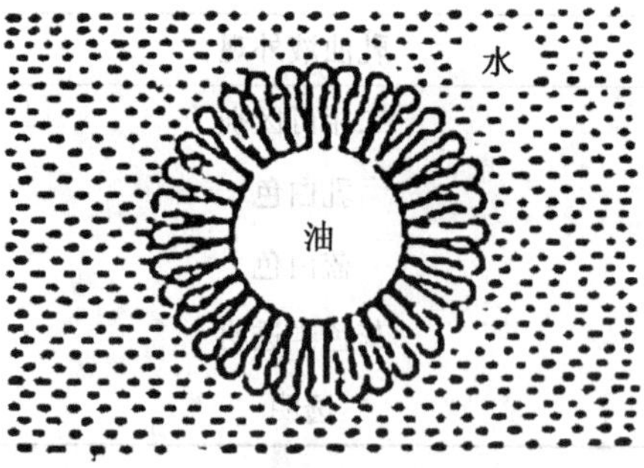

(a) 一元金属皂对O/W乳浊液的稳定作用

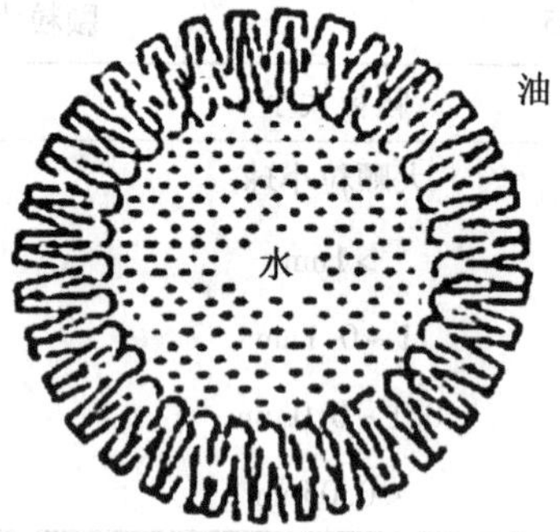

(b) 二元金属皂对W/O乳浊液的稳定作用

图 9-15 油水的定向楔界面薄膜

其三是形成扩散的双电层。乳化剂不论是离子型的还是非离子型的,都或多或少地可电离(非离子型活性剂主要是由于液珠与介质摩擦起电),因此它在界面上被吸附之后,形成了双电层,双电层具有排斥作用,可防止乳状液由于相互碰撞产生的凝结。

除了上述三个原因以外,乳浊液的粘度对其稳定性也有影响。粘度越大,迁移速度越慢,分层就越慢,即稳定性较大,因此乳化剂的粘度也是使乳浊液稳定的原因之一。天然的乳化剂如动物油中的磷脂类、植物的水溶性胶、纤维素等都能增加乳浊液的粘度。

3. 影响乳化的因素

影响乳化的因素有许多,在此仅从以下几方面加以说明。

(1)表面活性物质

乳浊液稳定的最主要的原因是乳化剂——表面活性物质,因此表面活性剂不同,乳浊液的稳定性也不同，且形成乳浊液的类型也不相同。亲水性强的乳化剂（短链 C_{12} ~ C_{14} 与离子型亲水基的表面活性剂）配成乳浊液通常是 O/W 型，适合极性油的乳化，如水溶性皂类（钠皂、钾皂、锂皂等）、长链亲水性表面活性剂（如 $ROSO_3Na$、$RN(CH_3)_3Cl$ 等）、蛋白质、树胶、淀粉、硅胶（SiO_2XH_2O）、磺化植物油等；亲油性强的乳化剂（长链 C_{16}-C_{18} 疏水基与极性亲水基）配成乳浊液是 W/O 型，适合非极性（如矿物油）的乳化，如二价或三价金属皂、高级醇类、高级脂类、氧化植物油、灯烟、石墨等。如乳化剂为固体，乳浊液的形态则由二液相对粒子润湿的难易决定，容易润湿的液相变成连续相，不易润湿的液相则为分散相。此外，同种乳化剂如浓度不同，乳化的能力也不同，例如在印刷工艺中的各个润湿环节中时常加入表面活性剂，但其浓度不能太高，因为浓度高时很易造成乳化，平版印刷中的水斗液与油墨中都含有活性剂，有可能造成油墨的乳化，给生产带来许多不利的因素。

一般来说最有效的乳化剂通常是水溶性表面活性剂与油溶性表面活性剂的混合物。因为易溶于溶剂的单一表面活性剂所形成的界面膜并不坚固，经不起分散粒子的碰撞。另外，此疏松的膜不能将油-水界面张力降低到最低值。但如在此界面膜中加入合适结构的第二种表面活性剂（常具有不同的溶解度特征），就能使界面膜密集成坚固的粘附层，具有良好的弹性和机械强度。而且在第一次降低表面张力的基础上进一步降低，使界面张力降低到很低值，从而增大乳浊液的稳定性。实际使用中一般是直链的两种活性剂，且两者疏水基碳原子数相近，例如游离的脂肪酸及其盐的混合物，疏水基相同的两种环氧乙烯聚合物（其一的亲油性较好，其二的亲油性较差）。当然在选择乳化剂的时候应首先考虑被乳化的对象，如油相的极性大，乳化剂的亲水性也要大；如油相的非极性大，乳化剂的亲油性也要大，亦即制备一个理想的乳化液，必须让乳化剂与被乳化的物质的 HLB（见 9.5）值相近。

（2）机械搅拌

一般来说，搅拌速度越快，乳化越易发生；搅拌的次数越多，乳化也易发生。

（3）溶液的 pH 值

许多表面活性剂属于弱酸弱碱型，因此溶液的 pH 值就直接影响其活性，而不同活性的乳化剂，其乳化能力不同，形成的乳浊液的稳定性也不相同。

（4）分散相与分散质间的溶解性

两种互不相溶的液体的不溶程度及相对数量对乳化都会有影响，如不溶程度大，即界面张力大，乳浊液的稳定性差。

4. 乳浊液的应用及破乳

乳浊液的应用比较广泛，主要是将不相溶且性质各异的液体经过乳化作用充分地利用其表面性质，如机械加工用的冷却液就是由水（冷却水）和润湿油（润滑用）形成的 O/W 型乳浊液；为了增加液体的接触面，在制备农药、涂料、药物、粘合剂、擦亮剂、去污剂以及化妆品和食品等各方面经常应用乳化原理。

在某些情况下，乳浊液的形成反而给工作带来了麻烦，如在胶印过程中（特别是高速印刷）就要严格防止水斗液与油墨的乳化现象。因为如形成 W/O 型乳浊液，会使画线部分墨色不浓，无光泽，图文干瘪，轮廓不清。又如：原油中含有少量水分时，会形成 W/O 型乳浊液，则会对金属设备产生严重的腐蚀。碰到这种情况，就需要针对形成乳化的原因，采取不同的破乳方法。一般的方法有：①化学法，若是由于皂类引起的乳化作用，可加入酸类使皂类变为不溶性的脂肪酸而将乳化膜消除，达到破乳的目的。②代替法，加入表面活性较大但不能形成坚固保护膜的物质，把原先的乳化剂从保护膜上替换下来，由于新的保护膜不够坚固而容易被破坏，使分散的液珠相聚合而分层。据报道在加热条件下，有机酸、醇、胺的破乳率较高，破乳能力最强的有机物分子中的含碳数在4左右，常用的有丁醇、丁胺、戊醇等。还有其它方法，如对稀乳浊液而言，其液珠表面的有效电荷是起稳定作用的因素，加入电解质可以降低液珠表面的有效电荷，使乳浊液聚结分层而破坏。另外还可以用高电压方法使水分子极化而聚集成较大的水滴下沉，使油水分离。此外，加热或冷冻也能破坏乳浊液。总之，破乳的方法不外是化学的、物理的、机械的、电力的几种方法，实际应用中经常是几种方法同时使用，使破乳率提高。

9.4.4 起泡及消泡作用

泡沫是气体分散在液体中的分散体系，它和乳浊液相似，是热力学不稳定体系。在水中通入空气就可以形成泡沫，但这种泡沫不稳定，要使之稳定，应满足下面几个条件：

(1)低的界面张力和坚固的保护膜

低的界面能及牢固的界面保护膜是泡沫稳定的重要前提，好的起泡剂一般是长链分子，因为链越长，在界面上的吸附量越大，且形成的膜厚度大，机械强度高。蛋白质除一般的分子间作用力外，在 $>C=0$ 与 $>NH$ 基间还有氢键存在，所生成的薄膜较坚固，泡沫就很稳定。

(2)适当的表面粘度

气泡液膜受到重力和曲面压力(曲面附加压力)的双重作用，这些作用都促使气泡间的液体流失，泡壁逐步变薄，导致气泡破裂。若液体有较大粘度，就不易流失，不过粘度过大会使气泡难以形成，所以要求液体的粘度较小，而膜的粘度(表面粘度)较大。

(3)膜的带电性

形成的膜如带有电荷，则能阻止气泡的相互碰撞，增强泡沫的稳定性，因此泡沫的稳定性也可用电动电位值来衡量。

从上述条件可知，起泡能力强的起泡剂具有下列结构因素：①疏水基宜长而且是直链($C_{14}\sim C_{16}$)的表面活性剂，因为这样的疏水基分子间作用力较大，又能相对缓慢地扩散到表面，促使膜厚并有弹性。②增加表面活性剂分子中与水相互作用的官能团。如某些疏水基和亲水基间的醚键，它们不会明显改变疏水端的密集程度，但能降低表面活性剂向表面迁移的速度，同时也可使含有水合分子的表面膜的稳定性得到提高。如 $C_{12}H_{25}(OCH_2CH_2)_3OSO_3NH_4$ 为常用的起泡剂。

在实际工作中泡沫的形成有时会带来许多困难和麻烦，如各种感光液在涂布时若有气泡，就会造成感光层的不平整，影响感光质量。因此消除泡沫也是一个重要问题，常见的消泡方法有下面几种：①机械法：如机械搅拌击破泡沫，或改变温度、压力，使气泡受到一定张力而破裂。②化学法：加入少量碳链不长的醇或醚(如 $C_5\sim C_8$)，因其表面活性大，能顶走原来的起泡剂。又因其本身链短，不能形成坚固的膜，使泡沫破裂。

表面活性物质之所以具有消泡能力，是因为它们的分子易于附着在泡沫的局部表面上，使泡沫局部的表面张力降低，泡膜因表面张力不均而破裂。常用的消泡剂有天然油脂类、聚醚类、磷酸酯类、醇类，及有机硅油等。很显然优良的润湿剂常用作消泡剂，因为优良的润湿剂能在界面上迅速扩展并降低表面张力，破坏膜的力学平衡而起到消泡的作用。

9.4.5　加溶作用

在水中难溶的化合物,如碳氢化合物、高级醇类、染料等在表面活性剂存在时,能很好地溶于水中,这种现象称为加溶作用(又称增溶作用)。如 22℃ 时,100ml 水中只能溶解 0.09ml苯;而在 100ml 10% 的油酸钠的水溶液中,可以溶解 10ml 苯。

1. 特点

(1)与乳化作用不同

两种互不相溶的液体形成乳状液后,虽有乳化剂存在,并形成了保护膜,但仍有巨大的相界面,是不稳定体系,较容易产生分层现象。可是实验证明:当被加溶物不断被加溶时,其蒸气压也随之下降,表明加溶作用使被加溶物的化学位降低了($\mu = \mu_o + RT\ln p$),使加溶后的整个体系更加稳定。同时,加溶作用是一个可逆的平衡过程,在肥皂溶液内加溶某物质的饱和溶液,可以由过饱和溶液或由逐渐溶解而达到饱和,这二种步骤所得的结果由实验证明完全相同,而乳浊液并非如此。此外加溶以后不存在两相,溶液是透明的,没有两相的界面存在,是热力学稳定体系。

(2)与溶解过程不同

一般的溶解作用必然会引起溶液的依数性发生明显的变化,但碳氢化合物加溶后,对依数性影响很小。这说明在加溶过程中溶质没有解离成分子或离子,而以整团分子分散在肥皂溶液中,即加溶作用与胶束有关。X 射线实验也证明了加溶后的胶束确实是胀大了。

2. 加溶方式

(1) 非极性增溶

对非极性的碳氢化合物而言,加溶方式是被增溶的物质通过在胶束中进一步溶解来实验的,如图 9-16 所示。

(2)极性增溶(又称胶束栅层渗透型增溶)

醇类、胺类、脂肪酸类等极性化合物的增溶是嵌在表面活性剂的极性基之间的。如图 9-17 所示。

(3)吸附增溶

被增溶的分子在表面活性剂的胶束极性表面吸附,不渗透到胶束中去。某些不易溶于水而溶于烃类的有机物以及某些染料,都是以这种形式溶解,这种类型的增溶量最小。

(4)增溶物被包于非离子型表面活性剂胶束的聚氧乙烯"外壳"中而溶解

酚类化合物属于这类形式的增溶作用,如图 9-18 所示。这是非离子型表面活性剂构成胶束的一种特殊的增溶形式。

既然增溶作用是以胶束的存在为前提,那么开始发生明显增溶作用时,表面活性剂的浓度应当是开始大量形成胶束时的浓度,即 CMC 值。同理,影响 CMC 值的因素也必然会影响增溶作用。例如在离子型表面活性剂溶液内,加入无机盐会使 CMC 值降低,因而也增加了增溶作用。对于增溶物本身而言,极性化合物比非极性化合物容易增溶,而有支链的又比直链的容易增溶。当然,这些仅仅是一般规律而已,实际体系中还有不少是例外的。

增溶作用具有广泛的用途,如使用肥皂、洗涤剂去除衣物上的油污,其中增溶就起着重

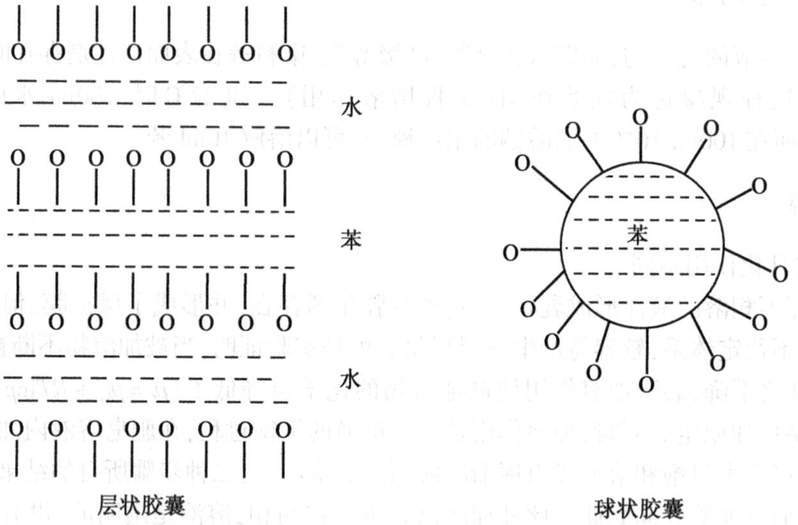

图 9-16　非极性增溶方式

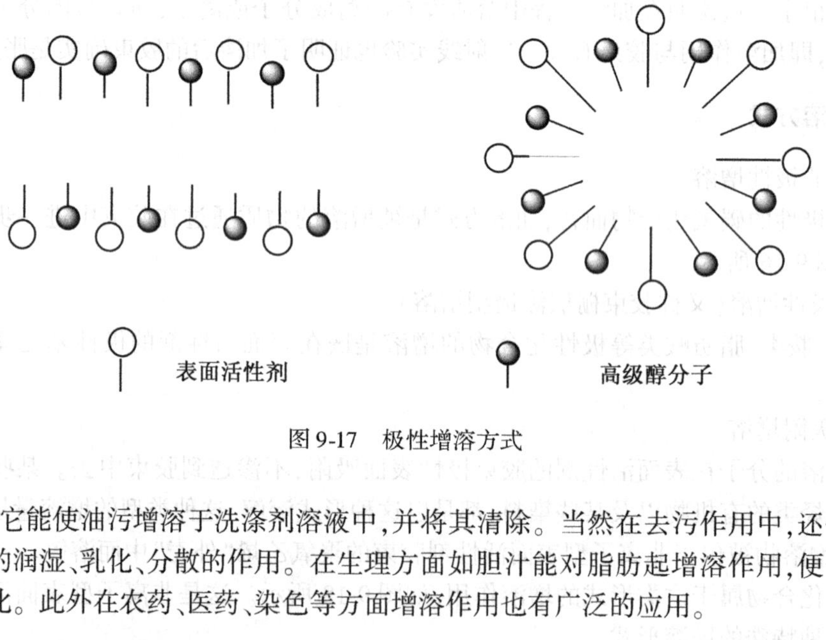

图 9-17　极性增溶方式

要的作用，它能使油污增溶于洗涤剂溶液中，并将其清除。当然在去污作用中，还包含着表面活性剂的润湿、乳化、分散的作用。在生理方面如胆汁能对脂肪起增溶作用，便于脂肪的吸收和消化。此外在农药、医药、染色等方面增溶作用也有广泛的应用。

9.4.6　抗静电作用

日常生活中有许多静电现象。如穿的合成纤维素衣裤在脱下时有时会有噼啪声，还可以看到火花。在空气非常干燥的地区，当鞋底与地毯摩擦时，人体常带电，当人手与门把接触时，就噼啪作响以致由指尖产生火花放电使手感到麻木。在工业生产中，也存在许多静电现象，如纤维纺纱时由于静电作用，纱与纱之间互相排斥，以致造成不能纺纱的严重障碍。又如目前感光片基大量采用涤纶片基，在暗室分离感光片时，可以看到火花，致使感光材料

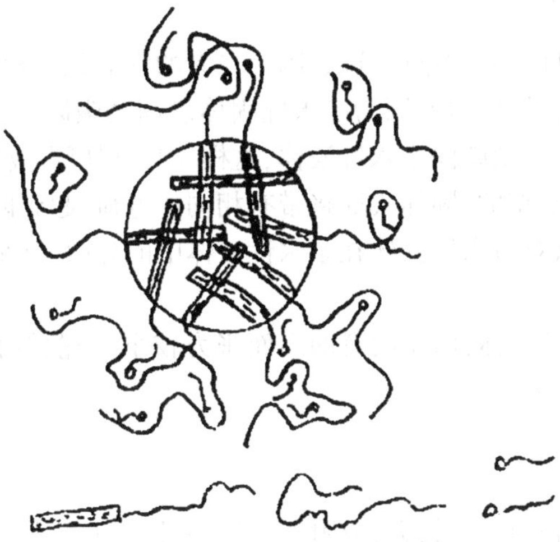

图 9-18　非离子型表面活性剂的增溶作用

曝光而报废。因此,很有必要进行抗静电的研究。

消除静电的方法很多,其中以应用抗静电剂的方法为最简便。抗静电剂有很多种,如无机离子化合物,某些有机物,但主要的还是表面活性剂。表面活性剂的抗静电原理如下:

①由于表面活性剂能降低表面的摩擦系数,使表面之间变滑,摩擦效果减弱,难以产生静电。

②由于表面活性剂表面形成易吸湿的薄膜,而且还有很多离子(甚至本身就是离子)。因此,使表面变成容易导电的表面,由摩擦产生的电荷立刻逸散,不再聚集生电。

实际上,上面两种原理都起一定的作用,多数情况下第二种原理是主要的。用相同的抗静电剂处理时,若周围空气湿度大,抗静电效果就好,若空气十分干燥,则几乎没有效果,这现象说明第二种原因起主要作用。因此选择抗静电剂,首先应具有吸湿性和离子性,还要尽可能考虑其平滑性。

抗静电剂由于长期储存而逐渐衰退,衰退现象随温度升高而严重。衰退原因还不十分清楚,可能是抗静电剂本身分解或逸散而引起的。因此,应采用热稳定性好,不易挥发分解的抗静电剂,如嵌段聚合的非离子型表面活性剂具有高度热稳定性,可作永久性抗静电剂。

9.4.7　分散作用

把气体、液体、固体颗粒均匀分布在液体中,分别得到泡沫、乳浊液、悬浊液,它们都是热力学不稳定体系。按理说这三个过程都是分散,但人们常将固体在液体中的分布称为分散。根据固体(分散相)及液体(分散介质)的性质的不同,其分散机理及难易程度各不相同,但总的来说,固体在分散介质中的分散取决于固体与液体间的界面张力和颗粒固体表面的电性或溶剂化离子。表面活性剂能降低固-液界面张力,使分散变得容易完成,如是离子型的活性剂还可能使固体表面带上电荷,防止分散的固体颗粒聚集。

1. 疏水性固体的分散

疏水性固体在亲水性介质中难以分散，因为二者的界面张力较大，但如在其中加入表面活性剂，则能使这一过程顺利进行，因为疏水性固体表面会吸附活性剂，使活性剂的疏水基优先定于固体表面，亲水基则朝向亲水性液体，这样一来会使固-液界面张力降低，有利于分散。若表面活性剂是离子型的，固体表面将带有相同的电荷，起到防止已分散的固体颗粒因碰撞而聚集的作用，所以对疏水性固体在亲水性液体中的分散，常采用长链烷烃基的离子型表面活性剂。

若分散介质为疏水性液体，由于两者的界面张力较小，分散较容易进行，如二者能发生溶剂化作用，则分散更易进行。

2. 亲水固体的分散

亲水性固体由于其表面张力较大，吸附能力较强，因此在不同的条件下，其分散会有不同的方式及不同的难易程度，例如根据分散介质的不同，有时不需使用活性剂即可，相反使用活性剂之后效果会更差，有时活性剂的浓度不同分散的情况不一样，有时得考虑活性剂所带电性等。

（1）亲水性固体在亲水性液体中。分散较易进行，如此液体中含有电解质，则固体颗粒会吸附电解质中的某一离子，使其表面带电，即存在双电层，该双电层能防止分散的颗粒聚集。但是电解质的浓度太高时，会起凝聚剂的作用，反而使分散不良。

若在分散介质中加入表面活性剂，当活性剂所带电荷与固体所带电荷相同时，由于电排斥作用，活性剂就不容易吸附到固体表面上。只有当液相中表面活性剂的浓度高到足以迫使表面活性剂在固体上吸附时，固体才能分散。但这是不太理想的，因为表面活性剂消耗太多。另一方面，如果采用与固体相反电荷的表面活性剂，则吸附易于发生，但表面活性剂的亲水基定向地朝向固体的表面，而疏水基则定于水相。这将会提高固-水的界面张力，并且使固体比无表面活性剂时更难分散。只有在第二层表面活性剂吸附到第一层上时，由于它的疏水基定向到表面活性剂的疏水基，而亲水基定向到水相，固体才能开始分散到水相中去。这也不是理想的方法。因为，如形成第二层吸附，需要大量的活性剂，而且第二层表面活性剂只有通过范德华力的吸附保持在第一层表面活性剂上，这样就比静电吸附的第一层易于解吸。当水相中表面活性剂的浓度降低时，第二层的解吸就易于发生。所以用水稀释悬浊液可产生固体絮凝物。

为此用于亲水固体在亲水液体中的分散剂最好采用非离子表面活性剂，由于它在水溶液中形成曲折型，这时亲水性的氧原子被置于链的外侧，疏水性的亚甲基位于里面，因而链周围变得更易与水结合。所以，同一般表面活性剂产生的定向作用的情况不同，亲水基是平躺在界面上，一部分定向在水相，另一部分定向在亲水固体表面上，如图 9-19 所示。此外，被吸附的表面活性剂分子的溶剂化曲折型链还可防止被分散颗粒相互接近而发生聚集。

同理，亲水固体在亲水液体中的分散也可采用含有一个以上离子基团或极性基团的离子型表面活性剂，如木质素磺酸盐离子型表面活性剂，其部分结构如下：

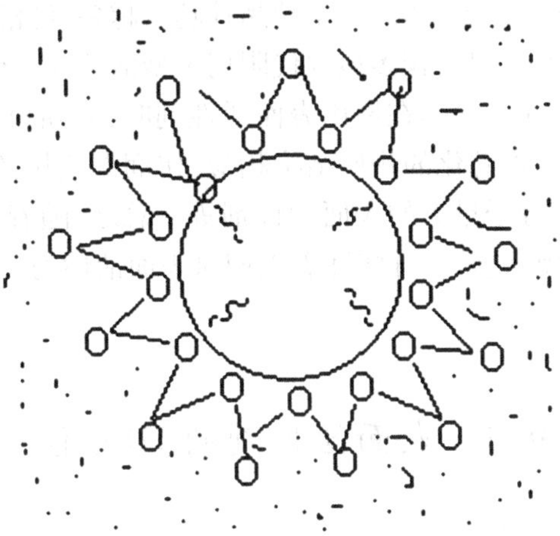

图9-19 固体颗粒与吸附的非离子表面活性分子

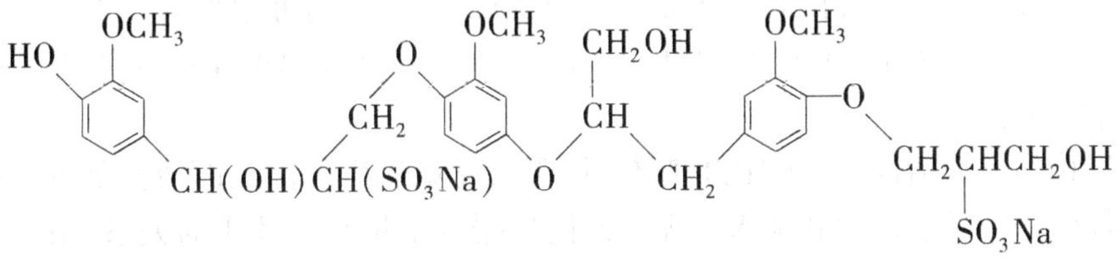

分布在表面活性剂分子上的这些离子基团和极性基团也是部分定向在水相,另一部分定在亲水固体表面,而且增加了固体的电荷,防止颗粒发生聚集。

(2)亲水固体在疏水液体中的分散

亲水性固体放在纯粹的疏水性液体中,是较难分散的,但在其中加入表面活性剂(如含有单个离子亲水基及长链烷基疏水基的离子型活性剂),由于固体表面对活性剂的吸附,使得活性剂分子发生定向排列,亲水基朝向固体表面,亲油基朝向液体,因此变得较易分散。

印刷油墨是颜料和连接料等构成的一种分散体系,固体颜料在高分子连接料中分散好坏,直接决定油墨质量的优劣,故其分散过程中对所加的表面活性剂的类型及浓度应加以选择。需要说明的是表面活性剂在油墨中的作用除了作为分散剂外,还有润湿剂的改进剂及去泡沫剂。

总之,表面活性剂的作用是很多的,除上述的作用外,还可作为助磨剂、柔软平滑剂、防水剂、杀菌剂、精炼剂等,几乎渗透到所有工业领域,成为必不可少的配套产品,而被誉为"工业味精"。而且其新的应用领域不断扩大,应用结构发生了明显变化(从纤维工业向石油、煤炭进军,从水/油系统转化到颜料、煤固体向水相的分散,煤向原油、颜料向塑料中的分散)。正是由于这些应用领域的拓宽,结构亦从亲水基、亲油基概念中摆脱出来,逐渐出现聚阴离子型、阳离子型、丙烯酰胺、非离子型、硫代磷酸盐型、酮系齐聚物、多环非离子咪唑衍生物,含 F、P、Si、Sn 特种表面活性剂及高分子表面活性剂。

在印刷工业中,可以说不可能离开表面活性剂,从制版到印刷每一个环节中表面活性剂都起着重要的作用,如润湿、分散、乳化、净洗、抗静电等(PS 版的显影液中;PS 版制版工艺中用的显像墨、修版液、烤版液中;PS 版的再生剥离液中;胶印的润湿版液中;打样用的墨辊清洗剂中;塑料等特种印刷中的抗静电等)。一般说来印刷中用的表面活性剂是非离子型和阴离子型,随着化学工业的发展,非离子型的品种越来越多,价格也比较便宜,同时它不受酸、碱、硬水的影响,且用量少,因而较多地取代阴离子型活性剂。近来特殊结构的活性剂由于其性能优越,发展更为迅速。但是在使用表面活性剂时,必须根据其作用来加以选择,如乳化剂应考虑其结构是否与被乳化的物质结构相似,作润湿剂用的应选用分子量小的表面活性剂,作洗涤剂的应选用分子量大的表面活性剂等。总之,随着科学技术的发展,表面活性剂在印刷工业中的作用愈来愈大,并将随着人们对表面活性物质认识的加深,得到更为广泛的应用。

9.5 表面活性剂的 HLB 值

由于表面活性剂分子是两亲分子,分子中既含有亲水基,又含有亲油基,其中亲水基的亲水性代表活性剂溶于水的能力,亲油基的亲油性代表活性剂溶于油的能力。因此亲水基的亲水性与亲油基的亲油性两者之比如果能用数目字表达,则可用来估计表面活性剂的性质。Griffin 于 1949 年提出 HLB 法,HLB (Hydrophile Lipopbile Balance) 值即为表面活性剂的亲水亲油平衡值。

不同结构的表面活性剂,其 HLB 值不同,那么究竟怎样求出表面活性剂的 HLB 值呢?即用什么尺度来衡量亲水性和疏水性呢?人们根据分子量与其性质的关系,用分子量的大小来度量疏水性(因疏水基越长即分子量越大,水溶性越差),既简便又合理。但对亲水基的亲水性则依活性剂类型不同而不同,即有的是与其式量成比例的,而有些则不然。下面分别加以说明:

9.5.1 非离子型表面活性剂的 HLB 值

对非离子型表面活性剂来说,由于其亲水基是—$O(CH_2CH_2O)_nH$,其亲水性由 n 值的大小决定,实验发现 n 越大亲水性越大,即亲水基的式量越大,亲水性越强。我们定义石蜡(无亲水基)的 HLB 值为 0,聚乙二醇(无疏水基)的 HLB 值为 20,显然非离子表面活性剂的 HLB 值在 0~20 之间,对聚乙二醇和多元醇型非离子表面活性剂的 HLB 值可用下列经验式计算:

$$\text{聚乙二醇型非离子型活性剂的 HLB 值} = \frac{\text{亲水基部分的式量}}{\text{表面活性剂的分子量}} \times 20$$

$$= \frac{\text{亲水基重量}}{\text{亲水基重量} + \text{疏水基重量}} \times 20 = \text{亲水基重量\%} \times \frac{1}{5}$$

此外聚氧乙烯类的非离子型活性剂的 HLB 值还可近似用浊度来确定:

浊度(℃)	<40	65	82	94	>100
HLB	<13	14	15	15	>17

9.5.2 离子型表面活性剂的 HLB 值

由于离子型表面活性剂的亲水基其单位重量的亲水性比起非离子型表面活性剂要大得

多，且随着亲水基种类不同，其亲水能力不同：

$—SO_4^- >—COO^- >—SO_3^- > R_4N^+ > —COOH >—OH >—O—>$ 失水三梨糖醇上的$—OH > CH_2CH_2—O—$

亲油基团的亲油能力（碳原子数相同）：

烷烃基 > 烯烃基 > 含脂肪族链的芳香基 > 芳香烃基 > $—CH_2CH_2CH_2O—$，因此不能用上述方法来计算其 HLB 值。近来有一种既简单又方便的方法，即官能团法，各官能团的 HLB 值见表 9-6。

表 9-6　**某些官能团的 HLB 值**

亲水官能团	HLB 值	疏水官能团	HLB 值
$—SO_4Na$	38.4	—CH—	-0.475
—COOK	21.1	$—CH_2—$	-0.475
—COONa	19.1	$—CH_3$	-0.475
磺酸盐	约 11.0	—CH =	-0.475
—N（叔胺 R_3N）	9.4	$—CF_2—$	-0.870
酯（山梨糖醇酐环）	6.3	$—CF_3$	-0.870
酯（自由的）	2.4	$—(CH_2—CH_2—CH_2—O)—$	-0.015
—COOH	2.1		
—OH（自由的）	1.9		
—O—	1.3		
—OH（山梨糖醇酐环）	0.5		
$—(CH_2—CH_2—O)—$	0.33		

离子型表面活性剂的 HLB 值 = $\sum$（各官能团的 HLB 值）+7。例如：十六（烷）醇 $C_{16}H_{33}OH$ 的 HLB 值 = $[1.9+6\times(-0.475)]+7=1.3$。

官能团的 HLB 值法的优点是可加性。例如，要选择一种 HLB 值为 12.3，性能最佳的洗涤剂可通过以下几条途径来配制，其一是：以 40% Span－20（HLB = 8.6）和 60% Tween－60（HLB = 1 4.9）混合配制。这种混合表面活性剂的有效 HLB 值恰好等于 12.3。即：

$$HLB = 8.6\times40\% + 14.9\times60\% = 12.3$$

其二是：选用 20% 的 Span－65（HLB 值为 2.1）和 80% Tween－60（HLB 值为 14.9）混合，所得的混合溶液的 HLB 值也等于 12.3。即：

$$HLB = 2.1\times20\% + 14.9\times80\% = 12.3$$

同理，还可得到一系列 HLB 值为 12.3 的混合表面活性剂，通过对每一组混合表面活性剂性能实验，就可选择性能最好、效率最高的洗涤剂。

对于一般活性剂，亲油基多为碳氢链，故 $HLB = 7 - 0.415n + \sum$ 亲水基的 HLB，式中 n 为碳原子数。

表面活性剂的 HLB 值是表征活性剂的亲水亲油性的大小的，它是活性剂的重要参数，人们使用活性剂时几乎不得不考虑这一参数，因为从这些数值就知道它的适合用途，表9-7及表9-8分别是常用的活性剂的HLB值和应用范围。但是不能因此而盲目地绝对相信它，因为最初在确立HLB方法时是很不严格的，它把表面活性剂的化学结构与性质之间的关系进行了简单的处理，这样所得结果势必与实际不符。不过比较起来，它仍是一种很好的选择表面活性剂的参考方法之一，但是最终还是通过实验结果来确定。

表9-7 **常见表面活性剂的HLB值**

化学组成	商品名称	类型	HLB
失水三梨醇三油酸酯	Span-85	非离子	1.8
	Arlacel-85	非离子	1.8
失水三梨醇三硬脂酸酯	Span-65	非离子	2.1
	Arlacel-65	非离子	2.1
丙二醇硬脂酸酯	Atlasg-992	非离子	3.4
甘油单硬脂酸酯	Atmul-67	非离子	3.8
	Atmul-84	非离子	3.8
	Tegin-515	非离子	3.8
	Aldo-33	非离子	3.8
失水三梨醇单油酸酯	Span-80	非离子	4.3
失水三梨醇单硬脂酸酯	Span-60	非离子	4.7
失水三梨醇单棕榈酸酯	Span-40	非离子	6.7
失水三梨醇单月桂酸酯	Span-20	非离子	8.6
聚氧乙烯单油酸酯	Monooleate	非离子	11.1
聚氧乙烯单硬脂酯	Monostearate	非离子	11.6
烷基芳基磺酸盐	Atlas G-3300	负离子	11.7
三乙醇胺油酸皂		负离子	12
聚氧乙烯三梨醇羊毛脂衍生物	Atlas G-1441	非离子	14
聚氧乙烯三梨醇单硬脂酸酯	Tween-60	非离子	14.9
聚氧乙烯三梨醇单油酸酯	Tween-80	非离子	15
聚氧乙烯三梨醇单棕榈酸酯	Tween-40	非离子	15.6
聚氧乙烯三梨醇单月桂酸酯	Tween-20	非离子	16.7
油酸钠		负离子	18
油酸钾		负离子	20
N-十六烷基N-乙基吗啉基乙基硫酸盐	Atlas G-263	负离子	25-30
月桂基硫酸钠		负离子	40

表 9-8　**HLB 的应用范围和在水中的分散性**

应用范围	在水中的分散性
1.5 ~ 3 消泡剂	1 ~ 4　不分散
3.5 ~ 6 W/O 型乳化剂	3 ~ 6　分散的不好
7 ~ 9　润湿剂	6 ~ 8　激烈振荡呈不稳定乳浊液
8 ~ 18　O/W 乳化剂	8 ~ 10 稳定的乳化剂
13 ~ 15　洗涤剂	10 ~ 13 半透明的分散体或溶液
15 ~ 18　增溶剂	13 以上 澄清的溶液

第三篇　染料及颜料化学

染料是指具有美丽的颜色且对植物纤维、动物纤维、皮革以及合成材料等有牢固亲和力的一类有机化合物。无遮盖力，染色后不容易因洗涤或摩擦而褪色。

染料的应用极为广泛，除用于各种纤维的染色外，在橡胶制品、塑料、油脂、油墨、墨水，照相材料、印刷、造纸、食品、医药等方面也大量应用。当今，由于染料的光谱范围广（近紫外、近红外），而使染料应用于激光技术，此外，染料的电学性质目前也逐步被应用于工业上，如染料吸收能量后，发生光电和光学效应，而作为能量转移器或光谱增感及显色作用等。

颜料是一种呈细微粉末状的固体有色物质，可以呈球状、片状等不规则形态，是印刷油墨中不可缺少的重要组分之一。通常颜料粒子的直径在几百纳米到几十微米范围内，通过适当的助剂，这些粒子可以均匀分散在介质中，但不溶于介质，也不与介质发生化学反应。颜料主要分为两类，其一是无机颜料，如白色颜料钛白粉、锌钡白，黑色颜料炭黑，蓝色颜料铁蓝（亚铁氰化钠），黄色颜料铅铬黄等；其二是有机颜料，如各种色淀、酞菁蓝等。前者一般价廉、不透明、遮盖力强、耐抗性好。后者由于色相齐全、色泽鲜明、密度小、着色力强、透明等特性，是制造红色油墨、透明黄墨不可缺少的原料，但价格较高。

本书仅简单介绍染料和有机颜料的基本知识，无机颜料请参见相关书籍资料。

第 10 章　染料及有机颜料

10.1　染料的分类和命名

10.1.1　染料的分类

染料的种类繁多，为了便于研究和使用，主要有两种分类方法：一种是按照分子的化学结构特点分类，用于研究结构和合成工作；另一种是按染料的应用范围分类，用于染料应用性质的研究。

1. 按染料的化学结构分类

按染料的化学结构来分，主要类型有：

①偶氮染料：含有偶氮基（—N = N—）的染料。

②硝基和亚硝基染料：含有硝基（$—NO_2$）的染料为硝基染料；含亚硝基（ - NO）的染料为亚硝基染料。

③芳甲烷染料：包括二芳基甲烷（Ar_2C <）和三芳基甲烷（Ar_3C <）染料。

④蒽醌染料：含有蒽醌结构（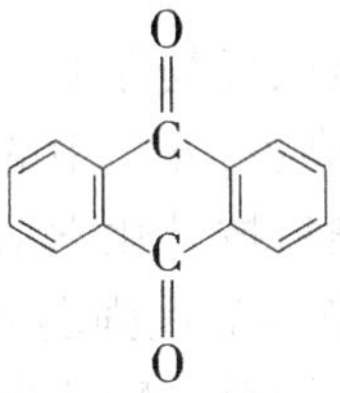）的染料。如羧基及氨基蒽醌及其磺酸衍生物染料。

⑤稠环酮类染料：含有稠环酮类结构或其衍生物的染料。

⑥靛族染料：含有靛蓝（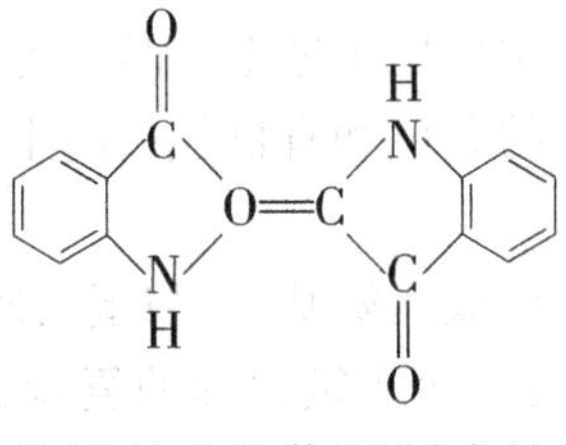）或类似结构的染料。

⑦硫化染料：借硫或多硫化钠的硫化作用制成的染料。

⑧酞菁染料：含有酞菁金属络合结构的染料。如酞菁结构是由四个吲哚啉结合的一个大型多环分子。

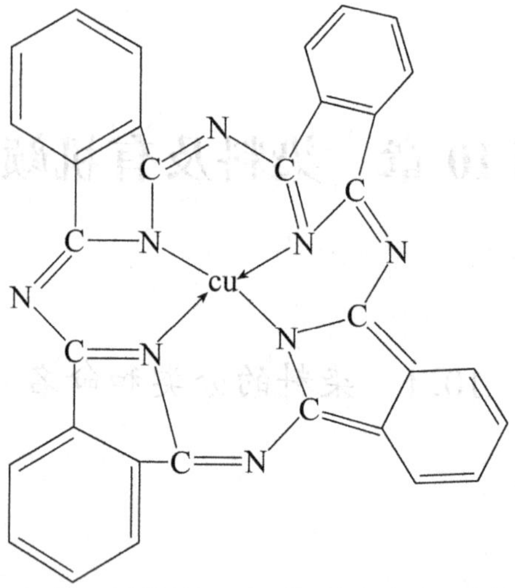

⑨醌亚胺染料：醌亚胺是指醌的一个或两个氧换成亚胺基的结构，如(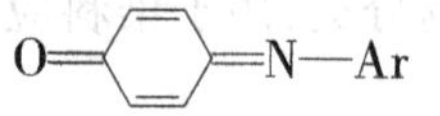)或()。

⑩活性染料：含有能与纤维发生反应的反应性基团，如含活泼卤原子的氮杂环化合物和活泼卤原子或硫酸酯的脂肪族化合物等。这些反应性基团与纤维为共价结合。

其它还有各种结构类型的染料如含氮醌、氧氮醌和硫氮醌的染料，又如甲川($H_2C=$)和多甲川基，二苯乙烯等结构的染料等。

2. 按染料的应用分类

按染料的应用来分，主要有：

(1)酸性染料及酸性络合染料

酸性染料分子中一般含有磺酸基、羧基或羟基等可溶性基团，这类染料大多在酸性或中性介质中用于蛋白质纤维和聚酰胺纤维的染色，分子中的酸性基团与纤维结构中的氨基或酰胺基结合而染色，故称酸性染料。酸性染料按其化学结构不同，可分为偶氮型、三苯甲烷型、蒽醌型、亚硝基型和吡唑啉酮型等；按染料酸性强弱和性能可分为强酸性染料(匀染染料)、弱酸性染料(缩绒性染料)和酸性络合染料。酸性络合染料是染料分子与金属原子以1:1络合组成，它在纤维上除与氨基结合成盐外，络合离子还能与之形成配价键的结合，因此其湿处理坚牢度好。

酸性染料是一类用途很广的染料，主要用于散毛、呢绒、毛条、蚕丝、锦纶、皮革、纸张、金属等染色，也可用于墨水、化妆品、肥皂的着色和有机颜料的中间体。

(2)碱性染料

染料分子中含有碱性基团，如氨基或取代氨基，它与蛋白质纤维上的羧基成盐而直接染色，碱性染料是色素盐基的盐酸盐、草酸合盐或氯化锌的复盐，故又称盐基染料。世界上第一个合成染料苯胺紫就是碱性染料。它有二苯甲烷、三苯甲烷、二苯萘基甲烷、氧杂蒽、噁嗪、噻嗪、吖嗪和喹啉等类型。其色谱齐全，色泽鲜艳，得色量高，但坚牢度较差。碱性染料溶于水，但能制成色淀而用于油漆、油墨，可被还原剂还原成无色化合物或隐色体，与空气接触或进行缓和氧化作用又恢复原来色泽。此外，它属于阳离子型染料，故不能与阴离子型染料或表面活性剂混合使用。

碱性染料广泛用于纸张、棉、羊毛、蚕丝、竹木、皮革、羽毛及草制品的染色，也可用于醋酸纤维和腈纶织物的染色。其色基还可作为油溶性染料而用于文教用品，如复写纸、圆珠笔油、印台油和彩色铅笔等。碱性染料也能制成色淀，用于油漆和油墨。

(3) 中性染料

中性染料包括 1:2 金属络合染料和铜甲 镨染料，它们都在中性或弱酸性(醋酸)染浴中染色，主要用于羊毛、蚕丝、锦纶、维伦，皮革的染色。耐晒、耐湿处理牢度优异，但色泽不够鲜艳，不过近来也发展了一些鲜艳的浅色品种。

(4) 直接染料

分子中含有酸性水溶性基团，能与纤维分子形成氢键而不需要媒染剂，故称直接染料。按化学结构可分为偶氮型(主要是双偶氮和三偶氮)、二苯乙烯型、酞菁型和二噁嗪型。其生产方法简单、色谱齐全、应用方便、价格低廉，但日晒牢度和皂洗牢度较差。

(5) 硫化染料

这是芳香族有机化合物和硫磺及多硫化钠熔融而发生硫化作用的产物。不溶于水，染色时需要硫化钠还原为可溶性的具有羟基的隐色体的盐，从而为织物所吸收，然后在空气中氧化恢复成原来的不溶性状态而固定于纤维上，故称硫化染料，其分子结构目前尚不清楚。硫化染料生产工艺简单、价格低、日晒及皂洗牢度较好、染色方便，为我国最大的一类染料，但是其色泽不够鲜艳，色谱亦不全，缺少理想的红色和紫色，上色力低，耗量大。

(6) 冰染染料

由重氮组分(色基)与耦合组分(色酚)在纤维上反应生成不溶性偶氮染料，由于显色时需加冰冷却，故称冰染染料。主要用于棉布的染色，其色泽鲜艳，色谱齐全(但缺鲜艳的绿色)，日晒皂洗牢度较高，合成方法简单，价格低廉。

(7) 还原染料

分子中不含水溶性基团，但含有两个或多个羰基，染色时羰基在碱性介质中被还原剂(保险粉)还原成羟基的钠盐而成为可溶性的隐色体，隐色体被纤维所吸收，经空气或氧化剂氧化又转变为原来不溶于水的颜料而染色。由于此过程中使用了还原剂，故称其为还原染料，又称士林染料。它主要有靛族还原染料、蒽醌族、蒽酮族和可溶性还原染料。其色泽鲜艳，色谱齐全，有较好的较全面的坚牢性。主要用于棉、麻、粘胶等织物的染色和印花，也用于一些合成纤维的染色。

(8) 活性染料

分子中含有能与纤维分子发生反应的活性基团。染色时，活性基团与纤维的羟基或氨基形成共价键，而使颜料或纤维形成一个整体，故称反应染料或活性染料。主要用于棉、麻、丝等纤维的印染，亦能用于羊毛和合成纤维的染色，它主要有 X 型、K 型、KN 型、KM 型、KD 型、P 型、KP 型、F 型等活性染料。

(9) 分散染料

分子中不含水溶性基团的非离子性染料，用分散剂将其分散成极细颗粒而进行染色，故称为分散染料。主要有偶氮、蒽醌、苯乙烯、硝基二苯胺、喹酞酮及杂环等。其得色丰满，利用率高，升华牢度较好，主要用于合成纤维中憎水性纤维的染色，如涤纶、棉纶、腈纶、醋酸纤维的染色和印花。

(10)阳离子染料

在水中能电离成有色的阳离子,该阳离子能与腈纶中的酸性基团结合而染色,故称阳离子染料,它是锦纶纤维的专用染料。主要分为隔离型(定域型)及共轭型(移域型),其坚牢性较高。

10.1.2 染料的命名

染料是相当复杂的有机化合物,即使化学结构已经确定了的染料,其学名冗长复杂,使用不便,何况许多染料成品常含有其它物质或是异构体,因此用有机化合物的命名原则不太合理。目前一般均按化工部1965年1月颁布的燃煤产品名词命名试用标准进行命名,其主要内容如下:

染料产品的名称,采用三段命名法。即染料的名称由三段组成:第一段为冠称,表示染料根据应用方法和性质而分类的名称。如酸性、中性、直接、还原、活性、分散等。第二段为色称,表示染料色泽的名称。共有三十个:嫩黄、黄、深黄、橙、大红、红、桃红、玫瑰、品红、红紫、枣红、紫、翠蓝、湖蓝、艳蓝、深蓝、艳绿、绿、深绿、黄棕、红棕、棕、深棕、橄榄绿、草绿、灰、黑等。第三段为词尾,以拉丁字母表示染料的色光、形态及特殊性能和用途等。色光采用B、G、R三个字母分别代表蓝光、黄光或绿光、红光;性能采用的字母如下:C-耐氯,D-稍暗;F-稍亮,I-还原染料坚牢度,K-冷染,L-耐光牢度较好,M-混合,N-新型,P-适用于印花,T-深,X-高浓度。如还原蓝BC,还原为冠称,蓝为色称,词尾中B表示蓝花,C表示耐氯漂。又如活性艳红K-2BP,活性为冠称,艳红为色称,词尾中K为冷染类,B为蓝花,P为适用印花,2为蓝花的程度较重。某些染料产品名称沿用已久,如还原蓝RSN,还原深蓝BO,酸性橙黄Ⅱ等仍保留使用。

国际上,广泛采用染料索引号来代表某一染料,染料索引(Color Index)是由英国染色与印染工作者协会和美国纺织化学与印染工作者协会合编出版的。按应用类别和化学结构类别编成两种编号。如刚果红染料索引编号为:CI直接红28,22120,其中直接红28为应用类别编号,28表示同一颜色下对不同染料品种的编排序号,而22120则为化学结构编号。

染料的命名工作仍亟待进一步合理简化和统一。

10.2 光和物质颜色的关系

10.2.1 光和物质颜色的关系

我们周围的物体之所以五光十色,经前人的研究证明,是因为它们能射出某种波长的光(可见光),而这些光作用到我们的视觉神经网膜,引起光化学反应,从而被我们感觉出颜色来,这就是说物质的颜色与光线密切相关。

物质受到光线的照射时,一部分光线在物质表面上直接反射出来,一部分透射进物质内部被物质吸收转换为分子运动能,还有一部分透射过去,如果物质吸收的光的波长在可见光区域以外,即不吸收可见光,那么这些物质就是无色的,若物质能把可见光区域的所有波长的光几乎全部吸收，则为黑色，如果能把所有波长的光全部反射出来，则为白色；若能将各种不同波长的光同等程度的吸收，则呈灰色。如果物质只是吸收可见光区域以内某些波长的光，那么这些物质就有颜色，其颜色就是未被吸收的可见光所反映出来的颜色，即被吸收光的颜色的互补色。

不同波长的光相对应的颜色及人眼所见的颜色见表 10-1。

表 10-1　**不同波长光的颜色及其互补色**

物质吸收的光		眼睛所见的颜色
波长/nm	对应的颜色	
400 ~ 435	紫	黄绿
435 ~ 480	蓝	黄
480 ~ 490	绿蓝	橙
490 ~ 500	蓝绿	红
500 ~ 560	绿	紫红
560 ~ 580	黄绿	紫
580 ~ 595	黄	蓝
595 ~ 605	橙	绿蓝
605 ~ 750	红	蓝绿

对于不可见光，则不能按可见光的规律产生色的感觉。但是紫外线被某些物质吸收后，又将光线放射出来，却呈现特殊现象，即这部分放射出来的光线的波长比吸收的光线波长长。不少物质能吸收紫外线而放射出可见光，因而呈现闪亮的光，称为荧光现象。能呈荧光现象的物质称为荧光物质，当光源移去后该物质的荧光现象亦停止。利用荧光现象的染料有荧光增白剂，荧光染料等。

另一类物质吸收紫外线后，并不立即放出光线，即使光源移去以后还能放出一种暗绿色的光，这称为磷光。能被激发磷光的物质有钙、钡、锌的氯化物，碱土金属的硫化物等。

10.2.2　影响物质颜色的因素

影响物质颜色的因素很多，主要表现在以下几种：

1. 光源

因为不同光源的光谱成分不同，如日光灯下的红色总是显得比较暗淡，在功率小的电灯光下,白色物质常常带有黄色。

2. 分子结构

分子结构不同,电子的激化能不同,对应的光电波长不同,颜色也就不同。例如,无机离子的颜色与其电子构型有关,根据量子力学的观点,具有 d^{1-9}、f^{1-13}结构的离子其激发态与基态的能量接近,可见光即可使它们激发,这类离子一般具有颜色。d^{10}、f^{14}的离子一般无色,但它如与变形性大的阴离子结合,特别是其极化作用较大时,阴、阳离子相互极化,使得结合力具有共价键的成分,激发能变低,从而也呈现出颜色,如 AgCl(白)、AgBr(浅黄)、AgI(黄)。络合物的形成也能使不具颜色的离子呈现颜色,或使颜色发生变化,其原因是中心离子在配位体场的作用下,发生 d 轨道的能级分裂,改变了激发态与基态的能级差,使得颜色发生变化。一般说来,配位场越强,分裂能越大,颜色越深。至于有机物的颜色与分子结构的关系见本章第三节。

3. 粒度

有些无色固体物质,其颜色还与其粒度有关。如颗粒的大小都超过光的波长,就会变成白色,如颗粒小于光的波长,则带有蓝色。这是因为粒度不同,其对不同波长的光的散射不同,从而引起颜色不同。

4. 温度

温度对物质的颜色也有影响,往往是温度越高,基态能量更接近激发态能量,颜色越深。例如 PbI_2在室温时为橙黄色,加热时可变成红黄,砖红,直至红棕色。AgI 也具有这一现象。

10.2.3 颜色的"深浅"与"浓淡"

实践中,人们常常使用深浅和浓淡来表示物质的颜色和光的吸收强度,但是深浅和浓淡是两个不同的概念。所谓物质颜色的深浅是由于吸收光线的波长所决定,凡物质吸收的光线波长越短,则其颜色越浅,所以橙色、黄色为浅色;反之,物质吸收光线的波长越大,则颜色越深,蓝色、绿蓝色为深色。物质颜色由浅到深的次序见表 10-1。至于颜色的浓淡,取决于物质对吸收光的吸收程度,吸收程度越大,颜色越浓。物质对吸收光的吸收程度可用摩尔消光系数 ε 来表示。

$$\varepsilon = \frac{A}{cl}$$

式中:c 为溶液的浓度,l 是光通过液层的厚度,A 是吸光度。

$$A = \lg \frac{I_0}{I}$$

式中:I_0为入射光强度,I 为透射光强度。显然 ε 越大,吸收程度越大,则称浓色。如某物质对蓝绿光吸收程度很大,则就是一个红色很浓的物质。

物质的 ε 的大小,也可初步由物质的结构判断。一般说来,如能级轨道相同,且相互平行,则 ε 大,反之如能级轨道相互作用程度较小(相互垂直),则 ε 较小,例如偶氮苯分子中两个吸收峰 319nm($\pi \rightarrow \pi^*$)和 443($n \rightarrow \pi^*$)的 ε 分别为 1.95 和 0.3,在后者中 n 轨道与 π

轨道相互垂直,故消光系数很小。

分子中如因某种原子或原子团的引入而使其对某些波段的光线的消光系数增加的现象称为“浓色效应”或“向红效应”;反之则称为“浅色效应”或“向紫效应”。

10.3　染料的发色理论

染料的发色理论主要有两种,其一是 1868 年 Witt(维特)提出的发色团和助色团学说,它是反映有机化合物的颜色和分子结构外在联系的某些经验规律。其二是近期发展起来的分子轨道理论,它是反映有机化合物的颜色和物质结构内部能级跃迁所需能量的微观内在规律。

10.3.1　Witt 理论

Witt 的发色团和助色团学说认为:带有颜色的有机染料分子中至少须有某些不饱和的原子基团存在,这些不饱和的原子团称为发色团,下列原子团都是重要的发色团。

—CH═CH—	乙烯基
—N═N—	偶氮基
—C(═O)—	羰基
$—NO_2—$	硝基
—N═O	亚硝基
—N═N—O—	氧化偶氮基
>C═S	硫代羰基
—C(CN)═C(CN)—CN	三氰乙烯基

含发色团的分子称发色体。如:

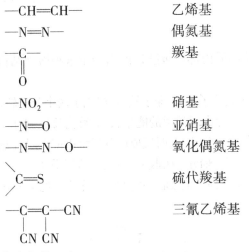

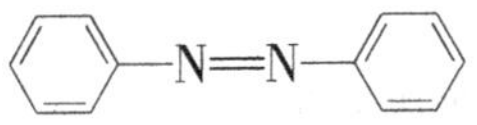
偶氮苯(橙色)

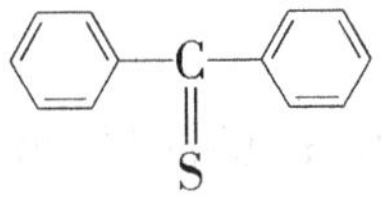
硫代二苯甲酮(蓝色)

有时由于发色团的发色力较弱,需要多个发色团并存才能显出颜色。如:

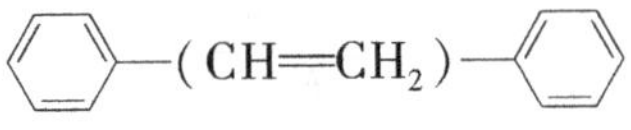

n	1	3	5	11
$\lambda_{max/nm}$		425	450	530
色	无色	淡黄色	橙色	紫黑色

只有发色团的发色体虽然有颜色，但不一定与各种纤维材料有亲和力。另外，有时还需将颜色加深，所以在发色体上还需要有另一类原子团称为助色团。助色团有两类：一类既能加深颜色，又能增加与纤维素亲和力的助色团，如—OH，—OR，$—NH_2$，—NHR，$—NR_2$，—Cl，—Br，—I 等，它们都是含有未共用电子对的基团。另一类是只增加与纤维的亲和力，但无加深颜色的作用的助色团，如—COOH，$—SO_3H$，$—SO_2NH_2$，$—CONH_2$ 等。

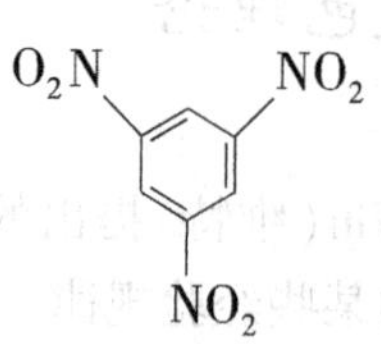

淡黄色

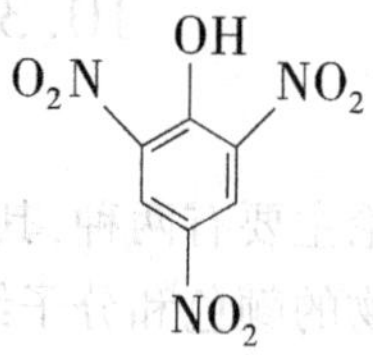

黄色

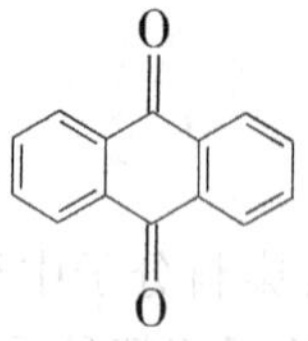

蒽醌（微黄色）

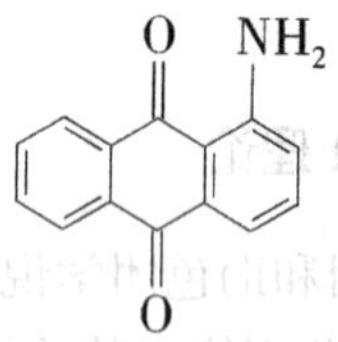

氨基蒽醌（红色）

10.3.2　分子轨道理论

现代染料发色理论是从物质内部能级跃迁所需能量这种微观结构来研究有机化合物颜色和分子结构的关系。

例如，在乙烯分子中，两个碳原子的 Pz 原子轨道，组成了两个分子轨道。一个分子轨道的能量较低，称为成键分子轨道；另一个分子轨道的能量较高，称为反成键分子轨道。在基态分子中，两个自旋相反的电子占据成键分子轨道，此时反成键分子轨道π^*则为空轨道，这就是能量较低的稳定的乙烯基态分子的构型。当乙烯分子吸收光能后，在成键分子轨道 π 中一个电子就跃迁至反成键分子轨道，所以乙烯分子选择性地吸收一定波长的光线。见图 10-1。

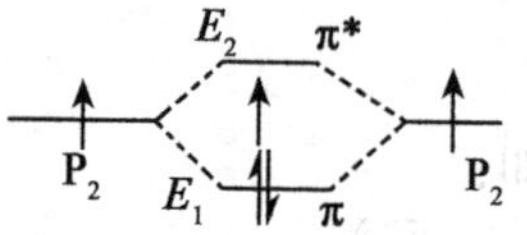

图 10-1　乙烯分子形成示意图

若 E_1 为分子成键轨道 π 的能量，E_2 为反成键轨道 π^* 的能量，当一个电子从 π 跃迁到 π^* 时，吸收光线的波长 λ_{max} 应为：

$$\lambda_{max} = \frac{hc}{E_2 - E_1}$$

式中：h 为普朗克常数，c 为光速。

若对结构比较复杂的分子来说，则 E_1 代表最高充满轨道（HOMO）的能量，而 E_2 代表最低空轨道（LVMO）的能量。它们均可以由分子轨道理论计算出来。图 10-2 代表不同多烯烃的能级图。显然，能级差 $E_2 - E_1$ 越小，则 λ_{max} 越大，颜色越深，亦即共轭链越长，分子最大吸收波长越向长波长方向移动。当乙烯分子中引入一个具有共享孤对电子的取代基 A 后，取代基 A 上的未共享电子会对乙烯的成键轨道及反成键轨道的能级有影响。

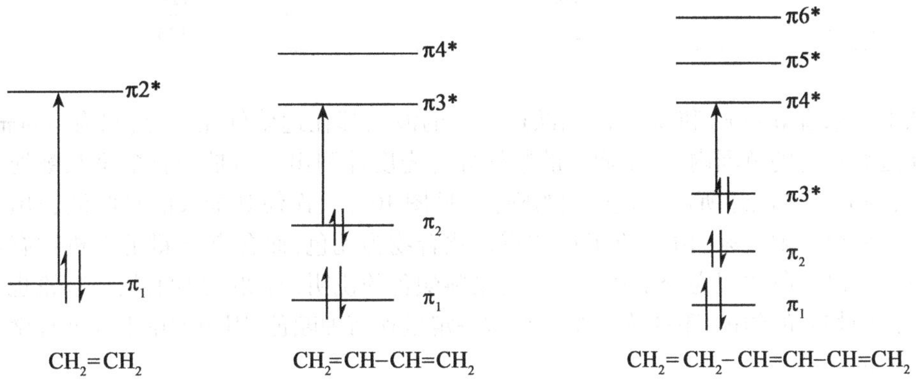

图 10-2　多烯烃的能级图

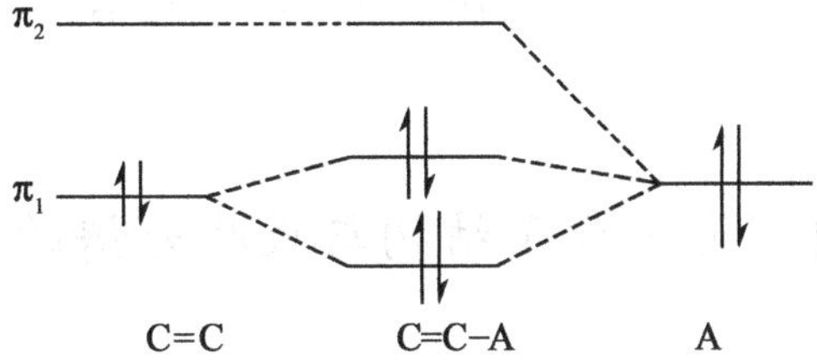

图 10-3　取代乙烯能级图

由图 10-3 可知：取代基 A 的共轭效应，使取代乙烯的吸收波长向长波方向移动。对于像羰基化合物具有非键轨道的物质来说，其能级图如图 10-4 所示。

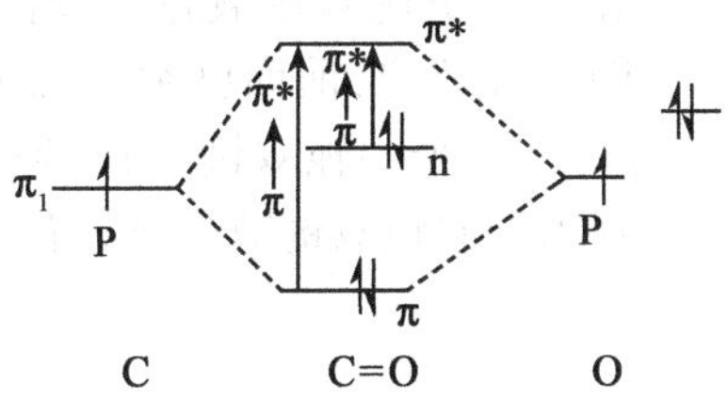

图 10-4　羰基的能级图

氧原子的一对未共享电子占据在 n 轨道或非键轨道上，其能量较 P 原子轨道组成的成键分子轨道能级高，但较反成键分子轨道能级低。因此，$n\rightarrow\pi^*$ 跃迁比 $\pi\rightarrow\pi^*$ 跃迁所需能量低，亦即羰基化合物在长波段处还有光谱吸收。一般来说，在大部分有机物中，各种电子由于吸收光子而跃迁到反成键轨道时，其最大吸收波长 λ_{max} 及相应的能量 ΔE 的大致情况列于表 10-2。

表 10-2　各种电子跃迁时所需 λ_{max} 及 ΔE

跃迁类型	λ_{max}	ΔE/kJ · mol
$\sigma\to\sigma^*$	150	795
$\pi\to\pi^*$	165	724
$n\to\pi^*$	280	423

从上表来看 $\sigma\to\sigma^*$ 和 $\pi\to\pi^*$ 的跃迁吸收的波长都在远紫外光部分，只有 $n\to\pi^*$ 的跃迁是在近紫外光的范围内，可用通用的紫外分光光度计测出。但是若有多个双键处于共轭状态时，则 $n\to\pi^*$ 跃迁所需能量便大为降低（见图 10-2），而使其最大的吸收波长出现在近紫外区。所以一般说来，由 σ 键形成的有机化合物为无色，而含有 π 键的有机物有可能是有颜色的。以上所述即为分子轨道理论对染料颜色的说明，需要指出的是，该理论也只能是近似地说明物质的颜色，不能确定某一物质一定呈现何种颜色，因为理论上在处理微观分子时是近似的。

除了上述两种主要的染料发色理论之外，比较重要的还有醌型学说（1888 年）和成盐学说（1915 年）。前者的主要内容是：只要能生成醌型结构就是有颜色的。这可用于解释芳甲烷类、醌亚胺染料的颜色。而后者的主要内容是：染料在可见光作用下，使分子极化为内盐而产生颜色。这些学说只是程度不同地指出了部分的规律性，与实际情况出入很大，使用范围有限，故不详细介绍。

10.4　染料分子结构与吸收光谱的关系

染料的吸收光谱与分子结构有着密切关系，且其中许多已可用有机化学的电子理论、原子间键的性质、电子流动性和激化能的关系等理论来解释，至今为止，已总结出如下一些经验规律：

10.4.1　共轭双键的数目与吸收光谱的关系

一般说来只要是在一个共轭系统中，共轭双键数越多，所需激化能越低，则最大吸收波长移向长波方向，导致颜色加深，即向红效应，前面已举过二苯多烯和直链多烯烃的例子。又如植物中含有的胡萝卜素，它含有十一个共轭双键，因此是一个具有颜色（橘红）的化合物，但在人体内转化成维生素 A 后，由于共轭双键减少至只有 5 个，便没有颜色了。

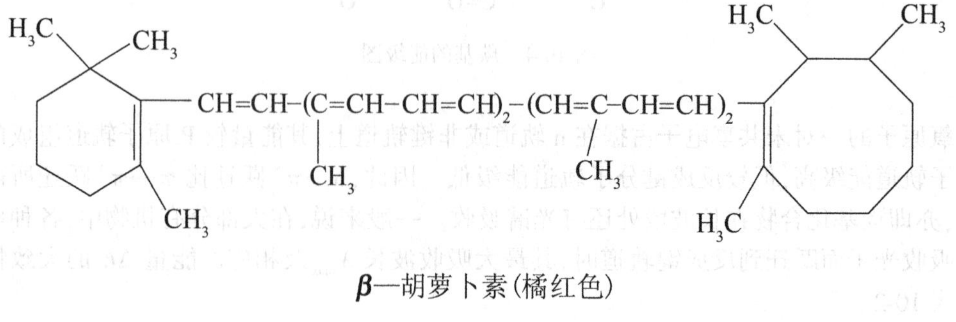

β—胡萝卜素（橘红色）

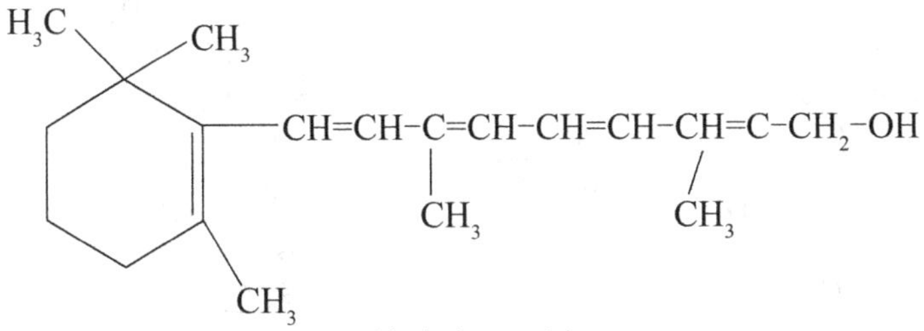

维生素A(无色)

10.4.2　极性基团与吸收光谱的关系

共轭双键系统中引入给电子或吸电子基团时,均可使化合物极性增加,使得 π 电子活动性增大,因而减小了激化能,使最大吸收波长移向长波方向,颜色加深。如

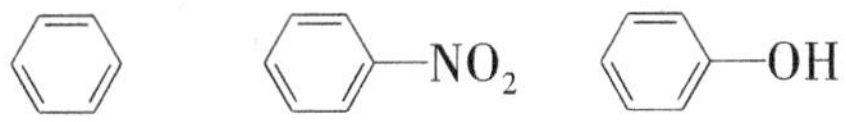

$\lambda_{max/nm}$　　255　　268　　275

在染料分子共轭系统的两端,若一端接有吸电子基团时,深色作用更明显。如

$\lambda_{max/nm}$　　268　　315

$\lambda_{max/nm}$　　268　　260

极性基团引入共轭系统也可使 $\lambda_{max/nm}$ 的消光系数大大增加,颜色的浓度增加。如苯酚的吸收强度比苯大 7 倍,而硝基苯比苯大 45 倍。

10.4.3　染料分子的离子化与吸收光谱的关系

有机染料分子中含有给电子或吸电子取代基,在一定条件下,分子会发生离子化,则可使 λ_{max} 向长波方向或短波方向移动(即向紫效应)。这种现象与介质的性质、取代基的性质及其在共轭双键系统中的位置有关。

在含有吸电子基 $>C=O$, $>=NH$ 的分子中,当介质的酸性增强时,分子变为阳离子,进一步增强了吸电子性,使颜色加深。

$$>C=O + H^+ \dashrightarrow >C=OH^+$$

$$>C=NH + H^+ \dashrightarrow >C=NH_2^+$$

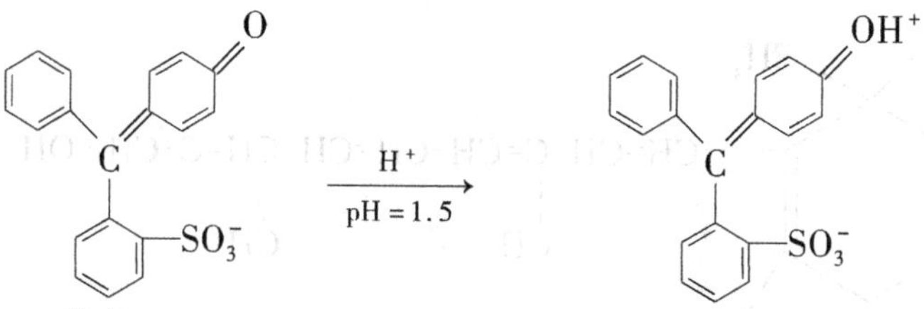

黄色　　　　　　　　红色

在含有给电子基的分子中,增强碱性,由于羟基氧原子失去质子转变成阴离子,给电子性增强,颜色加深。但氨基在酸性介质中的离子化,因形成阳离子而降低给电子作用,使颜色变浅。

$$—OH \underset{OH^-}{\xrightarrow{-H^+}} —O^-$$

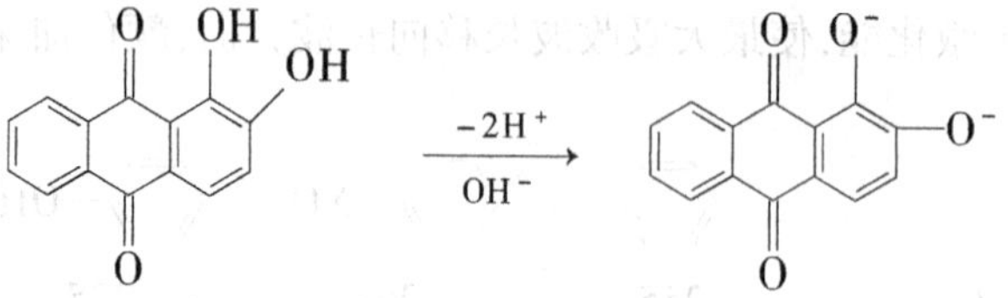

黄色　　　　　　　　红色

$$—NH_2 + H^+ \dashrightarrow NH_3^+$$

另外,若电荷的出现能使化合物的结构改变,得到一个更长的共轭系统并在系统中出现吸电子基团和斥电子基团时,颜色加深。

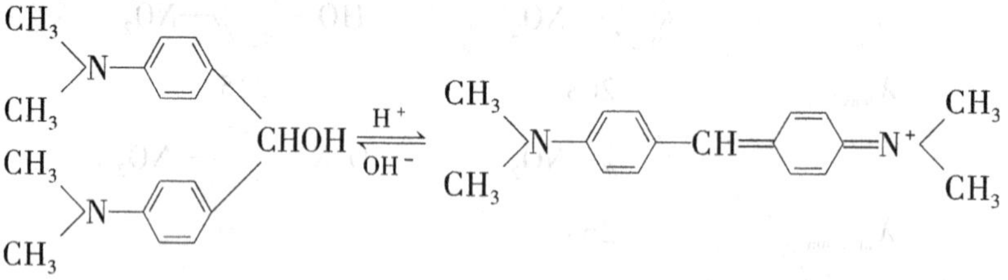

无色　　　　　　　　蓝色

10.4.4　结构的平面性与吸收光谱的关系

当分子内共轭双键的全部组成都处在同一平面时,电子的叠合程度最大,若平面结构遭到破坏,空间位阻加大,则 π 电子叠合程度降低,颜色变浅。

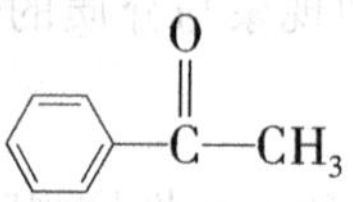

$\lambda_{max} = 240nm$

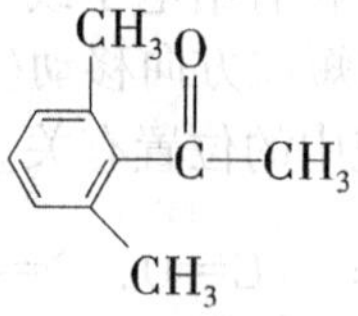

$\lambda_{max} < 240nm$

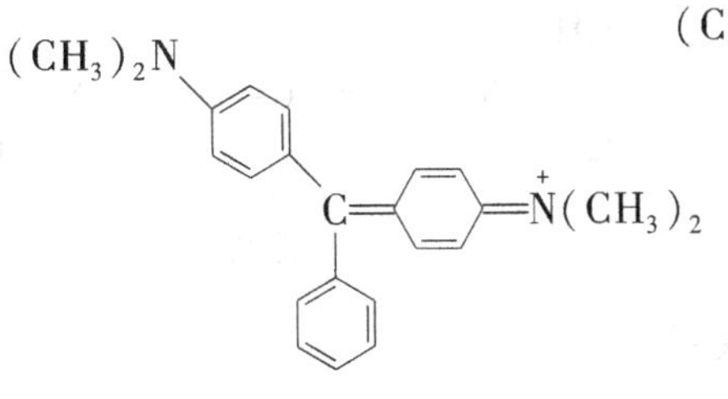

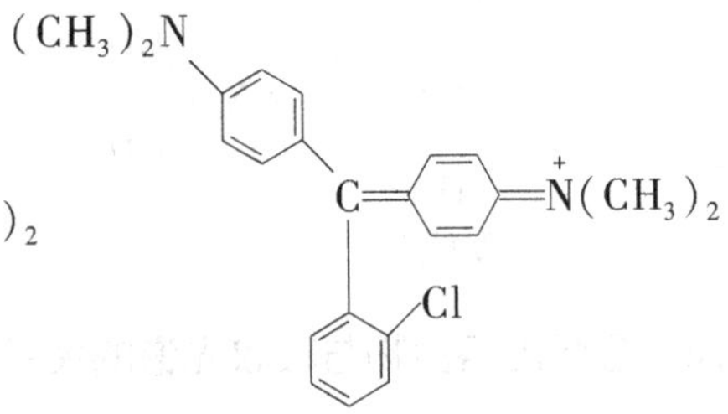

绿色　　　　蓝色

同理，在联苯、联萘之类分子中，芳环之间只有一个单键相连，则两个芳环的平面可以这个单键为轴自由旋转，这样就不能保证两个芳环平面都处于同一平面上，这也就减弱了共轭效应。因此这类化合物的颜色比相同数目共轭双键而不能旋转的平面结构的类似化合物为浅。

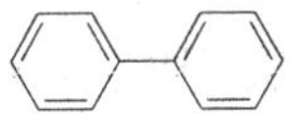

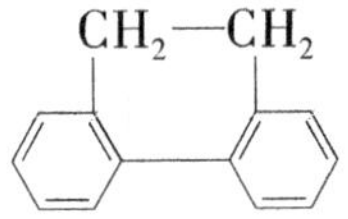

$\lambda_{max/nm}$　　251.5　　267

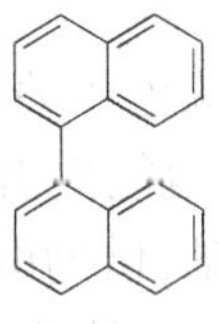

联萘(无色)

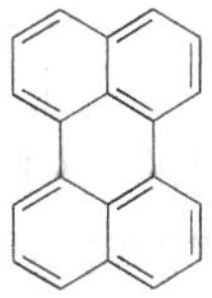

苝(黄色)

10.4.5 共轭系统的"缩短"现象与吸收光谱的关系

在一端带有给电子基团，另一端带有吸电子基团的共轭体系中，插入一个斥电子基时，就限制了共轭 π 键上电子的活动性，"缩短"了共轭体系的长度，使 λ_{max} 降低，颜色变浅。

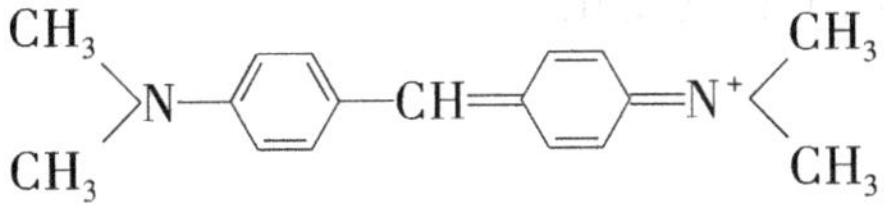

蓝色

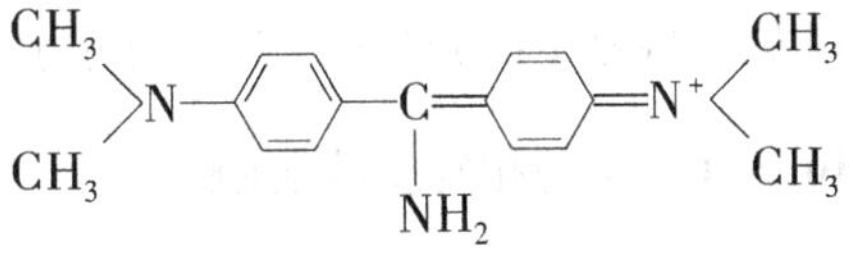

黄色

若将—NH_2改为—$NHCOCH_3$，则斥电子性减弱，又可使颜色略为转深，呈带紫光的蓝色。若在一个共轭系统中的两个芳环之间用斥电子基团如—O—、—NH—、—S—等连成桥，也能限制 π 电子的活动性，显示出共轭系统的"缩短"作用，使颜色变浅。

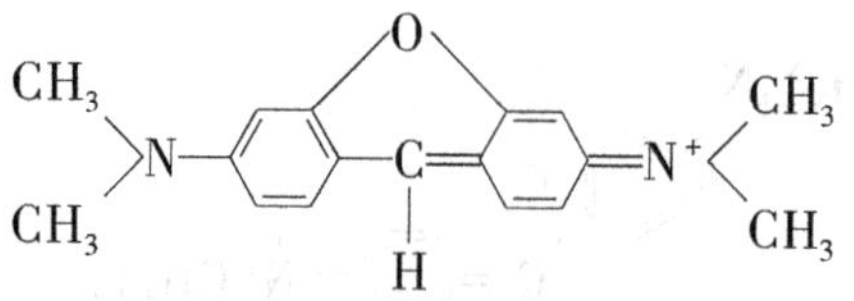

玫瑰色

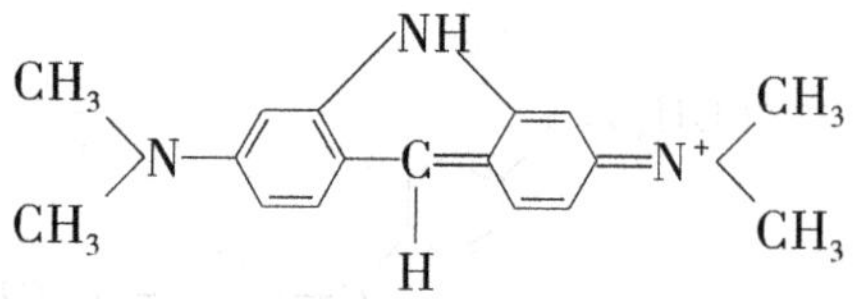

橙色

10.4.6 金属内络合物与吸收光谱的关系

在络合金属染料分子中，染料的颜色随金属原子不同而呈现不同的色泽。配价键由参与共轭的孤对电子构成，络合物颜色加深。

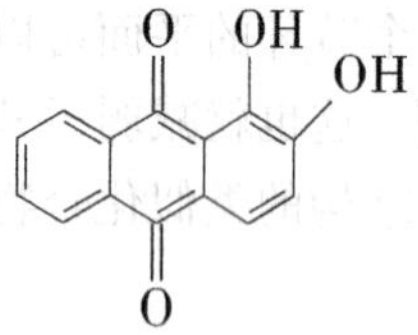

黄

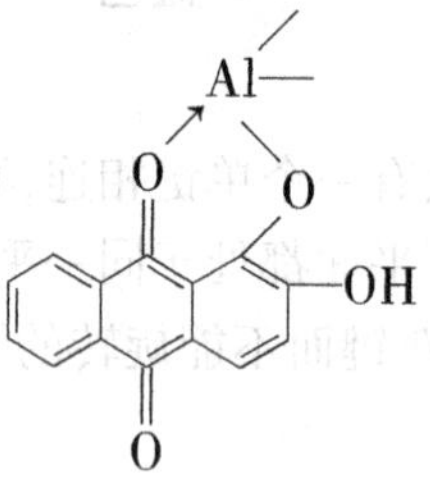

红

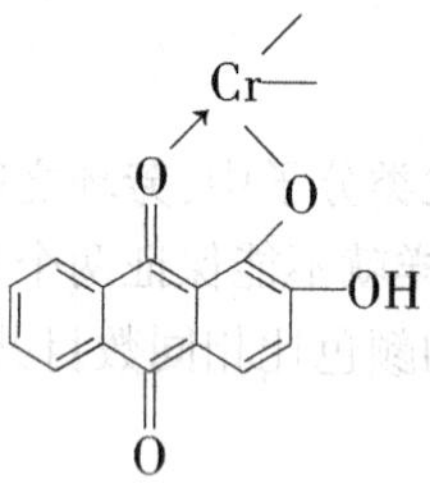

棕

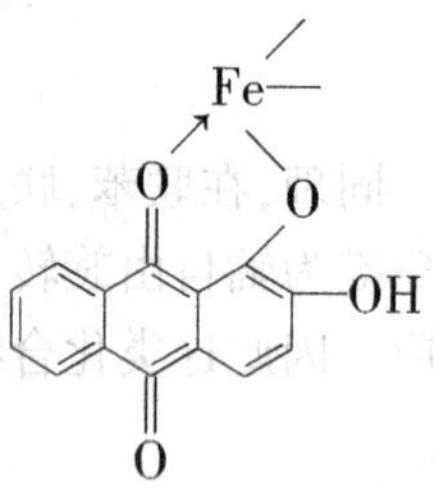

紫

如果在形成内络合物的过程中，不改变 π 电子层，则络合物的颜色并不发生显著变化。

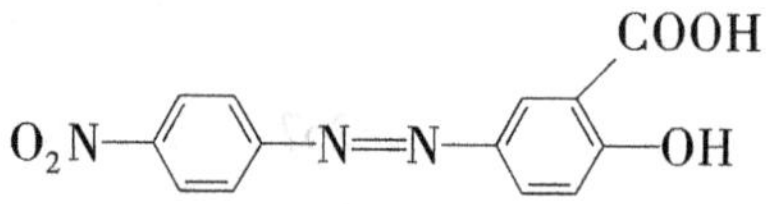

黄色

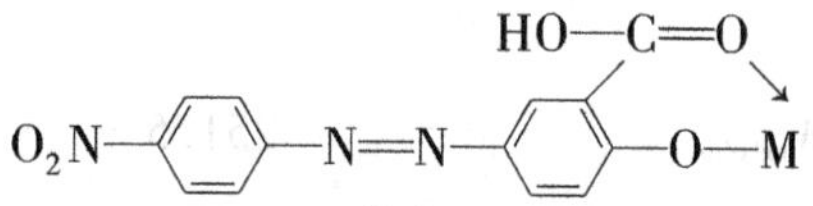

黄色

以上这些规律可以定性说明一部分染料结构和颜色的关系，也可以用来在合成染料时对各种颜色所需要的结构提供粗略的定性参考，同时也能提出一定范围内结构的定性推测，但尚处于经验规律的阶段。今后应以分子轨道为基础，借助电子计算机技术来计算分子基态和激发的能级差以及分子的电荷分布等，使它成为分子设计的理论基础，让发色理论从实践经验的总结逐步向微观本质方向深化。

10.5 外界因素对染料吸收光谱的影响

许多外界的因素如溶剂、介质、温度、光线等常能改变染料分子的极性，染料分子的缔合状态以及染料分子的异构等，因而引起了染料吸收光谱的变化。

10.5.1 溶剂和介质的影响

一般说来，染料如果溶解在饱和烃或其它不活泼的非极性溶剂中成为极稀的溶液，则其吸收光谱往往是与染料处于蒸气状态时相同，这一事实说明溶剂对染料无影响，似乎只起了把染料分散成单分子的蒸气状态。但是当染料溶解在具有极性的溶剂中时，这样的溶剂可使染料分子极化而增加极性，使得激化能降低。因此对绝大部分染料(尤其对不带电荷的所谓菁染料)来说，增加溶剂的介电常数，能够加深染料颜色。此外有些溶剂还能与染料产生氢键，甚至有些溶剂还能改变染料分子的结构状况，这样对染料颜色的影响就更加明显了，如用作指示剂的染料在不同 pH 值介质中会显现出不同的颜色。

染料在固态的介质中，例如在塑料中、纤维上，也如同在液态的溶剂中一样，由于环境因素的影响，对其吸收光谱也显示出不同的位移。一般的情况是：染料在极性较小的固体或纤维中，其吸收光谱接近于在非极性溶剂中；介质的极性越增大，则对颜色的影响也和增加溶剂的介电常数相仿。因此，对于染料来说，在不同的纤维上显示出的颜色是不同的。例如分散性染料在醋酸纤维上显示出的颜色大多比聚酰胺纤维上出现的颜色浅，其原因可能是醋酸纤维的极性低于聚酰胺纤维的缘故。

10.5.2　染料溶液浓度对颜色的影响

通常情况下，用于测定染料吸收光谱的溶液浓度大致为 $10^{-6} \sim 10^{-5}$ mol/L，此时，染料在溶液中主要以单分子状态存在。在浓度增加时，溶液中部分染料分子会缔合成为二聚体或多聚体，但二聚体或多聚体的吸收光谱与单分子不同。一般说来，缔合的分子由于 π 电子激化能增大，而呈现出浅色反应。

染料在固体介质或纤维上，有时也可能缔合，影响染料在这些介质上的颜色。

10.5.3　温度对染料颜色的影响

有些染料的颜色，能随着温度的变化作可逆的改变，这种现象称为热致变色性。一般的规律是温度升高，缔合的分子解聚或缔合度降低。因此其作用相当于较浓溶液的稀释，伴随产生的是稍微的深色作用和浓色作用。

10.5.4　光对染料颜色的影响

1. 光致变色性

有些染料如偶氮染料、硫靛类染料、菁系染料、对称苯乙烯类染料等，能以两种几何异构体（顺式及反式）存在，一般说来，常温时以反式结构形式存在。若其顺式结构有可能生成时，则稳定的反式化合物可以在光的照射下吸收能量，逐渐转变成顺式化合物，这时吸收光谱也就发生改变。当将光源移去后，不稳定的顺式化合物又能自动地转变为稳定的反式化合物，颜色也随之恢复到原来反式结构的颜色。这种见光变色，但又能恢复的现象称为光致变色性。

对同一类染料来说，是否具有光致变色性，与其化学结构有密切的关系。例如靛青及其许多衍生物只能有反式存在，即反式结构不可转变为顺式结构，因此没有光致变色性。这是因为反式靛青上的 >NH 基团会与 >C=O 基团生成分子内氢键的缘故。如下式所示。

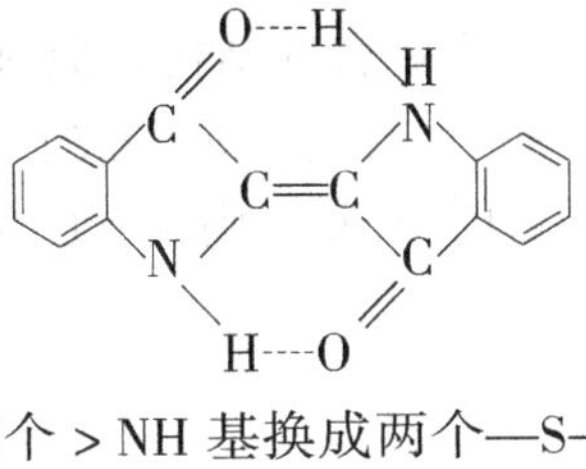

反式靛青

但若将靛青中的两个 >NH 基换成两个—S—基，成为硫靛及其衍生物时，便失去了在分子内生成氢键的条件和能力，因而反式和顺式能相互转变。

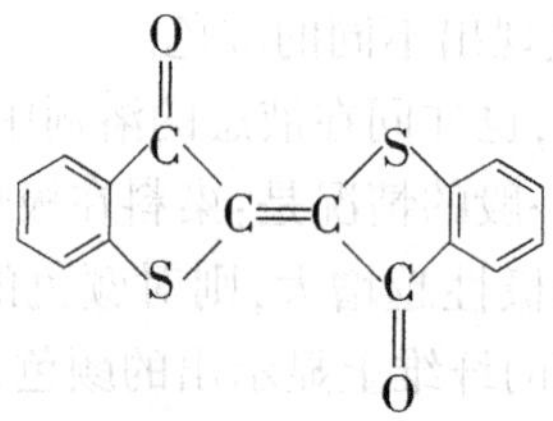

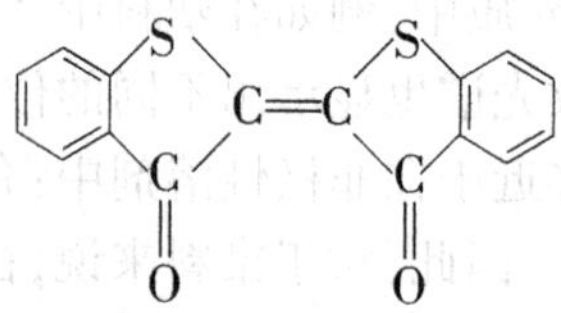

反式硫靛(紫色)　　　　顺式硫靛(黄色)

λ_{max}　　　560nm　　　　　480 nm

一般说来,对同一染料,不论是顺式、反式,还是不同比例的顺反混合物,在它们的吸收光谱曲线上(如图 10-5),都交于同一点,我们将此点叫做"等吸收点"。"等吸收点"是具有光致变色性质的染料的特征,不同的物质,其"等吸收点"不同。

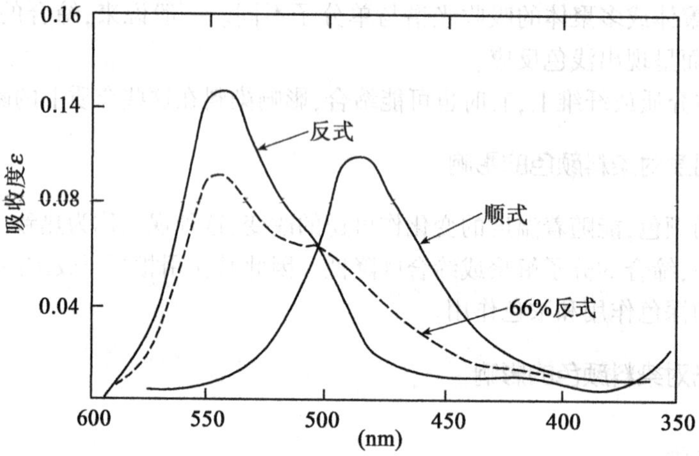

图 10-5　硫靛的吸收光谱曲线

硫靛红是一种还原颜料,其结构式与硫靛非常相似,它是由还原染料氧化后制成的不溶性颜料。硫靛桃红就是一种各项牢度极好的高级颜料,它耐光、耐热、耐各种溶剂,适于制造印刷油墨。但制造较为困难,因此成本较高。

2. 光源的组成

光源中光线成分不同,颜料可能显示出不尽完全相同的颜色,例如孔雀绿分子中,可存在两个共轭体系(见虚线框中)。

(Ⅰ)中的共轭体系与 N, N′-四甲基对,对′-二氨基苯甲醇在酸性溶液中的结构是一致的,显蓝色。(Ⅱ)式中的共轭体系与氯化品橙亚胺的结构相似,显黄色。因此如用波长在600nm 以上(625nm)的光源照射孔雀绿,为蓝色;如用波长在 500nm 以下的光源(425nm)照射时,孔雀绿为黄色;如用白光照射时,孔雀绿则为蓝色与黄色的混合色。

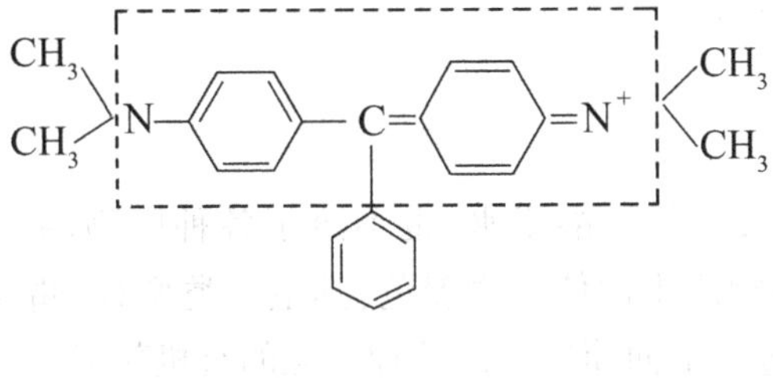

（Ⅰ）

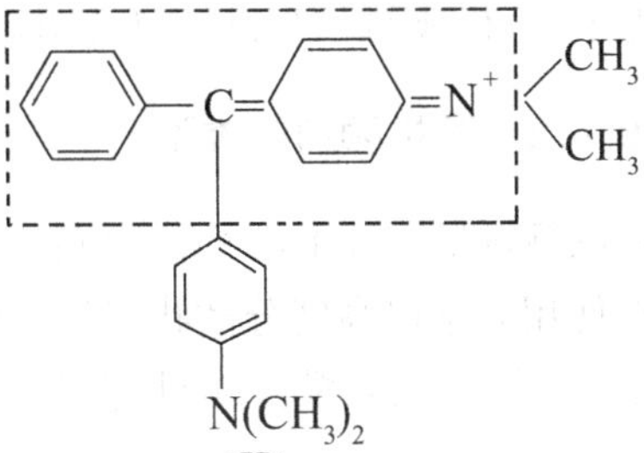

（Ⅱ）

λ_{max}　**625nm**　**423nm**

10.6　有机颜料

颜料与染料不同，虽然具有颜色，但一般不溶于水，与被着色物质间并没有牢固的亲和力，因此通过颜料让物质着色，必须同时使用粘合剂（如天然树脂等）。

颜色是不透明的，故有遮色力。许多颜料都是无机化合物，它具有耐晒、耐高温、遮盖力强的优点。现在由于合成染料日益增多，利用可溶性染料与金属盐类制成色淀也广泛用于各种涂料的制造。所以有机染料与有机颜料并无严格区别。

10.6.1　有机颜料的意义

有机颜料的特点是颜色鲜明力高，着色力强，近年来有机颜料有了很大的发展，用途日益广泛，主要用于油墨、油漆、塑料、橡胶、化妆品、纺织品的涂料印花以及合成纤维的原浆着色。品种也大幅度增加，据 1975 年出版的《颜料索引》第三版统计，有机颜料的品种为 679 种，每年的专利约为 100 个左右。销售额年平均增长率（1980 ~1985 年）为 3.7%（美国），日本近二十年来增长了五倍。

近来，国外油墨、涂料、塑料工业发展较快，其中油墨年增长率为 8%，涂料为 5%，塑料为 8%，因此世界各国都在大力发展有机颜料的生产及新品种的开发，例如美国太阳化学公司建立了一个大型有机颜料厂，占地 240 英亩，第一期工程 3 亿美元，专门生产双偶氮和单偶氮颜料，随后又建立了生产喹吖啶酮、酞菁蓝及有关中间体，年生产能力十万吨，同时建立了用计算机程序控制的全自动化颜料生产车间。总之，它在颜料生产中占的比重不断上升，其主要应用为：

（1）涂色：将颜料混合分散于粘着成膜剂中，涂于物体的表面，使物体表面着色。如油漆、油墨、涂料印花。

（2）着色：在物体成形固化之前，将颜料混合分散于该物体的组成之中，得到有色物质。如橡胶、涂料制品、化纤纺织前的着色。

（3）增白：带有荧光的有色物质（有机荧光颜料）加入到某一物质中，由于荧光物质吸收可见光紫外光线后，能把原来人眼不能感觉到的紫外线转变为一定颜色的可见光辐射出来，再加上该物质本身反射的可见光，其总的反射强度远比普通的有色物质为高。

从以上的应用途径看，有机颜料一般都是以高度分散的极细颗粒来使各种物质着色。从这点上，有机颜料与有机染料有明显的区别。

10.6.2 有机颜料的类型

有机颜料是一种不溶性的有色有机物，一般不溶于水，也不溶于各种底物（被着色物质），在使用时常以高度分散状态加入到底物之中而使底物着色，其主要类型有：偶氮颜料、色淀颜料、溶剂颜料、酞菁颜料、新型颜料等。下面简要介绍几种常见的有机颜料。

1. 偶氮颜料

偶氮颜料是由染料中间体经重氮化耦合制得，约占整个有机颜料的一半，其色泽鲜艳（黄、橙、红为主）、着色力高、制造方便、价格低廉，但牢度较差。缩合偶氮和苯并咪唑酮偶氮颜料在迁移性、耐晒性和耐热性方面比一般偶氮颜料好。又可分为单偶、双偶颜料二种。主要用于油墨、涂料，如联苯胺黄 G（C. I. 颜料黄 12）作为平版印刷油使用。

颜料黄 G（C. I. 11080）又名耐晒黄 G，通常情况下为淡黄色疏松而细腻的粉末，微溶于乙醇、丙酮和苯。熔点 256℃，遇浓硫酸为金黄色，稀释后为黄色沉淀，遇浓硝酸不变，遇浓盐酸为红色溶液，遇稀氢氧化钠不变色。其颜色鲜艳，着色力很高，耐晒和耐热性能极佳，对一般酸碱有抵抗能力，不受硫化氢作用的影响。主要用于油漆和涂料印花，也用于制造高级耐光油墨、印铁油墨、塑料制品、橡胶、文教用品、彩色颜料、蜡笔和铅笔等制品的着色剂，还可用于粘胶的原液着色。其结构式为：

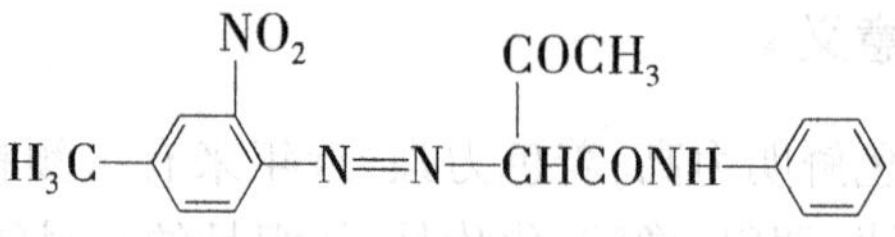

其主要技术指标如表 10-3 所示：

表 10-3　　耐晒黄 G 的性能指标

指标名称	指　标
色光	与标准品近似
着色力，分	为标准品 100 ±5
水分含量，%	≤2.5
吸油量，%	40 ±5
细度（通过 60 目筛残余物含量），%	≤5
耐晒性，级	6 ~ 7
耐热性，℃	160
耐酸性，级	1
耐碱性，级	1
乙醇渗性，级	1 ~ 2
石蜡渗性，级	1
油渗性，级	2
水渗性，级	2

2. 色淀颜料

色淀颜料是在可溶性染料的水溶液中加入各种沉淀剂制成，不加填充剂的色淀产品称为色原，色淀和色原统称为色淀颜料。根据沉淀剂的不同，分为普通色淀颜料和耐晒色淀颜料，前者所用的沉淀剂主要是铝钡白和丹宁酸，其耐晒性能较差；后者所用的沉淀剂主要是磷钨钼酸，这种色淀颜料的耐晒牢度较好。色淀颜料的色光主要取决于制备方式和晶体结构。

金光红 C（C. I. 颜料红 53∶1（15585∶1））是一种典型的色淀颜料，颜色鲜明，具有显示强烈彩色金光的特点，而金光又较为耐久牢固，制成的油墨流动性好，耐晒性和耐热性也好。遇到浓硫酸呈樱桃红色，稀释后呈棕红色沉淀，微溶于 10% 热氢氧化钠（黄色）、水和乙醇，不溶于丙酮和苯。遇氢氧化钠甲醇溶液呈深棕光红色，其水溶液遇盐酸呈红色沉淀，遇浓氢氧化钠溶液呈砖红色沉淀。主要用于制造金光红色油墨、橡胶制品，还可用于文教用品，如水彩颜料、蜡笔、铅笔以及塑料制品的着色。其结构式如下：

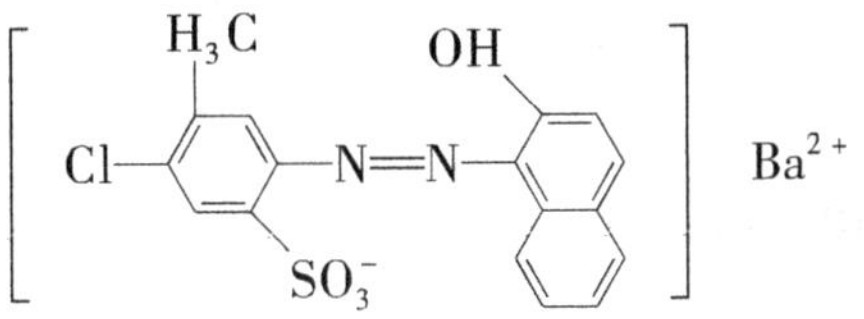

其主要技术指标如表 10-4 所示：

表 10-4　**金光红 C 的性能指标**

指标名称	指　　标
色光	与标准品近似
着色力，分	为标准品 100 ± 5
水分含量，%	≤1.5
吸油量，%	55 ± 5
水溶性盐含量，%	≤1
耐晒性，级	3 ~ 4
耐热性，℃	100
耐酸性，级	1
耐碱性，级	1
水渗性，级	3
乙醇渗性，级	3
石蜡渗性，级	2 ~ 3
油渗性，级	4 ~ 5

3. 酞菁颜料

酞菁蓝又名酞菁蓝 B，染料索引号为 C. I. 颜料蓝 15（74160），它是由苯酐、尿素、铜盐缩合而得，是由四个异吲哚啉结合而成的一个含多环的铜盐配合物。酞菁具有鲜明的色泽和优良的牢度，是重要的蓝、绿色有机颜料，同时酞菁颜料也是制造酞菁活性染料、酞菁直接染料和酞菁缩聚染料等的原料，在染料工业中占有重要地位。主要用于油墨、涂料、绘画水彩、油彩颜料和涂料印花以及橡胶制品、塑料制品等的着色。如β-型 Heliogen 蓝 690（C. I. 颜蓝 15:5）色光纯、极易分散，适用于胶版印刷油墨；又如 p-型是一种新的晶型，呈红光蓝色，具有优异的分散性能，最近专利较多，其在催化、半导体方面的应用也被广泛重视，近十年来约有 500 个报道。

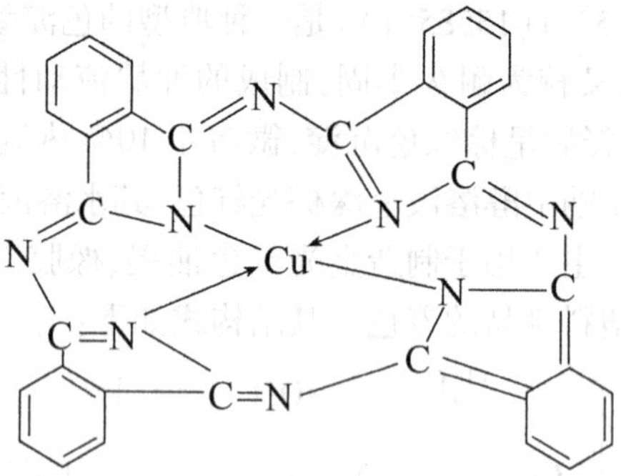

其主要技术指标如表 10-5 所示：

表 10-5　**酞菁蓝 B 的性能指标**

指标名称	指　标
外观	深蓝色带红光粉末
色光	与标准品近似
着色力，分	为标准品 100 ± 5
水分含量，%	≤1.5
吸油量，%	40 ± 5
细度 300 目筛余物（气流粉碎），%	≤5
水溶性盐含量，%	≤1.5
耐晒性，级	7 ~ 8
耐热性，℃	200
耐酸性，级	1
耐碱性，级	1
水渗性，级	1
乙醇渗性，级	1
石蜡渗性，级	1
油渗性，级	1

4. 喹吖啶酮颜料

喹吖啶酮红又名酞菁红，染料索引号为 C. I. 颜料紫 19(46500)，一般为红色粉末，色泽鲜明。能耐有机溶剂，耐热性高，与聚四氟乙烯混合，经 430℃高温挤压不变色，并在各种塑料中无迁移性。特别是耐晒性能优良，及时高度冲淡仍不降低日晒度。主要用于塑料、树脂、油漆、涂料印花、油墨、橡胶、有机玻璃等着色，还可用于合成纤维的原浆着色。其结构式为：

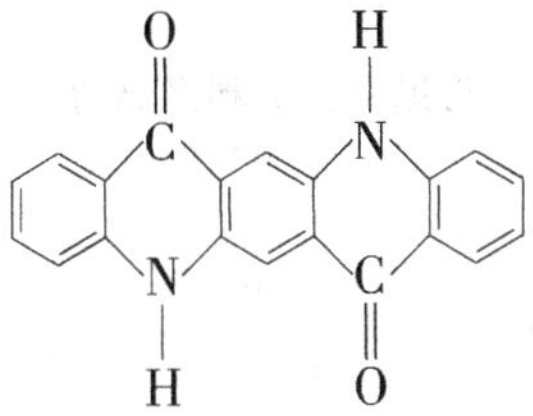

其主要技术指标如表 10-6 所示：

表 10-6　**喹吖啶酮红的性能指标**

指标名称	指　　标
外观	深蓝色带红光粉末
色光	与标准品近似
着色力，分	为标准品 100 ± 5
水分含量，%	≤1.5
吸油量，%	40 ± 5
细度 300 目筛余物(气流粉碎)，%	≤5
水溶性盐含量，%	≤1.5
耐晒性，级	7 ~ 8
耐热性，℃	200
耐酸性，级	1
耐碱性，级	1
水渗性，级	1
乙醇渗性，级	1
石蜡渗性，级	1
油渗性，级	1

10.6.3　有机颜料在印刷油墨中的应用

有机颜料的最大用途集中在油墨方面。印墨是由颜料微细颗粒均匀分散在一定粘性的连接料中形成的，连接料以往是由油类制成的，故有“油墨”之称，现在大多采用合成树脂及溶剂等配制。印墨中的颜料通常为无机颜料,但彩色套印印刷用的常为有机颜料,其原因是它要求色彩鲜艳,着色力强、透明度高。

应用于印墨的有机颜料,种类繁多,但必须具有:色泽鲜艳,纯度高,着色力强,耐光性好,分散性好,在连接料中稳定,不发生油渗(不溶于油料)等特性。此外,吸油量(即一定量的颜料配制成具有一定流变性的印墨所需的油量)的多少也是一项重要指标,一般以吸油量低为好。因此有机颜料是制造油墨,特别是红色油墨、透明黄墨不可缺少的原料。表10-7是印刷油墨中部分常使用的有机颜料及其特性。

表10-7 **常见有机颜料及特性**

物质	索引号	特性
汉沙黄(Hansa yellow)	C. I. 颜料黄(311710)	亮绿光黄色,颜色鲜艳,透明性好,耐光性好,并能耐水、醇、酸、碱,但耐苯类溶剂差。经烘烤后有起霜(升华)现象,不适合制印铁油墨,是胶印和凸印油墨常用的黄色颜料。
联苯胺黄(AAA)	C. I. 颜料黄(21090)	绿相黄,着色力比汉沙黄强3~4倍,密度小,透明性好,耐水、酸、碱性好,常用于制备四色胶印套墨,印刷性能良好,但耐光性较差。
立索尔红(Lithol red)	C. I. 颜料红49:1(15630:1)	红色范围广,着色力强,耐渗性一般,价格便宜,流动性好,但不耐光,常用于胶印及其它油墨的制造。
金光红C	C. I. 颜料红53:1(15585:1)	透明度高,耐渗性好,流动性好,可用于制造各种印刷油墨,但耐光性较差。
耐晒桃红色淀		桃红色粉末,颜色鲜艳,耐晒牢度好,着色力强,耐光性尚好,用于制造四色胶印油墨,是一种高级颜料,价格较贵。
酞菁蓝(β型)	C. I. 颜料蓝15(74160)	色泽鲜艳,着色力极高,化学稳定性优异,在200℃高温下不变色,适用于各种印刷油墨,而且价格低于其它高级颜料,所以使用量很大,是蓝色颜料的主力,它的氯化与溴代产物是优良的绿色颜料,称为酞菁绿。
永固红F4R	C. I. 颜料红8(12335)	色泽较鲜艳,耐热性较差,耐晒性一般,耐碱性较好,遇浓硫酸为黄光大红色,稀释后呈大红色沉淀,遇浓硝酸为蓝光大红色,遇氢氧化钠不变色。

参 考 文 献

[1] 张兴英主编．高分子化学(第一版)．北京:中国轻工业出版社,2000

[2] 魏无际等编．高分子化学与物理基础(第一版)．北京:化学工业出版社,2005

[3] 马建标主编．功能高分子材料．北京:化学工业出版社,2000

[4] 冯绪胜，刘洪国，郝京诚等编著．胶体化学．北京:化学工业出版社,2005

[5] 张开编著．高分子界面科学．北京:中国石化出版社,1997

[6] 德鲁·迈尔斯著．吴大诚等译．表面、界面和胶体:原理及应用．北京:化学工业出版社,2005

[7] Julian Eastoe 著．武汉大学化学与分子科学学院胶体与界面科学实验室译．表面活性剂化学．武汉:武汉大学出版社,2005

[8] 金养智等编著．信息记录材料．北京:化学工业出版社,2003

[9] 侯毓汾等编著．染料化学．北京:化学工业出版社,1994

[10] 杨新玮等编．化工产品手册．染料．北京:化学工业出版社,2005